长白猪（母）

大约克夏猪（母）

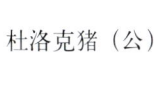

杜洛克猪（公）

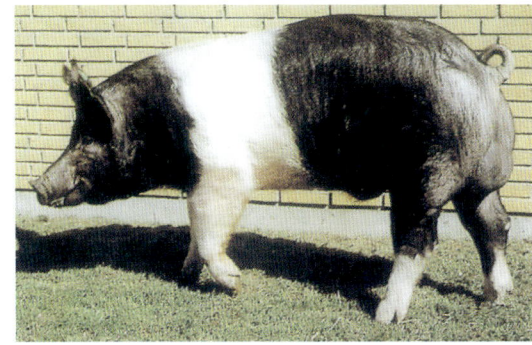

汉普夏猪（公）

东北民猪（母）

太湖猪（母）

内江猪（母）

三江白猪（公）

哈白猪（公）

上海白猪（母）

金华猪（母）

北京花猪（母）

半封闭式猪舍

母猪高床分娩栏

保育猪栏

自动食箱

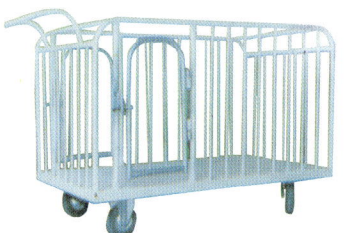
仔猪运输车

自动饮水器

手推饲料车

耳号钳、耳号牌、耳号笔

饲料混合机

家庭养猪疑难问答

（修订版）

席克奇　丁加刚　编著

(京)新登字 130 号

内容简介

本书结合目前我国农村生产条件和特点，遵循内容系统、语言通俗、注重实用的原则，以问答形式重点介绍了猪的品种与繁殖、猪的营养与饲料、猪的饲养标准与饲粮配合、仔猪的培育、种猪的饲养管理、猪的肥育、养猪常见病及防治、猪舍及饲养设备、家庭猪场的经营管理等方面内容。

可供农村养猪户、养猪场及基层畜牧兽医人员参考使用。

科学技术文献出版社是国家科学技术部系统惟一一家中央级综合性科技出版机构，我们所有的努力都是为了使您增长知识和才干。

再版前言

《家庭养猪疑难问答》是一本有关养猪技术的通俗读物,自初版问世以来,至今瞬已10年,先后印刷多次,受到了国内各地读者的欢迎。在这10年中,我国养猪业又有了很大发展,并进一步向专业化、集约化、机械化方向挺进。为适应目前养猪业特别是农村广大养猪户和中小型猪场的需要,及时推广应用科学养猪新知识、新技术,作者在《家庭养猪疑难问答》第二版中收集、整理国内外养猪先进技术与经验,在原书内容上做了进一步更新和补充,包含的养猪知识更加全面,对操作技术的描述更加细致,使之更具有实用性和可操作性。

本书在编写过程中,着重结合目前农村生产条件和特点,遵循内容系统、语言通俗、注重实用的原则,以问答形式重点介绍了猪的品种与繁殖、猪的营养与饲料、猪的饲养标准与饲粮配合、仔猪的培育、种猪的饲养管理、猪的肥育、养猪常见病及防治、猪舍及饲养设备、家庭猪场的经营管理等方面内容,可供农村养猪户和基层畜牧兽医工作人员参考。

本书在编写过程中,我们还参阅了国内外大量养猪书刊,在此向原作者表示谢意。本书能有机会修订再版,应感谢科学技术文献出版社的鼓励支持,我在此向为本书付出辛勤劳动的编辑致谢。

这次修订,作者虽然做了很大努力,但因掌握的理论和技术水平有限,书中还可能会出现一些疏漏和不妥,敬请广大读者批评指正。

编　者

2004年3月

目 录

一、猪的品种与繁殖……………………………………（1）
  1. 猪有哪些生物学特性？ ……………………………（1）
  2. 猪的经济类型是怎样划分的？ ……………………（3）
  3. 我国主要有哪些地方品种猪？ ……………………（4）
  4. 我国主要有哪些培育品种猪？ ……………………（11）
  5. 我国主要有哪些引进品种猪？ ……………………（15）
  6. 生产中为什么要避免近亲繁殖？ …………………（18）
  7. 如何编制和识别种猪的耳号？ ……………………（19）
  8. 如何进行种猪的选择？ ……………………………（21）
  9. 如何进行种猪的选配？ ……………………………（23）
  10. 猪的经济杂交有什么好处？ ………………………（24）
  11. 什么叫杂种优势？怎样度量？ ……………………（25）
  12. 什么叫配合力？育种时为什么要进行配合力测定？
    ……………………………………………………（26）
  13. 对于猪的经济杂交,获得预期杂种优势具有哪些规律？
    ……………………………………………………（27）
  14. 怎样正确利用现有杂种母猪？ ……………………（28）
  15. 什么叫两品种杂交？ ………………………………（29）
  16. 什么叫两品种轮回杂交？ …………………………（30）
  17. 什么叫三品种杂交？ ………………………………（31）
  18. 什么叫四品种杂交？ ………………………………（32）

19. 怎样选择杂交亲本品种? …………………………………(33)
20. 怎样进行杂交对比试验? …………………………………(33)
21. 怎样建立、健全猪杂交繁育体系? ………………………(36)
22. 在猪的杂交繁育体系中,各级猪场的主要任务是什么?
   ……………………………………………………………(37)
23. 小母猪在多大开始配种好? ………………………………(39)
24. 母猪发情有什么规律和表现? ……………………………(40)
25. 怎样掌握母猪的发情火候? ………………………………(41)
26. 哪些配种方式能使母猪产仔多? …………………………(42)
27. 母猪在什么季节配种产仔好? ……………………………(43)
28. 怎样能使母猪两年产5窝? ………………………………(44)
29. 怎样能使母猪白天产仔? …………………………………(45)
30. 猪的人工授精有什么好处? ………………………………(46)
31. 怎样制作台猪(假母猪)? …………………………………(47)
32. 怎样训练种公猪采精? ……………………………………(47)
33. 怎样采集种公猪的精液? …………………………………(48)
34. 怎样进行精液的品质检查? ………………………………(49)
35. 如何稀释采集的精液? ……………………………………(50)
36. 怎样保存和运输精液? ……………………………………(51)
37. 怎样给发情母猪输精? ……………………………………(52)
38. 怎样检查配种后的母猪是否妊娠? ………………………(53)
39. 怎样推算母猪的预产期? …………………………………(53)

二、猪的营养与饲料……………………………………………(55)
40. 猪的消化生理有哪些特点? ………………………………(55)
41. 养猪为什么要讲究营养? …………………………………(56)
42. 猪需要哪些营养物质? ……………………………………(56)
43. 水对猪有什么营养作用? …………………………………(57)
44. 猪的需水量是多少? ………………………………………(58)

45. 影响猪饮水量的因素有哪些？……………………… (59)
46. 什么是粗蛋白质？它有什么营养作用？…………… (60)
47. 什么是氨基酸？猪需要的必需氨基酸有哪些？…… (61)
48. 猪对蛋白质的需要与哪些因素有关？……………… (62)
49. 猪的饲料是如何进行分类的？……………………… (63)
50. 什么叫蛋白质饲料？猪常用的蛋白质饲料有哪些？
　 ……………………………………………………… (63)
51. 怎样提高饲料中的蛋白质利用率？………………… (66)
52. 怎样开辟蛋白质饲料资源？………………………… (67)
53. 什么叫碳水化合物？它有什么营养作用？………… (68)
54. 什么叫粗脂肪？它有什么营养作用？……………… (69)
55. 什么叫能量饲料？猪常用的能量饲料有哪些？…… (69)
56. 什么叫粗纤维？它有什么营养作用？……………… (71)
57. 什么是粗饲料？猪常用的粗饲料有哪些？………… (71)
58. 什么是青饲料？猪常用的青饲料有哪些？………… (72)
59. 钙、磷的主要功能是什么？哪些饲料中含量丰富？… (73)
60. 饲粮中为什么要配合食盐？怎样确定食盐的供给量？
　 ……………………………………………………… (74)
61. 初生仔猪为什么要补饲铁盐？……………………… (75)
62. 猪需要哪些微量元素？它们有什么营养作用？…… (76)
63. 什么叫矿物质饲料？猪常用的矿物质饲料有哪些？
　 ……………………………………………………… (77)
64. 什么叫维生素？猪需要哪些维生素？……………… (78)
65. 维生素 A 对猪有什么营养作用？哪些饲料中含量丰富？
　 ……………………………………………………… (78)
66. 维生素 D 对猪有什么营养作用？哪些饲料中含量丰富？
　 ……………………………………………………… (79)

67. 维生素 E 对猪有什么营养作用？哪些饲料中含量丰富？
 ………………………………………………………………(80)
68. 维生素 K 对猪有什么营养作用？哪些饲料中含量丰富？
 ………………………………………………………………(80)
69. 维生素 B_1 对猪有什么营养作用？哪些饲料中含量丰富？
 ………………………………………………………………(81)
70. 维生素 B_2 对猪有什么营养作用？哪些饲料中含量丰富？
 ………………………………………………………………(81)
71. 泛酸、烟酸、吡哆素、生物素、叶酸、维生素 B_{12} 和胆碱对猪有什么营养作用？哪些饲料中含量丰富？ ………(82)
72. 维生素 C 对猪有什么营养作用？哪些饲料中含量丰富？
 ………………………………………………………………(85)
73. 什么叫饲料添加剂？它们分为哪几类？ ………………(85)
74. 营养性饲料添加剂包括哪几种？怎样使用？ …………(85)
75. 非营养性饲料添加剂包括哪几种？怎样使用？ ………(87)
76. 使用饲料添加剂时应注意哪些问题？ …………………(88)
77. 饲料为什么要进行加工调制？饲料加工调制的常规方法有哪些？ ………………………………………………(89)
78. 能量饲料怎样加工调制？ ………………………………(90)
79. 蛋白质饲料怎样加工调制？ ……………………………(91)
80. 青贮饲料怎样加工调制？ ………………………………(93)
81. 怎样将青饲料打浆喂猪？ ………………………………(94)
82. 怎样将青饲料发酵喂猪？ ………………………………(95)
83. 青饲料怎样干制加工？ …………………………………(95)
84. 安全贮存饲料的措施有哪些？ …………………………(96)
85. 怎样利用鸡粪喂猪？ ……………………………………(97)
86. 什么叫饲养标准？饲养标准是怎样产生的？ …………(99)
87. 应用猪的饲养标准时要注意哪些问题？ ………………(99)

88. 用配合饲料喂猪有哪些好处？ …………………… (100)
89. 配合猪的饲粮时应遵守哪些原则？ ……………… (101)
90. 猪的配合饲料有哪些类型？ ……………………… (101)
91. 各种饲料在猪的饲粮中应占多大比例？ ………… (102)
92. 怎样设计猪的饲粮配方？ ………………………… (102)
93. 怎样利用"四方形法"设计猪的饲粮配方？ ……… (103)
94. 怎样利用"试差法"设计猪的饲粮配方？ ………… (106)
95. 怎样利用"计算机法"设计猪的饲粮配方？它有哪些优点？ …………………………………………… (111)
96. 配合饲粮时，怎样把多种饲料拌和均匀？ ……… (112)
97. 生料喂猪有哪些好处？ …………………………… (113)
98. 猪喂稀食好还是喂干食好？ ……………………… (114)
99. 喂猪为什么要定时定量？ ………………………… (115)
100. 什么叫饲料报酬？怎样计算？ …………………… (116)
101. 什么叫消化能？什么叫卡、大卡、兆卡、千焦、兆焦？ ………………………………………………… (116)

三、仔猪的培育 ……………………………………… (118)

102. 猪的类群是怎样划分的？ ………………………… (118)
103. 仔猪有哪些生理特点？ …………………………… (119)
104. 哺乳期仔猪死亡原因有哪些？ …………………… (120)
105. 怎样提高仔猪的初生重？ ………………………… (122)
106. 怎样护理好初生仔猪？ …………………………… (123)
107. 怎样给初生仔猪固定乳头？ ……………………… (124)
108. 仔猪生后奶不够吃怎么办？ ……………………… (125)
109. 怎样做好初生仔猪的寄养工作？ ………………… (126)
110. 怎样给仔猪补料？ ………………………………… (126)
111. 怎样给仔猪配料？ ………………………………… (127)
112. 怎样给仔猪断奶？ ………………………………… (129)

113. 断奶仔猪应如何饲养管理？……………………………（130）
114. 怎样给仔猪去势？………………………………………（132）
115. 养好哺乳仔猪的关键性时期是哪段时期？……………（133）
116. 养好哺乳仔猪的关键性措施有哪些？…………………（134）
117. 什么是仔猪的早期断奶？仔猪的早期断奶有哪些好处？…………………………………………………………（135）
118. 怎样为早期断奶的仔猪配合饲粮？……………………（136）
119. 早期断奶仔猪饲养管理的关键性措施有哪些？………（138）

四、种猪的饲养管理 …………………………………（140）

120. 怎样选好后备猪？………………………………………（140）
121. 怎样养好育成猪？………………………………………（141）
122. 怎样养好后备猪？………………………………………（142）
123. 怎样给种公猪配合饲粮？………………………………（144）
124. 怎样科学管理种公猪？…………………………………（145）
125. 怎样合理利用种公猪？…………………………………（146）
126. 种公猪配种时应注意哪些问题？………………………（147）
127. 怎样防止种公猪出现自淫现象？………………………（147）
128. 怎样养好空怀母猪？……………………………………（148）
129. 妊娠母猪有哪些饲养方式？……………………………（149）
130. 怎样给妊娠母猪配合饲粮？……………………………（149）
131. 怎样管理好妊娠母猪？…………………………………（150）
132. 母猪临产前有哪些表现？………………………………（151）
133. 母猪临产前应做好哪些准备？…………………………（152）
134. 怎样给母猪接产？………………………………………（153）
135. 母猪网床产仔具有哪些优点？…………………………（154）
136. 母猪难产怎么办？………………………………………（154）
137. 怎样抢救假死仔猪？……………………………………（155）
138. 怎样防止母猪产后吃仔猪？……………………………（155）

139. 母猪产后瘫痪怎么办？………………………………（156）
140. 产后母猪奶水不足怎么办？…………………………（157）
141. 怎样给哺乳母猪配合饲粮？…………………………（158）
142. 怎样管理好哺乳母猪？………………………………（159）

五、猪的肥育 …………………………………………（160）

143. 生长肥育猪有哪些生理特点？………………………（160）
144. 生长肥育猪有哪些生长发育规律？…………………（160）
145. 影响生长肥育猪肥育效果的因素有哪些？…………（161）
146. 饲养肥育猪应做好哪些准备？………………………（164）
147. 怎样选购仔猪？………………………………………（164）
148. 怎样使僵猪脱僵？……………………………………（165）
149. 生长肥育猪的肥育方式主要有哪几种？……………（166）
150. 架子猪怎样催肥？……………………………………（167）
151. 猪快速肥育需要哪些环境条件？……………………（168）
152. 怎样给生长肥育猪配合饲粮？………………………（170）
153. 猪快速肥育的管理要点有哪些？……………………（171）
154. 快速肥育瘦肉型猪要注意哪些问题？………………（173）
115. 怎样提高出栏猪的瘦肉率？…………………………（173）
156. 不同季节养猪应注意什么？…………………………（174）

六、养猪常见病及防治 ………………………………（176）

157. 猪的传染病是怎样发生的？…………………………（176）
158. 预防猪病应采取哪些措施？…………………………（178）
159. 怎样诊断猪病？………………………………………（180）
160. 猪主要有哪些保定方法？……………………………（184）
161. 怎样测量猪的体温？…………………………………（185）
162. 怎样剖检病猪？………………………………………（186）
163. 怎样给猪打针、投药？………………………………（186）
164. 利用注射法给猪投药时应注意哪些问题？…………（188）

165. 怎样做药物敏感试验？……………………………（189）
166. 制定猪群免疫程序应注意哪些问题？…………（191）
167. 怎样制定中、小型猪场主要传染病的免疫程序？…（191）
168. 怎样制定中、小型猪场寄生虫病控制程序？………（193）
169. 养猪常用的疫(菌)苗有哪些？怎样合理使用？…（193）
170. 保管和使用疫(菌)苗应注意什么？………………（196）
171. 猪群用过疫苗后为什么还会发病？………………（197）
172. 猪群一旦发生传染病怎么办？……………………（198）
173. 养猪常用的消毒类药物有哪些？怎样合理使用？
　　　……………………………………………………（199）
174. 养猪常用的抗菌类药物有哪些？怎样合理使用？
　　　……………………………………………………（204）
175. 养猪常用的抗寄生虫类药物有哪些？怎样合理使用？
　　　……………………………………………………（213）
176. 养猪常用的其他类药物有哪些？怎样合理使用？
　　　……………………………………………………（215）
177. 怎样防治猪瘟？……………………………………（223）
178. 怎样防治猪口蹄疫？………………………………（225）
179. 怎样防治猪传染性水疱病？………………………（227）
180. 怎样防治猪水疱性口炎？…………………………（229）
181. 怎样防治猪流行性乙型脑炎？……………………（230）
182. 怎样防治猪传染性胃肠炎？………………………（231）
183. 怎样防治猪流行性感冒？…………………………（233）
184. 怎样防治猪传染性脑脊髓炎？……………………（234）
185. 怎样防治猪丹毒？…………………………………（235）
186. 怎样防治猪肺疫？…………………………………（237）
187. 怎样防治猪气喘病？………………………………（240）
188. 怎样防治仔猪副伤寒？……………………………（242）

189. 怎样防治猪链球菌病？……………………………（245）
190. 怎样防治猪传染性萎缩性鼻炎？…………………（248）
191. 怎样防治猪坏死杆菌病？…………………………（249）
192. 怎样防治仔猪白痢？………………………………（252）
193. 怎样防治仔猪黄痢？………………………………（253）
194. 怎样防治仔猪红痢？………………………………（255）
195. 怎样防治猪李氏杆菌病？…………………………（256）
196. 怎样防治猪炭疽病？………………………………（258）
197. 怎样防治猪破伤风？………………………………（261）
198. 怎样防治猪痢疾？…………………………………（262）
199. 怎样防治仔猪水肿病？……………………………（264）
200. 怎样防治猪布氏杆菌病？…………………………（266）
201. 怎样防治猪囊虫病？………………………………（268）
202. 怎样防治猪蛔虫病？………………………………（270）
203. 怎样防治猪肺丝虫病？……………………………（272）
204. 怎样防治猪毛首线虫病？…………………………（273）
205. 怎样防治猪胃线虫病？……………………………（275）
206. 怎样防治猪棘头虫病？……………………………（276）
207. 怎样防治猪姜片虫病？……………………………（277）
208. 怎样防治猪旋毛虫病？……………………………（278）
209. 怎样防治猪弓形体病？……………………………（280）
210. 怎样防治猪肾虫病？………………………………（282）
211. 怎样防治猪疥癣病？………………………………（283）
212. 怎样防治猪虱病？…………………………………（285）
213. 怎样防治猪亚硝酸盐中毒？………………………（286）
214. 怎样防治猪氢氰酸中毒？…………………………（287）
215. 怎样防治猪棉籽饼中毒？…………………………（288）
216. 怎样防治猪菜籽饼中毒？…………………………（289）

217. 怎样防治猪马铃薯中毒？…………………………（291）
218. 怎样防治猪酒糟中毒？……………………………（291）
219. 怎样防治猪霉败饲料中毒？………………………（292）
220. 怎样防治猪食盐中毒？……………………………（293）
221. 怎样防治猪痢特灵中毒？…………………………（294）
222. 怎样防治猪磺胺类药物中毒？……………………（295）
223. 怎样防治猪有机磷制剂中毒？……………………（296）
224. 怎样防治猪有机氯制剂中毒？……………………（297）
225. 怎样防治猪磷化锌中毒？…………………………（298）
226. 怎样防治猪汞制剂中毒？…………………………（299）
227. 怎样防治猪砷化物中毒？…………………………（300）
228. 怎样防治猪铅中毒？………………………………（300）
229. 怎样防治猪锌中毒？………………………………（301）
230. 怎样防治猪铜中毒？………………………………（301）
231. 怎样防治初生仔猪贫血症？………………………（302）
232. 怎样防治猪的佝偻病与软骨病？…………………（303）
233. 怎样防治猪白肌病？………………………………（304）
234. 怎样防治猪皮肤角化不全症？……………………（305）
235. 怎样防治猪维生素 A 缺乏症？……………………（306）
236. 怎样防治猪维生素 B 缺乏症？……………………（307）
237. 怎样防治猪的胃肠卡他？…………………………（308）
238. 怎样防治猪的胃肠炎？……………………………（309）
239. 怎样防治猪的便秘？………………………………（310）
240. 怎样防治猪的胃食滞？……………………………（311）
241. 怎样防治猪腹膜炎？………………………………（312）
242. 怎样防治猪感冒？…………………………………（313）
243. 怎样防治猪支气管炎？……………………………（314）
244. 怎样防治猪肺炎？…………………………………（314）

245. 怎样防治猪中暑？……………………………………（315）
246. 怎样防治猪应激综合征？……………………………（316）
247. 怎样防治猪异食癖？…………………………………（317）
248. 怎样防治初生仔猪低血糖病？………………………（318）
249. 怎样防治初生仔猪溶血病？…………………………（318）
250. 怎样防治成年母猪不孕症？…………………………（319）
251. 怎样防治妊娠母猪流产？……………………………（320）
252. 怎样防治母猪产后胎衣不下？………………………（320）
253. 怎样防治母猪子宫炎？………………………………（321）
254. 怎样防治母猪乳房炎？………………………………（322）
255. 怎样防治种公猪睾丸炎？……………………………（323）
256. 怎样防治仔猪脐炎？…………………………………（323）
257. 怎样防治猪风湿病？…………………………………（323）
258. 怎样防治猪创伤？……………………………………（324）
259. 怎样防治种公猪阴茎出血？…………………………（325）
260. 怎样防治猪脱肛？……………………………………（326）

七、猪舍及饲养设备……………………………………（327）
261. 猪有哪些生活习性？…………………………………（327）
262. 环境条件对养猪有什么影响？………………………（328）
263. 选择猪场的场址应注意什么？………………………（329）
264. 猪场怎样布局好？……………………………………（329）
265. 猪舍的类型有哪些？各有什么特点？………………（331）
266. 在一般猪舍设计上有哪些要求？……………………（334）
267. 在不同类猪舍设计上有哪些要求？…………………（335）
268. 在猪舍建筑上有哪些基本要求？……………………（336）
269. 怎样建造塑料暖棚猪舍？……………………………（338）
270. 什么是庭院生态养猪？………………………………（339）
271. 怎样建筑庭院生态猪舍？……………………………（340）

272. 庭院生态养猪应注意哪些问题？……………………（341）
273. 猪栏的类型有哪些？各具什么特点？……………（342）
274. 怎样制作公猪栏？…………………………………（344）
275. 怎样制作母猪栏？…………………………………（345）
276. 怎样在农户简易猪舍设置护仔栏？………………（347）
277. 怎样在农户简易猪舍设置初生仔猪保温箱？……（348）
278. 怎样制作断奶仔猪保育栏？………………………（348）
279. 怎样制作生长肥育猪栏？…………………………（349）
280. 怎样制作猪栏内漏缝地板？………………………（350）
281. 养猪常用的喂料设备有哪些？怎样使用？………（350）
282. 养猪常用的饮水设备有哪些？怎样使用？………（353）
283. 怎样使用猪舍内保温与防暑设备？………………（354）
284. 怎样使用猪场的清粪设备？………………………（355）

八、家庭猪场的经营管理……………………………（356）

285. 家庭猪场的经营管理有何重要性？………………（356）
286. 家庭猪场经营管理有哪些基本内容？……………（357）
287. 引进种猪应注意什么？……………………………（360）
288. 怎样进行市场预测？………………………………（361）
289. 怎样做好家庭猪场的计划管理？…………………（362）
290. 怎样编制家庭猪场生产计划和产品销售计划？…（363）
291. 怎样编制猪群周转计划和种猪配种分娩计划？…（365）
292. 怎样编制饲料计划？………………………………（369）
293. 怎样制定家庭猪场卫生防疫计划？………………（369）
294. 怎样制定家庭猪场经营财务计划？………………（370）
295. 怎样做好家庭猪场的生产劳动管理？……………（372）
296. 怎样做好家庭猪场的经济核算？…………………（374）
297. 家庭猪场在经营管理过程中如何签订和利用有关合同？……………………………………………（378）

298. 农户养猪应注意哪些问题？……………………………(386)
299. 什么叫出栏率？怎样提高养猪出栏率？……………(387)
300. 提高养猪经济效益的主要途径有哪些？……………(387)
附录 1　常用猪饲料营养成分表……………………………(390)
附录 2　猪的饲养标准…………………………………………(395)
附录 3　猪的日粮配方…………………………………………(402)
参考文献……………………………………………………………(408)

一、猪的品种与繁殖

1. 猪有哪些生物学特性？

猪在进化过程中，由于自然选择和人工选择的作用，逐渐形成了某些与马、牛、羊等有所不同的特点。

(1) 多胎高产，世代间隔比较短　猪一般4~5月龄性成熟，6~8月龄就可以初次配种。猪的妊娠期短，只有114天左右。小母猪在1岁时或更早即可产仔。经产母猪一年能产2胎以上，每胎10头左右，一年可提供哺乳仔猪20头左右。若提早断乳或采用激素处理，母猪可年产2.2~2.5胎，每年提供哺乳仔猪25~30头。我国地方猪种的产仔数更多，分布在长江下游太湖流域的太湖猪是全世界猪种中产仔数最多的猪种，经产母猪每窝产仔数达15~16头。

猪的性成熟早，妊娠期短，因而世代间隔比马、牛、羊都短，一般1~2年一个世代。有的猪场采用头胎母猪留种，可缩短至一年一个世代，加速了猪群的更新和选育进展。

(2) 生长期短，脂肪沉积能力强　与马、牛、羊比较，猪的胚胎生长期和生后生长期最短，但生长强度最大。

由于胚胎生长期短，同胎中仔猪数又比较多，故出生时发育不充分，头的比例比较大，四肢不健全，初生体重小（占成年体重的1%以下），各系统器官发育不完善，对外界环境的抵抗力较差。

猪出生后，为补偿胚胎期内发育不足，生后的头两个月生长发育特别快。1月龄体重为初生重的5~6倍，2月龄体重为1月龄的2~3倍。发育如此迅速,使其各系统的器官趋向完善,能很快适应生后的外界环境条件。猪在8月龄前,生长速度仍然很快,后备猪在8~10月龄,体重可达成年猪体重的40%左右,体长可达成年猪体重的70%~80%。在良好饲养条件下,优良品种或杂交肥育猪,6月龄体重可达90~100千克。据研究,肥育新淮猪在53~81千克阶段,日增重达704克,而81千克以后,日增重渐趋下降,在150千克以后,平均日增重只有300多克。

猪在生长初期,骨骼生长强度大,在胴体中所占比例高。以后生长重点转移到肌肉,最后强烈地沉积脂肪。据研究,肥育姜曲海猪在体重20千克阶段,骨重量占11.94%,肉重占49.91%,脂肪占20.86%,而在90千克阶段,骨的重量下降到7.80%,肉重占39.68%,脂肪上升到38.53%。

(3)具有杂食性,饲料转化率高 猪属杂食动物,其门齿、犬齿和臼齿均较发达,胃是肉食动物的单胃与反刍动物的复胃之间的中间类型,因而能利用各种动植物和矿物质饲料。但猪不是什么食物都吃,有择食性,能辨别口味,特别喜爱甜食。猪具有坚强鼻吻,好拱土觅食,所以对猪舍建筑和饲料地有破坏性,也容易从土壤中感染寄生虫和疾病。

与肉用牛或羊比较,猪利用饲料转化成肉食品的效能较高。例如,猪在生长期的料肉比通常为3.5~4:1,即喂给3.5~4千克的饲料可增长体重1千克;而1周岁阉牛在肥育期料肉比为9~10:1,羔羊在肥育期料肉比为8~9:1。

(4)耐热性差,嗅觉和听觉灵敏,视觉不发达 猪的汗腺退化,皮下脂肪层厚,体内热量不易大量散发,皮肤的表皮层较薄,被毛稀少,对光反射的防护力较差。这些生理上的特点,使猪不耐热。

猪需要的适宜温度依日龄不同而异。肥育猪的适宜温度通常为20~23℃,但哺乳仔猪由于体温调节机能不健全,极怕冷,适宜温度是:仔猪1~3日龄为30~32℃,4~7日龄为28~30℃,15

~30日龄为22~25℃,20~30日龄为20~23℃。年龄较大的猪,若处在环境温度30~32℃下,直肠温度开始升高。若温度升高至35℃,相对湿度为65%或更高时,猪则不能长期忍受。猪在较高的温度下,为了散热,会在泥泞或水中打滚,时时把潮湿的一侧身体暴露于空气中,或用鼻拱泥土,躺在较凉的下层泥土上。

猪的嗅觉发达,仔猪在生后几小时便能鉴别气味。母猪能利用嗅觉识别自己生下的仔猪,排斥别的母猪所生的仔猪。猪能靠嗅觉区别排粪尿处和睡卧处。有的猪进圈后调教不好,第一次在圈内某处排粪尿,以后常在该处排粪尿。嗅觉在性机能中也有很大作用,发情母猪闻到公猪气味,即使公猪不在,也会表现出"发呆"反应。

猪的听觉分析器官很完善,能细致辨别声音强度、音调和节律,容易对呼名、口令和声音刺激的调教养成习惯,利用这一特点,饲养员可进行各种调教。仔猪生后几小时,就对声音有反应,但到2月龄左右,才能分辨出不同声音刺激,到3~4月龄时,就能较快地分辨出来。

猪的视觉很弱,对光线强弱和物体形象的分辨能力不强,不靠近物体看不见东西,常会跑错圈门,分辨颜色的能力也差。

猪对痛觉刺激特别容易形成条件反射。例如,利用电围栏放牧,猪受到一二次微电击后,就再也不敢接触围栏了。猪的鼻端对痛觉特别敏感,利用这一特点,用铅丝、铁链捆紧猪的鼻端,可固定猪只,便于打针、抽血等。

2.猪的经济类型是怎样划分的?

猪的经济类型是人们根据市场对瘦肉和脂肪的需求差异和不同的饲养条件,经长期向不同方向选育而形成的,是品种向专门化方向发展的产物。可分为脂肪型、瘦肉型和肉脂兼用型3种。

(1)脂肪型 这类猪的胴体脂肪含量高,背膘很厚,平均4~5

厘米,最厚处可达6~7厘米,而瘦肉率很低,平均在35%~45%。其外形特点是:头大,下颌沉垂而多肉,体躯宽深而稍短,体长与胸围大致相等,全身肥满,四肢短粗。皮薄毛稀,肉质细嫩,早熟,一般是在饲养条件较差或能量饲料比较充裕的情况下育成的品种。如老型巴克夏猪,克米洛夫猪,东北的小荷包猪,南方的陆川猪、宁乡猪、内江猪等,都属于这种类型。但近年来已逐渐被肉脂兼用型猪所代替。

(2)瘦肉型猪(腌肉型) 这种类型猪肥育期短,对饲料中蛋白质利用率高,一般6个月体重达90~100千克,胴体瘦肉率55%~60%,背膘薄,平均厚度为1.2~2.2厘米,6~7背膘最厚处也不超过2.5~3.5厘米。其外形特点与脂肪型相反,头小,体长,背腰平直或略弓,肌肉发达,腿臀丰满,体长往往大于胸围15~20厘米以上。从国外引进的长白猪、大约克夏猪、汉普夏猪、杜洛克猪以及我国培育的三江白猪、新淮猪等都属于瘦肉型品种。

(3)肉脂兼用型(鲜肉型) 其外形特点和产肉性能都介于脂肪型和瘦肉型之间。这种类型猪以生产鲜肉为主,瘦肉和肥肉约占胴体50%左右,背膘厚4~5厘米。我国的大部分猪种均属于这一类型。

不同类型猪生产肉脂比例的大小虽然由它的遗传性所决定,但也受饲养条件和肥育期长短的影响。例如,瘦肉型猪若延长肥育期,并喂给多量含碳水化合物丰富的饲料,胴体中瘦肉比例就会减少,相应的脂肪含量就会增加。

3.我国主要有哪些地方品种猪?

(1)东北民猪 原产于东北和华北部分地区,分大民猪、二民猪、荷包猪3种类型。其被毛全黑,头中等大,面直长,耳大下垂,单脊,腹围大,四肢粗壮,后躯斜窄。冬季密生绒毛,猪鬃良好,乳头7~8对(见图1-1)。性成熟早,4月龄左右出现初情期,发情征候明显,配种受胎率高,有较强的护仔性。在农村,公、母猪体重50~60千克开始配种,平均头胎产仔11头左右,三胎以上产仔12~14头。耐粗饲,但饲料利用率低。肌肉不丰满,皮过厚,因而影响了肉用价值。

图1-1　东北民猪

东北地区广泛利用东北民猪进行经济杂交,以民猪为母本分别与大约克夏猪、长白猪、苏白猪、巴克夏猪等进行杂交,效果较好。建国以来东北三省利用民猪为基础,分别与约克夏猪、苏白猪、克米洛夫猪和长白猪杂交,培育成哈白猪、新金猪、东北花猪和三江白猪,这些新品种猪大都保留了民猪抗寒性强、繁殖力高和肉质好的特点。

(2)金华猪　主要产于浙江省金华地区的东阳、义乌两县。其体躯中部和四肢为白色,头颈和臀尾为黑色,故俗称"两头乌"。体型较小,耳中等大、下垂,额面有皱纹,背略凹,腹稍下垂,臀较倾斜(见图1-2),乳头8对左右,头形有"寿字头"和"老鼠头"两类。

成年公猪体重140千克左右,母猪体重110千克左右。

金华猪的优点是产仔多,农村养猪一般在5月龄(体重25~30千克)开始配种,初产母猪平均产仔数10~11头,三胎以上可产13~14头。母性好,早熟易肥,屠宰率高,皮薄骨细,肉质细嫩,脂肪分布均匀,适于腌制火腿和咸肉。但体型不大,仔猪初生重小,生长慢,后腿不够丰满。

(3)太湖猪　主要分布于长江下游江苏、浙江和上海交界的太湖流域,有二花脸、枫泾、梅山、嘉兴黑猪等多个地方类群。其体型

图1-2 金华猪

稍大,头大额宽,额部和后躯有明显皱褶,耳特大、软而下垂,近似三角形,背腰微凹,胸较深,腹大下垂,臀宽倾斜,四肢稍高,卧时散蹄,被毛稀疏,毛色全黑或青灰色,也有四蹄或尾尖为白色(见图1-3)的,乳头8~9对。产仔数12~15头,高者达20头以上。成年公、母猪体重分别为140千克和115千克。

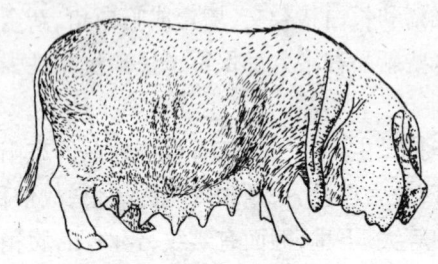

图1-3 太湖猪

太湖猪的优点是产仔多,性情温驯,母性强,早熟易肥,但后躯发育差,后臀不丰满,四肢较软,增重较慢。

20世纪70年代以来,以太湖猪为母本,以约克夏猪、苏白猪、长白猪为父本的杂交组合在生产中广泛应用,三元杂交以杜×(长×太)杂交组合最受欢迎,瘦肉率可达53%以上。

(4)内江猪 原产于四川省内江地区,其体型大、被毛全黑,鬃毛粗长,头大短宽,鼻孔极短,额部有深皱纹,耳大下垂,背宽微凹,腹围较大,乳头6~7对(见图1-4)。农村饲养的母猪一般6月龄开始配种,初产母猪平均产仔9头左右,三胎以上产仔10~12头。成年公、母猪体重分别为160千克和145千克。

图1-4 内江猪

内江猪的优点是生长发育快、性情温驯,仔猪哺育率高,耐粗饲,适应性强,肥育性能好,但皮厚,影响其猪肉品质。

以内江猪作父本,无论与我国北方的民猪、八眉猪,西南高原地区的乌金猪、藏猪等地方品种,或与北京黑猪等培育品种进行二元杂交,其一代杂种猪的日增重和饲料报酬均有一定优势。在产区利用内江猪作母本,与长白猪、苏白猪、巴克夏猪等品种进行杂交,一代杂种猪的日增重和饲料利用率的优势均较明显,其中以长白猪与内江猪的配合力较好。

(5)荣昌猪 原产于四川省荣昌和隆昌两县。其体型较大,除两眼四周或头部有大小不等的黑斑外,其余均为白色。头大小适中,面微凹,耳中等大、下垂,额面皱横行、有漩毛,体躯较长,背腰微凹,腹大而深,臀部稍倾斜,四肢细致、结实,鬃毛洁白、刚韧,乳头6~7对(见图1-5)。农村饲养的母猪一般6~7月龄开始配种,初产母猪平均产仔6~7头,三胎以上产仔10~11头。成年公、母猪体重分别为100千克和90千克。

图 1-5 荣昌猪

用中约克夏猪、巴克夏猪、长白猪作父本与荣昌猪杂交,一代杂种猪均有一定杂种优势,其中以长×荣的配合力较好。用汉普夏、杜洛克与荣昌猪进行杂交,一代杂种猪瘦肉率可达54%。

(6)合作猪 产于甘肃和青海一代,属于高原小型放牧猪种。其体型似椭圆形,毛色较杂,一般四肢、腹部、背腰多为白色,少数初生仔猪具有棕黄色条纹,但随年龄增长而消失,头狭小、呈锥形,额面无明显皱纹,耳小直立,体躯短窄,背腰平直或稍拱起,腹小微垂,蹄小坚实,体质强健,乳头一般5对左右(见图1-6),经产母猪产仔4~7头。成年公、母猪体重分别为29千克和33千克。

图 1-6 合作猪

合作猪的优点是采食能力强,对高寒气候及粗放管理的生活条件适应性强。皮薄,后腿发达,肉质好(多用于制作腊肉)。猪鬃粗长,量多质优,但体型小,生长速度慢,肥育期长,繁殖力低。

(7)陆川猪 原产于广西壮族自治区陆川等县。其身躯矮短,额有横纹且多有白斑,面略凹或平直,耳小向外平伸,背腰宽而凹陷,腹大拖地,臀短倾斜,尾粗大,四肢粗短,多卧系,后腿有皱褶,被毛短细、稀疏,除头、耳、背、臀和尾为黑色外,其余为白色,乳头6~7对(见图1-7),产仔10头左右。成年公、母猪体重分别为100千克和75千克。

图1-7 陆川猪

陆川猪的优点是早熟易肥,生长发育快,繁殖力、泌乳力强,耐粗饲,适应性好,但体型较小,大腿欠丰满。

(8)八眉猪 原产于甘肃平凉和庆阳等地,分大八眉猪和二八眉猪两种。其体型中等,头较狭长,耳大下垂,额面有纵行"八"字皱纹,腹稍大,四肢结实,乳头为6对左右(见图1-8),产仔10~12头。

图1-8 八眉猪

八眉猪的优点是性情温驯,耐粗饲,抗病力强,鬃毛良好,但腹大下垂,生长发育慢,屠宰率低。

(9)宁乡猪 产于湖南省宁乡等县。其毛稀而短,为黑白花,体躯上部多为黑色,下部为白色。头大小中等,额面有形状和深浅不一的横行皱纹,耳较小、下垂,颈短宽,多有垂肉,背腰宽,背线多凹陷,腹大下垂,臀宽微倾斜,四肢粗短,乳头6~7对(见图1-9),产仔10头左右。成年公、母猪体重分别为150千克和125千克。

图1-9 宁乡猪

宁乡猪的优点是耐粗饲,早熟易肥,脂肪蓄积能力强,皮薄、骨细、肉嫩,但腹大拖地,耐寒性差。

在农村,以宁乡猪作母本、中约克夏猪作父本进行二元杂交,普遍受到群众欢迎。

(10)香猪 主要产于贵州省的从江县和广西壮族自治区的怀江县,是典型的地方品种。其体躯矮小,毛色多全黑。头较直,额部皱纹浅而少,耳小而薄,略向两侧平伸或稍下垂,身躯短,背腰宽、微凹,腹大丰圆、下垂,后躯较丰满。四肢短细,后肢多卧系,乳头5~6对(见图1-10)。母猪初情期4月龄,初产母猪产仔4~6头,三胎以上产仔6~8头。

图1-10 香猪

4. 我国主要有哪些培育品种猪?

(1)哈白猪 原产于黑龙江省哈尔滨一带,由约克夏猪、苏白猪等与当地民猪杂交育成,属肉脂兼用型品种。其被毛全白,头中等大小,耳直立、前倾、面微凹,胸宽而深,背腰平直,腿臀丰满,四肢健壮,体质结实(见图1-11)。母猪乳头6~7对,一般在8月龄体重90~100千克时配种,产仔10~12头。公猪在10月龄体重120千克左右时配种。成年公、母猪体重分别为220千克和175千克,屠宰率为72.6%。

图1-11 哈白猪

哈白猪性情温驯,繁殖力高,适应性强,抗寒耐粗,生长快,耗料少。

(2)新金猪 产于辽宁省普兰店(原新金县)等市县,由巴克夏公猪与本地民猪杂交育成,属肉脂兼用型品种。全身大部分黑色,其余部分表现为"六白"或"不完全六白"。体躯结构匀称,头中等大小,颜面稍弯曲,两耳直立稍前倾,背腰平直,臀略斜,四肢健壮,蹄质结实(见图1-12)。母猪乳头6对以上,5~6月龄达性成熟,一般在9~10月龄体重100千克左右初配,产仔11头左右。公猪性成熟期为5~6月龄,一般在9~10月龄开始利用。成年公、母猪体重分别为200千克和160千克,屠宰率为74%。

图 1-12 新金猪

新金猪性情温驯,易于管理,早熟易肥,饲料利用率高,胴体品质好。

(3)新淮猪 产于江苏省,由约克夏猪与当地淮猪杂交育成。其被毛纯黑,但体躯末端有少量白斑,头稍长,嘴角平直或微凹,耳中等大、向前下方倾垂,背腰平直,腹稍大但不下垂,臀略斜,四肢强壮(见图 1-13)。母猪乳头 7 对以上,90～100 日龄达初情期,产仔 11 头左右。成年公、母猪体重分别为 200 千克和 150 千克,屠宰率为 68%。

图 1-13 新淮猪

新淮猪耐粗饲,适应性强,产仔多,但经济成熟性较差。

(4)三江白猪 产于东北三江平原,由长白猪与民猪杂交育成,属瘦肉型品种。其被毛全白,头轻嘴直,耳下垂,背腰宽平,腿臀丰满,四肢健壮,蹄质结实(见图 1-14)。母猪初情期约在 4 月龄,初产母猪产仔 10 头左右,经产母猪产仔 12 头左右。成年公、母猪体重分别为 250～300 千克和 200～250 千克。

图1-14 三江白猪

三江白猪生长发育快,饲料转化率高,抗寒能力强,胴体瘦肉率高、品质好。

(5)上海白猪 原产于上海市的上海和宝山两县,由约克夏猪、苏白猪与当地猪杂交育成。其被毛白色,中等体型,头面平直或微凹,耳中等大小,略向前倾,背腰宽,腹稍大,四肢健壮,腿臀丰满,体质结实(见图1-15)。母猪乳头7对左右,多于8~9月龄体重90千克时开始初配,产仔数11~13头。成猪多在8~9月龄体重100千克时开始配种。成年公、母猪体重分别为250千克和180千克,屠宰率70%。

图1-15 上海白猪

上海白猪生长发育快,繁殖力强,饲料转化率高。

(6)北京黑猪 由巴克夏猪、约克夏猪、苏白猪与当地黑猪杂交育成。其全身被毛黑色,中等体型,头大小适中,两耳向前上方直立或平伸,面微凹,额较宽,背腰宽平,四肢健壮,腿臀丰满,体质结实,结构匀称(见图1-16)。乳头7对以上,初产母猪产仔10头左右,经产母猪平均产仔11~12头。成年公、母猪体重分别为250千克和180千克,屠宰率为70%~72%。

图1-16 北京黑猪

(7)湖北白猪 原产于湖北省武昌地区,是通过大约克夏×长白×本地猪杂交和群体继代建系方法,闭锁繁育而成,是我国新培育的瘦肉型品种之一。其全身被毛白色,个别猪眼角、尾根有少许暗斑,头较轻、大小适中,鼻直稍长,耳向前倾或下垂,背腰平直,中躯较长,后腿较丰满,肢蹄较结实(见图1-17)。母猪乳头6对以上,初情期为122日龄左右,发情持续期为6天左右。初产母猪产仔数平均为10.5头,经产母猪产仔数平均为12.5头。成年公、母猪体重分别为250~300千克和200~250千克,屠宰率为72%~73%。

图1-17 湖北白猪

湖北白猪繁殖力强,瘦肉率高,肉质好,生长发育快,能耐受高温、湿冷气候条件,是开展杂交利用的优秀母本品种。

5. 我国主要有哪些引进品种猪?

(1)长白猪　原产于丹麦,是世界上最著名的瘦肉型品种之一。其全身被毛白色,头小,鼻嘴狭长,耳前伸或下垂,身腰长,背平直而稍呈弓形,后躯发达,腿臀丰富,整个体型呈前窄后宽的楔子形(见图1-18)。乳头7~8对,产仔数11头左右。成年公、母猪体重分别为210~250千克和180~200千克,屠宰率为71%~73%,胴体瘦肉率58%以上。

图1-18　长白猪

长白猪生长发育快,饲料利用率高,瘦肉率高,杂交效果好。但不耐寒,适应性较差。引入我国后经多年驯化饲养,适应性有所提高,分布范围日益扩大。随着内销和外贸对瘦肉型猪生产的迫切要求,在开展猪的二元或多元杂交利用提高瘦肉率方面,已成为重要的父、母本品种。

(2)大约克夏猪　原产于英国,是世界上著名的瘦肉型品种之一。其被毛白色,头颈较长,颜面微凹,耳大、稍向前直立,身腰长,背平直而稍呈弓形,四肢高而强健,肌肉发达,乳头6~7对(见图1-19),产仔11头左右。成年公、母猪体重分别为250~300千克和230~250千克,屠宰率为71%~73%。

大约克夏猪具有生长发育快、饲料利用率高、胴体瘦肉多(瘦肉率达61%)、产仔多、配合力好等优点,用大约克夏猪作父本与本地母猪进行二元杂交,杂种优势明显。

图 1-19 大约克夏猪

(3)杜洛克猪 原产于美国,属瘦肉型品种。其体型高大,被毛红棕色,个体间有浓淡之分,头小,颜面微凹,耳中等大小、略向前倾,体躯宽深,背略呈弓形,四肢粗壮,腿臀部肌肉发达丰满(见图1-20)。经产母猪产仔11头左右,成年公、母猪体重分别为350千克和240千克,屠宰率71%~73%,胴体瘦肉率达60%~65%。

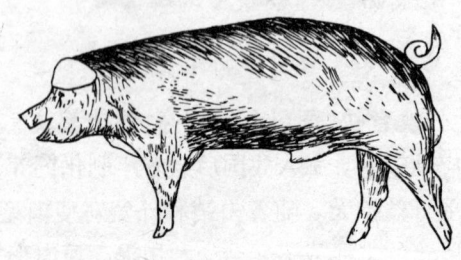

图 1-20 杜洛克猪

杜洛克猪生活力强,容易饲养,生长肥育快,饲料报酬高,产肉性能好。该品种猪在我国饲养繁殖状况良好,在商品猪生产中,利用该品种猪进行二元或三元杂交,对提高肥育猪胴体瘦肉率有明显效果。

(4)汉普夏猪 原产于美国,属瘦肉型品种。头和中、后躯被毛黑色,肩部、前肢围绕着一条白带,头大小适中,耳直立,嘴直长,体躯略长于杜洛克猪,背宽大略呈弓形,体质强健,结构紧凑(见图1-21)。经产母猪产仔10头左右,成年公、母猪体重分别为315~

410千克和250～340千克,屠宰率70%～75%,胴体瘦肉率达60%以上。

图1-21 汉普夏猪

汉普夏猪生长发育快,抗逆性强,饲料报酬高,胴体品质好,但产仔数较少。在我国养猪生产中,一般利用汉普夏猪作二元杂交或多元杂交的父本。

(5)巴克夏猪 原产于英国,于清代末年开始输入我国。我国早期引进的巴克夏猪,体躯丰满而短,是典型的脂肪型品种。20世纪70年代以后进口的巴克夏猪体型已有所改变,趋于兼用型。该品种猪于20世纪中期,在我国养猪生产中杂交利用较广泛,对促进我国猪种改良曾起到一定作用。

巴克夏猪全身被毛大部分黑色而带有"六白"特征,即鼻端、四肢下部和尾稍为白色。头短而凹,嘴略向上翘,耳小前倾,背腰平直,肋骨开张,四肢粗壮,体质强健,性情温驯(见图1-22)。成年公、母体重分别为220～320千克和200～225千克,产仔7～8头,屠宰率为80%左右。

(6)苏白猪 原产于前苏联,属肉脂兼用型品种。该品种猪在我国猪的杂交利用上,一度曾产生过较大的影响,以其为父本与各地方品种的母猪杂交,可获得明显的杂交优势。在杂交育成新品种方面,苏白猪是利用面较广、贡献较大的品种。

苏白猪全身被毛白色,头较大,嘴中等长,颜面微凹,体躯宽

图 1-22 巴克夏猪

深,臀宽平,大腿丰满,四肢健壮,体质结实,适应性较强(见图 1-23)。成年公、母猪体分别为 300~350 千克和 220~250 千克。产仔 11~12 头,屠宰率为 73.6%。

图 1-23 苏白猪

6. 生产中为什么要避免近亲繁殖?

近亲繁殖是指血缘关系相近的公、母猪之间的交配,如父女猪间、母子猪间、兄妹猪间、姐弟猪间、祖父孙女之间、祖母孙子之间、叔父侄女、姑母侄儿之间、同父异母、同母异父子女之间的交配等。因为近亲群体的基因组合相近,所以近亲繁殖的作用是加快遗传基因的纯合,能将祖代的性状在较少的世代内固定下来。但基因纯合后,使基因的非加性效应减少,而隐性有害基因纯合会表现有害性状。因此,近亲繁殖除育种时为某种目的使用外,一般在生产上不用,因为它的害处很大。

(1)降低繁殖力　近亲交配繁殖使母猪产仔数减少,仔猪成活率降低。据试验,同一窝公、母猪交配,平均每窝产仔 7.8 头,成活 4.75 头;而血缘关系很远的公、母交配,平均每窝产仔 10.86 头,成活 10.13 头。

(2)抑制后代发育　近亲交配繁殖的后代体型变小,体质变弱,生长缓慢,对外界不良环境的抵抗力降低。据试验,同是约克夏猪,近亲繁殖的仔猪,60 日龄平均断奶体重为 11.15 千克,而非近亲繁殖的仔猪为 13.26 千克。

(3)降低后代利用饲料的能力　据试验,近亲繁殖的仔猪,每增重 1 千克需要耗费的饲料比同样条件下非近亲繁殖的仔猪要多 20%~30%。

(4)后代易出现畸形怪胎或死胎　如有的仔猪没肛门,鼻孔合并,头大水肿,四肢发育不全,没耳朵,无被毛,少尾巴,瞎眼睛等等。

总之近亲繁殖的害处很大、很多,有时不能立即表现出来,但时间久了,害处就愈来愈重,愈来愈明显。生产中为避免近亲繁殖,可采取如下措施:

①定期倒换或交换种公猪。一般种公猪使用 2 年后,猪群中就有了许多它的后代,就不能再使用了,必须将种公猪倒换一次,可采用场与场之间或户与户之间互相交换非亲缘同一品种种公猪,或交换精液进行血液更新。

②做好繁殖记录,在此基础上做好选育工作。要防止公猪偷配,更不能将公、母猪混群饲养,合群放牧,避免乱配。

7. 如何编制和识别种猪的耳号?

在养猪生产中,为了便于记载和鉴定种猪的血缘关系、发育状况及生产性能,通常要对种猪进行编号。编号的标记方法很多,但目前常用剪耳法,即在仔猪初生时,利用耳号钳子在猪耳朵上的不同部位剪成缺口。每一个缺口代表着一个数据,把几个数据相加,即求出所编号码的数字。一般在最末尾的一个号是单号(1,3,5,7,9)的为公猪,双号(0,2,4,6,8)的为母猪。为了加大编号的数字,有时还在耳中打洞。各地猪的编号不一,下面介绍生产中常见的两种方法。

(1) 左大右小,上一下三的剪法　见图1-24。如为种母猪编制184号,其耳号剪法见图1-25。

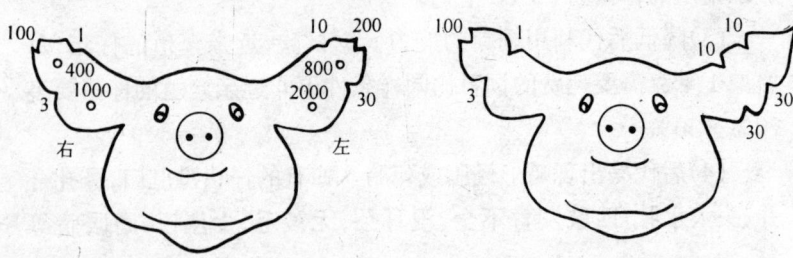

图1-24　猪耳号剪法　　　图1-25　猪耳号剪法

其中,右耳尖为100,左耳下缘两个缺口为60,加上上缘两个缺口为20,右耳上下各一为4号,即得184号。

(2) 一、三为号,左小右大,上大下小的打法　见图1-26。如为种公猪编制715号,其耳号剪法见图1-27。其中,右耳下缘三个缺口数据相加为300+300+100=700,左耳下缘三个缺口数据相加为1+1+3=5,左耳上缘缺口数据为10,即得715号。

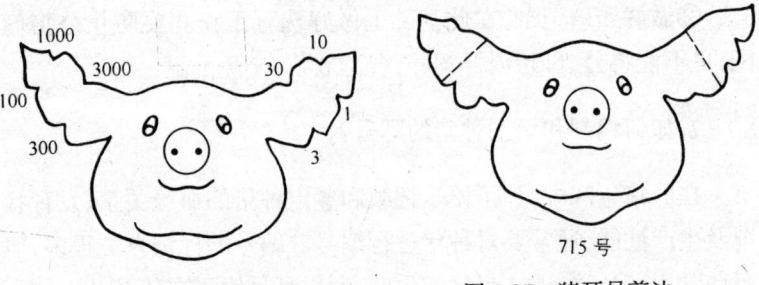

图1-26　猪耳号剪法　　　图1-27　猪耳号剪法

8. 如何进行种猪的选择?

为了克服种群内个别缺点,增加种群中优秀个体比例,保证品种纯度,提高猪群生产性能,在猪的育种过程中,对种猪的选择十分重要。

(1)种猪选择方法

①个体选择:个体选择就是根据种猪本身的一个或几个性状的表型值来选择。应用个体选择法,其选择效果与被选择的性状的遗传力有着密切的关系。对于具有中等以上遗传力的胴体品质和生长速度等性状进行个体表型选择有效。例如,对种公猪采用活体测膘仪或测膘尺进行背膘测定,可以提早取得测定结果,提高良种公猪的利用效率。因此,这种方法简单、有效,有一定的实用价值。

②系谱选择:系谱选择是根据其父本或母本、或双亲以及有亲缘关系的祖先表型值进行选择。因此,这种选择方法必须有祖先的性能记录和详细的系谱。系谱选择在实践中应用不太广泛,但在个体发育的早期阶段,如仔猪断奶时期,对一些尚未表现的性状或者对诸如产仔数、泌乳力、断奶仔猪数和断奶窝重等母本所具有的繁殖性状,而公猪本身不表现这些性状,往往利用祖先的性能来选择(大多数是利用母亲的资料)。

③同胞选择:由于双亲对于同窝兄妹具有同等遗传关系,这样可以通过全同胞兄妹(同父同母)的生产性能表现评价一个个体的种用价值。同样,也可以用半同胞兄妹(同父异母或同母异父)的生产性能表现对一个个体的遗传品质作出判断。同窝3头(1公、1母和1阉公)供测猪的平均成绩可作为全同胞鉴定的依据;同一公猪(或母猪)的9头后裔(3个母猪的后裔,3公、3母和3阉公)的平均成绩可作为该公(母)猪半同胞鉴定的依据。由于同胞资料较早获得,可以进行早期选择,不但可以在本身没有表型记录时进

行选择,甚至可在个体出生前即可作出初步估计。对繁殖力、泌乳力等公猪本身不表现的性状,以及屠宰率、胴体品质等不能或不易活体度量的性状,同胞选择更有其重要意义。

④后裔测验:在条件一致的情况下,对亲本的后裔进行比较测验,按后裔的平均成绩来评定亲本的方法,称为后裔测验。这里所说的后裔就是子女。后裔测验主要应用于种公猪,也可用于鉴定母猪。具体测定方法是:从被测公猪和3头以上与配母猪所生的后裔中每窝选出3头(1公、1母和1阉公)共9头后裔的生产成绩作为鉴定的依据。同窝3头仔猪的平均成绩,可作为鉴定母猪的依据。后裔测验的准确性高,故此法已被广泛采用。

⑤合并选择:合并选择就是兼顾个体表型值与个体亲属表型值进行选择。从理论上讲,合并选择利用了两方面的信息,因而准确度是较高的。这种选择就是根据个体的本身资料,并结合同胞资料进行的选择。具体做法是:对公猪进行本身测定的同时,对其他2头同胞(同父同母)进行测定。用此方法可以对公猪的种用价值尽早地作出评价。

(2)种猪选择内容

①种公猪的选择

a.外形鉴定:对种公猪外观要求是:头壮额宽,胸宽深,背宽平,体躯深长,后腿臀丰满发达,骨骼粗壮,四肢有力,体质结实,整个体型符合品种特征要求。

b.繁殖机能:对公猪繁殖机能的选择要做到以下几点:第一,所有生殖器官不正常的公猪应淘汰;第二,要对精液品质进行检查;第三,要求种公猪性征表现明显,性机能旺盛。淘汰没有性欲的公猪,但需注意公猪的调教,经调教仍不能交配的才能淘汰。

c.主要经济性状:第一,生长速度。测定体重20～90千克(地方品种猪测定结束体重可适当小些)或断奶至6月龄阶段平均日增重(克/日)。第二,饲料利用效率。测定20～90千克或断奶至

6月龄阶段每增重1千克的饲料消耗。第三,6月龄时的活体背膘厚度。具体测定方法是:测定肩胛角后上方、胸腰椎结合部和腰荐椎结合部距背中线4~6厘米(因品种而异)三点膘厚,取其均值作为背膘厚的指标。种公猪生长速度、饲料转化率和背膘的选择标准因不同品种而异,但至少要达到本品种的标准。我们也可以用上述3个性状构成选择指数,根据指数的大小进行选择。

②种母猪的选择

a. 外形鉴定:母猪选择也要进行外貌鉴定,母猪的乳头要整齐,有效乳头不少于14个。淘汰有异常乳头(内翻乳头、瞎乳头、小乳头)的个体。外生殖器正常,四脚强健,体躯要有一定的深度。

b. 繁殖性能:后备猪一般在7~8月龄配种。此时主要淘汰发情缓慢或因繁殖患病不能作种用的母猪。当母猪有繁殖成绩后,要重点选择产活仔数多、泌乳力强和断奶窝重(42日龄)大的母猪。对产仔数很低、哺育率差、断奶窝重小的母猪,根据具体情况予以淘汰。

9. 如何进行种猪的选配?

在养猪生产中,通过选种可以选出优良的公、母猪,但同时还要做好选配工作。选配就是对猪配种加以人为控制,使优秀个体获得更多的交配机会,并使优良基因更好地重新组合,促进猪群的改良和提高。选配能创造必要的变异,为培养新的理想型猪创造条件;选配能稳定遗传性,使理想的性状固定下来;选配还能把握变异的方向,权衡公、母猪的优缺点,适宜的选配可以克服缺点,巩固优点。选择亲合力强的公、母猪配种,可获得理想的后代。种猪的选配方法主要有以下几种。

(1)品质选配 品质选配就是考虑交配双方品质对比的选配。一般品质指体质、体型、生物学特性、生产性能、产品质量等方面,也可指遗传品质。根据猪的品质对比,可分为同质选配和异质选配。

①同质选配:同质选配是选用性能和外型相似的优秀公、母猪来配种,以期获得与公、母猪相似的优秀后代。同质选配的作用主要是使亲本的优良性状稳定地遗传给后代,使优良性状得以保持与巩固,并在猪群中增加具有这种优良性状的个体。

②异质选配:异质选配可分为两种情况,一种是选择具有不同优良性状的公、母猪配种,以便获得兼有双亲不同优点的后代。例如,选择分别具有体躯长与腿围大的公、母猪交配,其后代表现体躯既长、腿围又大。另一种是选同一性状但优劣程度不同的公、母猪(一般公猪优于母猪)配种,以期后代能取得较大的改进和提高。例如,有些优良母猪只在某一性状上欠佳,可选一头在这个性状上特别优异的公猪与之交配,给后代加入了优良基因,使后代的该性状有所改善。

(2)亲缘选配 亲缘选配是一种根据交配双方亲缘关系的远近来进行选配的方法。如双方有较近的亲缘关系(共同祖先的总代数不超过6代)就叫近亲交配,简称近交;反之,叫非亲缘交配,简称远交。当猪群中出现优秀个体时,为了尽可能保持优秀个体的特性,揭露缺陷性有害基因,提高猪群的同质性,可采用亲缘交配。为了防止近交造成的遗传缺陷,如繁殖性能、生活力和生产力下降等近交衰退现象,应严格控制近交系数的增长。一般繁殖猪场和商品猪场应避免进行近交。

10.猪的经济杂交有什么好处?

猪的经济杂交属于生产性杂交,是根据当地现时的经济条件(主要是饲养水平)和市场对肉质的需求以及原地方品种的品质来选择相应的品种进行杂交,而获得生活力强和生产性能高的商品肉猪的一种杂交繁育方法。

猪的经济杂交所产生的杂种猪生活力强,对生活条件比双亲适应性强,耐粗饲,饲料利用率高。所以杂种后代比它的双亲生长快,省饲料。国内外生产实践和科学试验证明,猪的经济杂交是缩短肥育期、提高肥育率、节省饲料和降低饲养成本的有效措施之一,一般可收到增产 10%～20% 的效果。其次,杂交繁殖比纯种繁殖产仔多,而且仔猪初生重大,成活率高,断奶较早。另外,经济杂交的后代抗病力强,发病率低,畸形、缺损和致死、半致死现象减少,提高了群体的生产性能。

所以,畜牧业发达的国家和地区,都把猪经济杂交作为提高养猪生产水平的一项主要措施。

11. 什么叫杂种优势？怎样度量？

不同品种、品系和品群的猪进行杂交所产生的杂种后代,往往在生活力、日增重、饲料报酬等方面都超过其亲代平均值,这种现象叫杂种优势。杂种优势的大小用它相对指标杂种优势率来表示,其计算公式为：

$$杂种优势率(\%) = \frac{杂种一代某一性状平均值 - 双亲该性状平均值}{双亲该性状平均值} \times 100\%$$

例如：本地猪的日增重为 180.5 克,内江猪日增重为 225.1 克,巴克夏猪日增重为 258.9 克,内本猪(即内江公猪和本地母猪交配所生的杂种一代)日增重为 252.3 克,巴本猪(即巴克夏公猪与本地母猪交配所生的杂种一代)日增重为 245.2 克,内巴本猪(即巴本杂种一代母猪和内江公猪交配所生的杂种)日增重为 278.4 克,试计算：

(1) 内本猪日增重的杂种优势率是多少？

$$杂种优势率(\%) = \frac{245.2 - (\frac{258.9 + 180.5}{2})}{\frac{258.9 + 180.5}{2}} \times 100\%$$

$$=\frac{245.2-219.7}{219.7}\times100\%=11\%$$

(2)巴本猪日增重的杂种优势率是多少？

$$杂种优势率(\%)=\frac{252.3-(\frac{225.1+180.5}{2})}{\frac{225.1+180.5}{2}}\times100\%$$

$$=\frac{252.3-202.8}{202.8}\times100\%=24\%$$

(3)内巴本猪日增重的杂种优势率是多少？

$$杂种优势率(\%)=\frac{278.4-[\frac{1}{2}\times225.1+\frac{1}{4}(258.9+180.5)]}{\frac{1}{2}\times225.1+\frac{1}{4}(258.9+180.5)}\times100\%$$

$$=\frac{278.4-222.4}{222.4}\times100\%=25\%$$

根据以上计算结果，内巴本猪日增重的杂种优势率为25%，高于内本猪和巴本猪，说明内巴本猪日增重的杂种优势好，巴本猪日增重的杂种优势差。

12. 什么叫配合力？育种时为什么要进行配合力测定？

所谓配合力，是指某一种群（品种或品系）与其他种群杂交产生的后代所获得杂种优势的能力，分为一般配合力和特殊配合力。一般配合力是指某一种群与其他种群杂交时，杂交后代获得生产力的平均表现能力。所谓一般配合力良好，即说明该种群与其他不同种群杂交时均能获得较好的杂种优势，如在生产中，长白猪与我国许多地方品种猪和培育品种猪杂交，都获得了较好的杂种优势，这就说明长白猪的一般配合力较好。特殊配合力是指两个特定种群杂交时，杂交后代获得生产力的表现能力。所谓特殊配合力良好，即说明两个特定种群杂交时，能获得良好的杂种优势，如在生产中，利用内江猪作母本，分别与长白猪、苏白猪、巴克夏猪等品种进行杂交,虽然一代杂种猪的日增重和饲料利用率都有所提高,但以内江×长白最为明显,这就说明内江猪与长白猪杂交的特殊配合力较好。

当两个品种猪杂交时,若两个显性基因都是十分纯合的,则新的显性基因将集中于子代,子代的某些性状优于父母代。对配合力好的组合,应连续测定3~5年,测定时每年把场内外全部组合的材料加以综合系统分析,以便得出正确结论。配合力是可以遗传的,因此配合力测定在猪育种和经济杂交工作中非常重要。

13. 对于猪的经济杂交,获得预期杂种优势具有哪些规律?

猪的经济性状是由很多对不同遗传类型的基因决定的,因此杂交后并不是所有的经济性状都表现出杂种优势,不同的经济性状表现出的杂种优势也不尽相同。

(1)遗传力低的性状容易获得杂种优势,遗传力高的性状不容易获得杂种优势。繁殖性状的遗传力(遗传力是表示某一性状从上代向下代遗传的能力)偏低,说明了个体间繁殖性状上的差异主要受环境的影响,这类性状受非加性基因的控制,杂交时杂种优势明显。遗传力高的性状受非加性基因的控制,杂交时杂种优势不太明显。

(2)近亲繁殖时容易退化的性状和生命早期表现的性状,杂交容易显现杂种优势。如产仔数、仔猪初生体重、仔猪成活率和断奶窝重等性状,容易显现杂种优势。受饲养条件影响较大的性状如背膘厚度、瘦肉率、眼肌面积等胴体性状,较难显现杂种优势。

(3)杂交所用亲本的差异程度愈大,杂种优势愈明显。一般来说,杂种优势表现的程度取决于杂交亲本的差异程度。因此,应选择在遗传、来源、亲缘关系等方面差异较大的品种或品系进行杂交,可得到良好的杂交效果。

根据杂种优势表现的程度不同,猪的经济性状可分为3种。

①容易获得杂种优势的性状:这类性状包括体质的结实性、产仔数、仔猪初生个体重和窝重、泌乳力、断奶个体重和窝重、仔猪成活率等。这类性状遗传力偏低,近交时退化严重,杂交时可获得明显的杂种优势。

②比较容易获得杂种优势的性状:这类性状包括生长速度和饲料利用率。这类性状遗传力属于中等,近交和杂交只有中等影响,表明受加性基因和非加性基因的影响也是中等。

③不容易获得杂种优势的性状:这类性状包括外形结构、胴体长、屠宰率、膘厚、瘦肉量、眼肌面积等。这类性状遗传力高,主要受加性基因的控制。

既然不同的经济性状受不同基因的制约,有些性状应采用纯繁选育改进,有些性状则应采取杂交的办法提高。在品种或品系内差异大、遗传力高的性状应采取纯种选育的方法;在品种或品系内差异小、遗传力高的性状,可首先通过品种或品系间杂交,促使其基因重新组合,随之进行选择;遗传力低的性状,应采取杂交的办法。因此,应根据所要改良和提高的性状,确定繁育方法。

14. 怎样正确利用现有杂种母猪?

早在20世纪50年代前,我国从国外引进了大约克夏、中约克夏和巴克夏等种猪,用来改良一些地方品种,经过长期选育,形成了一些培育猪种,如新金猪、哈白猪、上海白猪、北京黑猪等。从50年代初到60年代初,又相继引入了苏白猪、克米猪、高加索猪和约克夏猪等,对我国各地的地方品种猪进行了较广泛的杂交;60年代,又兴起了南北猪种杂交的热潮,造成乱配,一杂再杂,导致猪群血统混乱,出现不少杂种群,直到目前仍分布在各个地区,并占养猪数量的较大比例。如何对这些大量的杂种猪群进行科学充分利用,是正确开展经济杂交的一个重要课题。

(1)对现有的杂种猪群进行调查研究,分类排队 每个地区,按杂种猪群的体型外貌和生产性能,大致分出类别。一般为黑、白、花三种毛色。根据毛色可大致分析出各类毛色猪的主要血统。凡黑毛杂种猪,主要含有我国地方黑猪和巴克夏的血统,如果有白蹄、白尾尖、白前额,肯定是巴克夏占主要血统,如辽宁省的新金猪就属于这一类型。所有的白毛杂种猪,都属于约克夏、长白和苏白猪的杂种类群。凡耳中等大小、斜立、腿高、身躯较长、背腰宽深者,基本是大约克夏和苏白猪的杂种。大约克夏杂种在南方多见,苏白杂种在东北较多。至于花猪,血统更为复杂,至少含有3个以上品种血统,多为黑白猪杂交,或南北方猪的杂种间杂交乱配而分离出来的杂种猪。

(2)选优去劣,继续科学充分利用　在调查研究、分析排队的基础上,按各类杂种群中抽样测定瘦肉率,分析其产肉性能和增重速度,如瘦肉率达到45%以上,日增重不低于地方品种猪,都可以继续用瘦肉型猪种与之杂交,利用杂交一代生产商品肉猪。据报道,长白(公)×内北,大约克夏×长通等,大致可获得瘦肉率为48%～54%的商品猪。由此可见,不少杂种猪的瘦肉率在40%～45%左右。如果经过杂交测定,瘦肉率在45%以下的,说明原杂种猪本身瘦肉率达不到40%,对这类杂种群应逐渐由优良地方母猪来替换,使其数量逐步减少,直到全部更新。从长远观点看,血统不清的杂种猪都应该逐渐更新。

15. 什么叫两品种杂交?

两品种杂交又叫二元杂交或单杂交,是养猪生产中以经济利用为目的,最简单、最实用、最普遍采用的一种杂交方式。它是选用两个不同品种猪分别作为杂交的父母本,只进行一次杂交,专门利用第一代杂种的杂种优势来生产商品猪。其特点是杂种一代无论公母,全部不作种用,不再继续配种繁殖,而全部作为经济利用(见图1-28)。例如,用长白猪与金华猪杂交所产生的子一代长×

金仔猪全部育成商品猪出售。

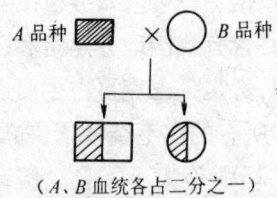

（A、B 血统各占二分之一）

图 1-28　两品种杂交示意图

这种杂交方式简单易行,只需进行一次配合力测定即可,对提高肉猪的产肉率有显著效果。但这种杂交方法只能利用仔猪的杂种优势,不能充分利用母猪繁殖性能方面的杂种优势。因为用于繁殖的母猪都是纯种,而繁殖性能一般遗传力较低,杂种优势比较明显,不利用这方面的杂种优势是很可惜的。另外,用于更新的种猪必须是纯种猪,所以要经常维持一定数量纯种母猪群,成本较大,这对养猪生产者来说是很不利的。

16. 什么叫两品种轮回杂交？

所谓两品种轮回杂交,是指先选用两个不同品种猪分别作为杂交的父母本进行杂交,然后从杂种一

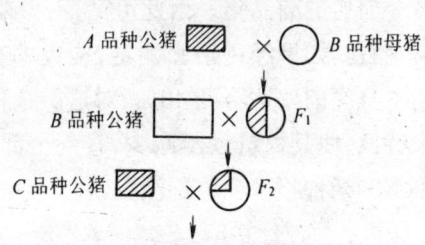

图 1-29　两品种轮回杂交示意图

代母猪中选留优良个体,逐代分别与两个亲本品种的公猪进行杂交(见图1-29)。这一方法,只要饲养两个品种的少量公猪就可以使杂种优势不断保持下去,又可以利用杂种母猪,饲养杂种母猪要比饲养纯种母猪更为经济,从而不断保持子代的杂种优势。

17. 什么叫三品种杂交?

三品种杂交也叫三元杂交,即先选用两个品种猪杂交,产生在繁殖性能方面具有显著杂种优势的子一代杂种母猪,再用第二个父本品种猪与其杂交,产生的后代全部作为商品猪肥育(见图1-30)。

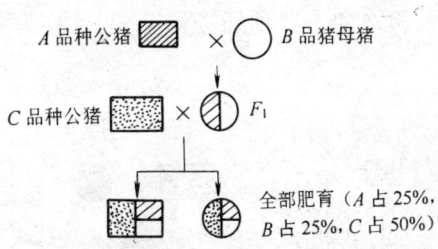

图1-30 三品种杂交示意图

在杂交过程中,一般第一、第二父本利用瘦肉率高的品种,第二父本还应选择生长发育快、肥育性能好的公猪。例如,在养猪生产中采用的杜×长×本、汉×长×本等杂交形式都属于三品种杂交。

三品种杂交的杂种优势一般都超过两品种杂交。其优点是杂种母猪在生活力和繁殖力上本身就有杂种优势,产仔多,哺育能力强,有利于杂种仔猪的生长发育,杂种母猪再与第二个优良父本杂交,可获得经济价值更高的三品种杂种。如内江猪×(巴克夏猪×太谷本地猪),比巴克夏×太谷本地猪的平均日增重提高13.5%,每千克增重需饲料量减少3.5%。

三品种杂交的缺点是需要三个品种的纯种猪源,而且需要二次配合力测定,虽然其杂种优势高于两品种杂交,但成本较高,而且三品种杂交利用了二品种杂交一代杂种作母本,遗传性不够稳定,易受生活条件的影响而改变,需要进行严格选择,否则杂交效果不稳定。

18. 什么叫四品种杂交？

四品种杂交可分为两种形式。第一种形式是利用三品种杂交所得到的杂种母猪，再与另一品种的公猪进行杂交（见图1-31）。第二种形式是用四个品种的猪，首先分别进行两两杂交，从后代中选留优良的个体，再在两个杂种间进行杂交，又称为双杂交（见图1-32）。

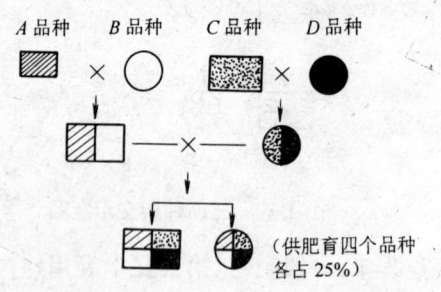

图1-31　四元杂交示意图

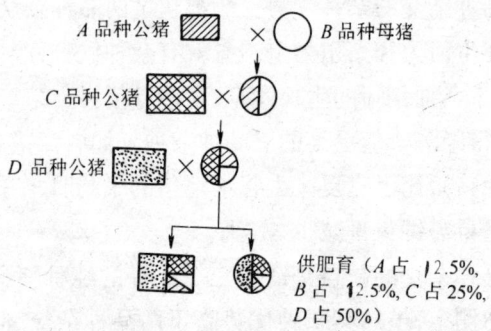

图1-32　双杂交示意图

19. 怎样选择杂交亲本品种？

杂交的亲本品种不同，杂交效果也不一样。这是由于不同杂交组合亲合力不同而造成的。一般来说，杂交亲本的遗传性差异愈大，杂交效果愈显著。

(1) 母本品种的选择　应选择在本地区数量多、分布广、适应性强的本地品种猪作为杂交母本。这是因为这种母本适应性强，对饲料条件要求不高，猪源易解决，杂种后代容易推广。另外，应选择繁殖力强、母性好、泌乳力高的猪种作母本，这有利于杂种仔猪的成活和生长发育，有利于降低杂种仔猪的生产成本。在不影响杂种仔猪生长速度的前提下，一般母本体型不一定太大。体型太大，浪费饲料。

(2) 父本品种的选择　应选择生长速度快、胴体品质好、瘦肉率高、饲料利用能力强的猪种作父本。具备这些性状的一般都是经过高度培育的猪种，如长白猪、大约克夏猪、杜洛克猪、新淮猪、哈白猪、新金猪等。另外，还应选择与杂种所要求的类型相同的猪种作父本。如要求杂种的瘦肉率高，而且在当地饲料条件较好的情况下，可选用长白猪、大约克夏猪、杜洛克猪作杂交父本。如果饲料条件差，饲养管理比较粗放，可选用苏白猪、哈白猪、新金猪等早熟易肥、耐粗饲的品种比较合适。至于父本的适应性和种源问题总是可放在次要地位考虑，一般多用外来品种作为杂交父本。

20. 怎样进行杂交对比试验？

杂交效果受品种、饲养水平、杂交方式等因素的影响，因此在进行杂交对比试验时应做好试验设计工作。

研究方法一定要适应需要，做到因地制宜、不断总结、逐渐完善。

(1) 杂交亲本与杂交方式的选择

①杂交亲本的选择：在生产中，应根据本地区特点和杂交目标选择杂交亲本，具体的选择要求如前所述。

②杂交亲本群的选优和提纯：开展杂种的利用是一项复杂而又细致的工作。首先，应从亲本的选优提纯入手。亲本纯度高，才能使两亲本基因频率之差加大，配合力测定的误差也就降低，以得到好的杂种优势效益。选优就是通过选择使亲本群原有的优良、高产基因频率尽量增大；提纯就是通过选择和近交，使亲本群在主要经济性状上纯合子的基因频率尽可能增加，个体间的差异尽可能小。对亲本和杂种后裔不加选择就进行杂交的作法，较难得到且很难保持杂种优势。

③杂交方式的选择：杂交方法应根据实际情况而定。一般来说，目前我国广大农村养猪，以采取两品种简单经济杂交为宜，方法简便，容易推广。在各方面条件较好的地方，可采用复杂的经济杂交。

(2) 试验猪的选择与饲养管理

①繁殖性能对比试验猪的选择：供试猪应具有该品种代表性特征，供杂交所用的母本，在年龄、胎次、繁殖性能等方面应大致相近。公猪2~3头，母猪10~15头，配种时，一头公猪应同时与纯种母猪（对照组）及另一品种母猪（试验组）3~5头交配，以避免因公猪个体不同而影响试验结果。

②肥育性能对比试验猪的选择：供试猪应从年龄、胎次、体况基本相似的母猪生的后代中选留，供试猪的个体重相似（组内个体重相似，组间个体重力求接近），不能有意识地选择最好或最坏的。供试猪（公、母）均应去势，每组合不少于6~10头，各组头数相同，其来源不少于2~3头母猪和公猪的后代。必须有父本组和母本组作为对照，以计算其杂种优势。在条件较好的猪场，最好采用全窝肥育进行对比试验。

③试验起止时间

Ⅰ.同日龄开始试验,同日龄结束。

Ⅱ.同体重开始试验,同体重结束。

Ⅲ.同日龄开始试验,同体重结束。

Ⅳ.同体重开始试验,同日龄结束。

④试验猪的饲养管理

Ⅰ.饲养水平:试验组与对照组的供试猪,应处于相同的饲养水平和饲粮结构条件下,根据当地条件,肥育供试猪可在几种饲养水平下进行试验。繁殖性能测定的供试猪,也应在相同的饲养水平下进行。

Ⅱ.饲养管理:仔猪在哺乳期内进行预防注射和去势,45日龄或60日龄断奶,经15天预试(进行驱虫,根据猪的增重调整供试猪,逐渐饲喂试验饲料等),开始对比试验。试验开始与结束于早饲前准确称重,可连续称重3天,以3天平均体重作为供试猪的开始与结束体重,以称重的第二天为试验的开始与结束的日期。供试猪宜固定专人饲养,各组供试猪的圈舍要相似,同组合同圈群饲(如需分圈各圈头数应相同)。饲料调配、饲喂方法各组合均应一致。总之,以各种供试猪处于相同的饲养管理条件为原则。

Ⅲ.称重与饲料记载:供试猪称重最低限度应于开始与结束时连续称重3天;有条件的地方在试验期间每隔15~30天于早饲前称重一次;或根据供试猪的体重阶段(15~40,41~65,66~90千克)称重,每次称重后均计算平均增重和饲料消耗量。

供试猪饲料消耗量可采用"清箱底"或天天定的办法,以记载清楚为原则。

Ⅳ.供试猪病、死的处理:试验期间,发现病猪应立即治疗,如需隔离治疗,应将病猪称重,耗料量单独记录。病愈后可否归组,视情况而定。发生死猪,应将该组猪逐一称重,结合研究课题的特点予以确定。结算增重和饲料消耗。

Ⅴ.测定项目:可测定繁殖性能、肥育性能和胴体品质等,结合研究课题予以确定。

Ⅵ.试验结果的处理:试验结果不可任意挑选或弃舍数据。目前广泛应用杂种一代的平均值和双亲平均值进行比较来估计杂种优势。或进行统计处理,先用 F 测定,如差异显著时再用 Q 测定,以决定各杂交组合间配合力的差异是否显著。

21.怎样建立、健全猪杂交繁育体系?

经试验,确定筛选出了优良的杂交组合,就需积极地在生产中推广。杂种优势利用不仅是一项技术性很强的工作,而且还需要进行周密的组织工作,特别要有一整套健全的杂交繁育体系。所谓杂交繁育体系,就是明确用什么品种、采用哪种杂交方式的前提下,建立各种性质的猪场,以及各猪场之间的规模和彼此之间配合等方面,建立一整套组织体系。下面以生产中所采用的杂交方式与相应建立的繁育体系结合起来加以介绍。

(1)通过简单杂交将杂种优势保持和予以扩大的方案(见图1-33)

(2)通过回交将杂种优势保持和予以扩大的方案(见图1-34)

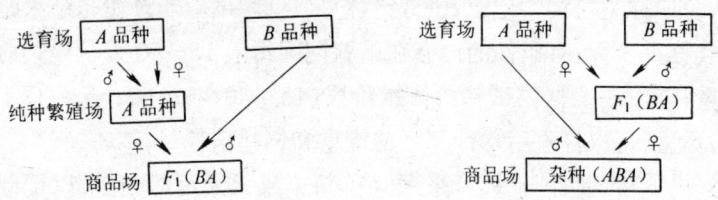

图1-33 通过简单杂交设计方案　　图1-34 通过一个品种回交设计方案

(3)通过来自两个品种(或品系)的公猪进行回交,将杂种优势予以扩大的方案(见图1-35)

(4)通过三品种杂交将杂种优势保持和予以扩大的方案(见图1-36)

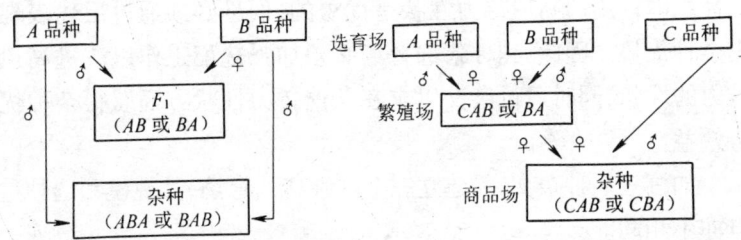

图 1-35 通过两个品种回交设计方案　　图 1-36 通过三品种杂交设计方案

(5) 通过双杂交将杂种优势保持和予以扩大的方案(见图 1-37)

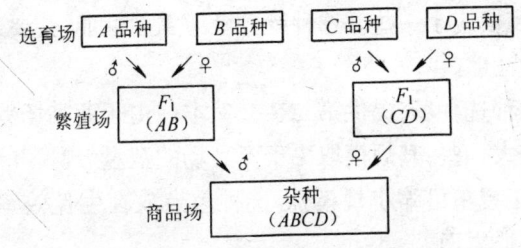

图 1-37 通过双杂交设计方案

22. 在猪的杂交繁育体系中,各级猪场的主要任务是什么?

猪的杂交繁育体系可分为两级繁育体系和三级繁育体系。在一般情况下,如搞两品种简单杂交或轮回杂交,可建立两级繁育体系(即纯种选育场和商品猪肥育场)。如搞三品种杂交,可建立三级繁育体系(即纯种选育场、一代杂种母猪繁殖场和商品猪肥育场)。

(1) 纯种猪选育场　提高纯种猪的生产性能是首要任务,没有品质优良的纯种猪,就不可能有杂交效果显著的杂种猪。提高纯种猪的生产性能,不仅要注意本身性能的提高,更要注意它和规划中另一品种的杂交效果,应有计划地开展配合力测定工作,将杂交效果纳入到选种、选配的指标中加以考虑。杂交所用的品种,不仅加性基因作用的高遗传力性状是优秀的,而且必须通过后代表现出杂种优势。因此,纯种猪选育场必须加强选配工作以改进高遗传力的性状,同时通过杂交以求在低遗传力性状方面获得杂种优势效益。

如搞三品种杂交,需建立三个纯种猪选育场,其规模和选种重点亦不相同。

第一品种选育场,提供杂种繁殖场用的基础母本,因为需要的头数多,故规模应大一些,选种重点放在繁殖性能方面。

第二品种选育场,提供杂种繁殖场用第一杂交父本,因需要的头数少,故规模应小一些。选种既要考虑繁殖性能,又要兼顾生长效率和肥育性能。

第三品种选育场,提供第二杂交父本。由于商品场数量多,故该场规模应大一些,其规模取决于商品场的数量、规模和配种方式(如采用人工授精可缩小规模)。选种重点放在生长效率、肥育性能和胴体品质方面。

(2)商品猪场 商品猪场的工作重点应放在提高猪群生长效率和改进肥育技术上。为了降低肥育成本,繁殖群占全群的比例愈小愈好,缩短繁殖周期,提高繁殖水平,注意猪群的更新,2~4岁壮龄母猪的比例应大一些,并注意提高饲养管理技术。

现以三元杂交为例,如在某县经试验证实"杜长本"是一个瘦肉率高、综合经济效益好的杂交组合,在生产中要进行推广,年需生产10万头"杜长本"肥育猪,应建立三级杂交繁育体系。

第一级是纯种猪选育场,中心任务是培育和选择三个纯种亲本猪群,为下级猪场提供母本品种和提供杂交用的父本品种猪。

第二级是繁殖场,包括纯种母本繁殖场和杂种一代母猪繁殖场。

第三级是商品猪场。

各级猪场大致规模和猪群变动情况见表1-1。

表 1-1　各级猪场规模和猪群变动情况

级别	猪别	母猪头数	每头母猪年产仔数	仔猪总数	种用公 %	头数	母 %	头数	母猪年更新 %	头数	备注
Ⅰ	本地猪	200	16	3200	30	480	40	640	30	60	Ⅱ级猪场的繁殖公、母猪需两年配齐,此后可减少种猪的饲养量
Ⅰ	长白猪	15	15	225	30	34	40	45	30	5	
Ⅰ	杜洛克	50	14	700	30	105	40	140	30	15	
Ⅱ	本地猪	1 250	16	20 000	—	—	50	5 000	25	323	Ⅰ、Ⅱ猪场每年可向外推广部分种猪,并有 15 000 余头的淘汰猪
Ⅱ	长本	10 000	16	160 000	—	—	—	—	25	2 500	
Ⅲ	杜长本	肥育猪 160 000 头猪商品率按 65%计算,年产杜长本肥育猪 104 000 头									

23. 小母猪在多大开始配种好?

小母猪第一次参加配种繁殖的年龄叫初配年龄,而初配年龄主要取决于其性成熟的早晚和体重。不同的品种、气候和饲养管理条件,其性成熟的早晚不同,早熟品种的母猪一般在 3~4 月龄左右开始发情,培育品种及杂交种性成熟时间稍迟,约在 5 月龄,国外品种最迟。气候温暖,饲养管理条件较好,生长发育加快,性成熟期提前。刚刚达到性成熟的小母猪,虽然有性欲表现和受胎的可能,但不可用来繁殖。因为这时小母猪的卵巢发育不正常,卵子发育不成熟,排卵少,所以受胎率较低,即使受胎,产仔也少而弱,初生仔猪生长缓慢。更重要的是小母猪身体尚未发育成熟,身体各组织器官的生长发育都很强烈,即使表现性行为,但繁殖机能还不健全,过早配种既影响本身生长发育,还会降低种用年限,甚至造成猪群退化。相反,过晚配种则会增加育成期费用,年产仔数减少,不经济,甚至影响性机能,造成长期乏情、配种困难或屡配不孕,以致影响终生繁殖力。

适宜的初配时期除考虑小母猪年龄外,还要根据实际生长发育情况而定,不能一概而论。一般要比性成熟期晚一些,在开始配种时的体重应为其成年体重的70%左右,即达到了体成熟。在一般饲养管理条件下,我国的地方品种猪性成熟早,可在生后6~7月龄、体重50~60千克时配种;国内培育品种及杂交种在7~8月龄、体重80~90千克时配种;国外品种在8~9月龄、体重90~100千克时配种。

24. 母猪发情有什么规律和表现?

猪属于无季节性繁殖的家畜,一年四季,母猪除妊娠期外,都能出现周期性的发情现象。母猪的发情周期为18~25天,平均为21天。母猪由发情到发情结束所需的时间叫发情持续期,一般为3~4天,常因品种、年龄、个体及环境变化而不同。母猪性成熟后开始第一次发情,在妊娠期间一般不发情,要待产仔后间隔一定时间或仔猪断奶后才出现发情。但有时妊娠母猪也会出现一种不明显的发情,俗称"假发情",即只有发情表现而不排卵。一般在妊娠后的第22~23天和第75天到产仔这个阶段,最容易发生假发情。母猪分娩后的发情也有一定规律,即分娩后3~8天有一个相对集中的发情期,但不明显,一般不能排卵;在哺乳中期有一个相对集中的发情期(多集中在产后27~32天);断乳后4~5天,发情比例较大,可以人为控制提前或推迟,实现同期发情。

母猪发情时的表现既有生殖器官的变化,又有外表行为和精神状态的表现。发情开始时,母猪表现不安,食欲稍减,有时鸣叫,外阴部开始充血肿胀。之后,随着阴户肿胀程度的增加,阴道内流出少量稀薄黏液,同时出现交配欲,愿意接近公猪并接受爬跨,也喜欢爬跨别的猪。到发情旺期,食欲显著下降或废绝,在圈内起卧不安、鸣叫、逃圈,用鼻子拱地、咬圈门、扒墙头、尿频,若此时有人接近,则其臀部往往趋向人的身边,用手按压腰部,表现呆立不动。到了发情后期,母猪的发情表现逐渐消失,食欲恢复,阴门逐渐消肿，不愿接近公猪，性欲消失。

母猪的发情表现，因品种不同而有差异，一般地方品种猪发情表现明显，而培育品种、国外引进品种及杂交猪的表现，往往只是阴户肿胀、充血潮红而无其他表现。此外，老龄母猪的发情没有青壮龄母猪表现的强烈。

25.怎样掌握母猪的发情火候？

正确掌握母猪的发情火候（配种时间），是关系到能否使母猪受胎与产仔多少的关键环节，其目的是使精子和卵子都在生活力最旺盛的时候相遇受精。

母猪的排卵是在发情开始后进行的，通常是在发情开始后24~36小时排卵，排卵数为10~25个，排卵持续时间一般为10~15小时。卵子排出后，在输卵管中维持受精能力的时间仅为8~12小时。公母猪交配后，精子在母猪的生殖道内由子宫运行到输卵管壶腹部（受精部位）时需1~2小时，而维持受精能力的时间为10~20小时。据此推算，适宜的配种火候，是在母猪排卵前的2~3小时，即在母猪发情后的20~30小时。如配种过早，当卵子排出时精子已失去受精能力，便达不到受精目的；相反，如配种过迟，当精子与卵子相遇时，卵子已失去受精能力，也达不到受精目的。如配种火候不恰当，即使精卵能结合受精也因合子活力不强而在胚胎发育中途死亡。

为了达到适时配种的目的，在实践中要认真准确地进行母猪的发情排卵鉴定，尤其要注意观察母猪发情开始的时间及发情期间的表现，适时进行配种。

就品种而言，我国地方品种猪发情时间较长，多为3~5天，配种时间宜在发情开始后2~3天；培育品种母猪发情时间短，一般为2~3天，配种宜在发情开始后第2天；杂种猪发情时间居于中间，多为3~4天，配种可在发情开始后第2天的下午或第3天的上午。

就年龄而言,老母猪发情时间短,排卵时间提前,应该早些配种。青年母猪发情时间长,排卵时间后移,配种时间应晚一些。中年母猪发情时间居中,应在发情中期配种。因此,对不同年龄的母猪配种应掌握"老配早,小配晚,不老不小配中间"的原则。但国外引入品种的小母猪发情时间短,配种应早一些。

根据母猪发情的外部表现和行为,可以确定适宜的配种火候。在发情初期,母猪愿意靠近公猪,但公猪爬跨时母猪却逃避,此时不宜配种。待母猪接受公猪爬跨,或用手按压母猪腰部表现呆立不动,这时可给母猪进行第一次配种,间隔8~12小时,再进行第二次配种。

通过观察母猪阴户的表现来确定配种时间也是比较准确的。当母猪阴户肿胀开始消退并出现裂缝、颜色由潮红变为粉红时,正是适宜的配种时间。对于国外引进品种母猪,由于发情表现不明显,发情持续期较短,应细心观察,发现母猪发情,当天就应配种,间隔12小时配第二次,这样较有把握配准。也可以利用试情公猪在配种期间内,每日早、午、晚进行三次试情,以免造成漏配,同时还能刺激母猪性欲,促进卵泡成熟,提高受胎率。

26. 哪些配种方式能使母猪产仔多?

母猪的配种方法有本交和人工授精两种。其中本交是指发情母猪与公猪所进行的直接交配,其交配方式有4种,即单次配种、重复配种、双重配种和多次配种。

单次配种:母猪在一个发情期内,只与一头公猪交配一次。这种配种方式的优点是简便,公猪的负担轻。缺点是:如果掌握不好母猪的最佳配种火候,就容易降低母猪的受胎率和产仔数。

重复配种:母猪在一个发情期内,用同一头公猪先后配种两次,两次配种之间相隔8~12小时。此种配种方式,可使母猪生殖道内经常有活力强的精子存在,当卵巢中的成熟卵子陆续排出时,能增加与精子结合受精的机会,从而能提高母猪的产仔数。

双重配种:母猪在一个发情内,用两头血缘关系较远的同一品种的公猪,或用两头不同品种的公猪进行配种,第一头公猪配完后,间隔5~10分钟,再用第二头公猪交配。这种配种方式的优点,首先是因为两头公猪与一头母猪在短时间内交配两次,能引起母猪性兴奋增强,促使卵子加速成熟,缩短排卵时间,增加排卵数,所以能使母猪多产仔,而且仔猪较整齐;其次由于两头公猪的精液存在于母猪的生殖道内,使卵子有较多的机会选择活力强的精子受精,产生活力强的胚胎,从而能使母猪产出活力高的仔猪。但此种配种方式使后代的血缘混杂不清,无法进行选种选配。

多次配种:母猪在一个发情期内,与同一头公猪或两头公猪进行三次以上的交配。这种配种方式虽能增加产仔数,但因多次配种增加了生殖道的感染机会,易使母猪患生殖道疾病而降低受胎率。

综上所述,要增加母猪的产仔数,应采取重复配种和双重配种的方式。在开展人工授精时,为了解决双重配种所需的精液,可以采用混合两头公猪精液的办法来实现。

27.母猪在什么季节配种产仔好?

猪可常年进行繁殖,一般每年可产2窝。在气候条件较好、四季温差不大的地区或者饲养管理条件及各种设备较先进的猪场,可采取常年产仔。但常年产仔比较分散,不利于生产管理,在防寒防暑设备较差的猪场,常会出现仔猪成活率低和生长发育差的现象。

我国大部分地区冬季寒冷,夏季炎热,温差较大,而且一般的猪场尤其是家庭猪场又缺乏相应的防寒防暑设备,所以应采取季节性产仔,就是把母猪的产仔时间安排在最适宜于仔猪生长发育的季节。实践证明,在酷暑七、八月份产仔时,不利于仔猪的生长,而且容易发病,母猪哺乳时,也因吸血昆虫的袭击而影响健康。从仔猪市场看,此时正处于猪肉消费淡季,养猪户空圈少,因而仔猪销售困难。冬季分娩时,防寒比较困难,而且青饲料不足,仔猪生长发育慢,容易受凉而发生下痢。

适宜的配种和产仔季节应根据猪场和养猪家庭的具体情况而综合考虑。一般来说,从猪的生理角度考虑,产仔季节的气候温暖,能提高仔猪的成活率,而且青饲料丰富,有利于仔猪的生长发育。从经济效益方面来说,产仔季节要选在需要仔猪多、有利于出售的时机。另外,产仔数虽然不依产仔时期而变化,但在不同季节母猪的泌乳能力有差异,因而导致仔猪断奶体重也有差异。

综上所述,产仔季节一般安排在春、秋两季比较合适,即在4~5月份配种,8~9月份产仔;9~11月份再配种,次年2~3月份产仔。

28. 怎样能使母猪两年产5窝?

在一般条件下,母猪每年只能产2窝,怎样才能使母猪年产2.5窝即两年产5窝,且窝窝产仔较多呢?

(1)合理安排配种季节 对初产母猪,安排在4~5月份配种,8~9月份产仔;9~10月份再配种,第2年1~2月份产仔;2~3月份再配种,6~7月份产仔;如此反复循环推算,可使母猪多在繁殖成活率高的春季及秋季配种产仔。

(2)适时配种 当母猪发情允许公猪爬跨后9~30小时交配最好,本地母猪发情后2~3天配种;国外引进品种母猪宜在发情开始后当天下午或第2天上午配种;杂种母猪宜在发情后的第2天下午配种;并遵循"老配早,小配晚,不老不小配中间"的原则。为确保不漏情失配,在首次配种后的8~12小时再重复配种一次。

(3)中药催情 仔猪断奶后3~5天,可用下列药物进行催情:

①王不留行50克,益母草、石楠叶各30克,煎水喂服或拌料饲喂,每天1次,连用5~7天。

②当归、故纸、益母草、淫羊藿各20克,赤芍18克,肉苁蓉、阳起石各15克,煎水加红砂糖40克喂服,每头母猪每天1剂,连服5~7天。经催情后,绝大多数母猪能提前发情。

(4)提早断奶　可在仔猪35~40日龄断奶,即在仔猪7~10日龄时,开始调教补喂粥料,到20日龄就能正式采食,35~40日龄即可断奶与母猪分栏喂养。

(5)补饲

①补饲饲料法:对体况比较差的母猪,配种前20天饲喂量为通常的2倍料;对体况中等的母猪,在配种前10~15天,增加50%的饲喂量;对体较肥的母猪不增加饲料。通过补饲的母猪排卵数增加,进而产仔数比正常多2头以上,并能保证全活全壮。

②补加维生素法:在断奶母猪饲粮中额外添加维生素K 100毫克,维生素E 200毫克,喂至发情时减半,连续到妊娠后21天止;在妊娠母猪分娩前7天,每头每日饲粮中添加1克维生素C,可大大减少因出血窒息死亡现象。维生素C应现喂现加。

29.怎样能使母猪白天产仔?

在通常情况下,多数母猪在夜间产仔,给生产带来诸多不便,特别是冬季,更给管理造成极大的麻烦,以致常发生冻害、压死等现象,严重影响了仔猪成活率。在生产中,为保证母猪在白天产仔,可采取以下措施。

(1)下午配种　过去有种理论,家畜在夜间分娩,是由家畜的神经体液调节作用所决定的。然而,近年来国内研究证明,母猪的产仔时间,与其配种时间有很大关系,即凡下午配种的母猪,大都在白天产仔。过去,由于人们认为公猪应在早晨空腹时配种,才能确保精液质量,提高母猪受胎率和产仔数,故导致了母猪在夜间产仔；而在下午配种，不仅对母猪受胎率和产仔数毫无影响，相反，由于白天产仔便于护理，因而能有效地提高仔猪的成活率。有人做过这样两个试验：小群试验2个品种，15头母猪，配种时间为下午1时以后，配后全部妊娠，并均于白天分娩完毕。大群试验5个品种，35头母猪，也都在下午配种，全部妊娠，产仔最早时间为清晨4点30分，最迟为傍晚7点零5分。其中，上午产仔25窝占71.4%，下午产仔10窝占28.6%。35头母猪共产仔354头，平均每窝10.1头。断奶成活347头，平均每窝成活9.86头，成活率96.8%。

(2)注射催产药物 用前列腺素诱导分娩，可使母猪白天产仔。

30. 猪的人工授精有什么好处？

猪的人工授精是利用人工方法采集公猪的精液，经过必要的处理，将合格的精液输入到发情母猪的生殖道内，使母猪受胎。人工授精与自然交配相比，具有显著的优越性。

(1)可以提高优良公猪的利用率，加速猪种改良 自然交配时，一头公猪一次只能和一头母猪交配。而人工授精一头公猪一次的采精量可以给10头左右的发情母猪输精，这就提高了种公猪的配种效率。

(2)可以减少种公猪的饲养头数，节约饲料等饲养管理费用。

(3)可以克服公母猪体重相差悬殊而造成的配种困难或生殖道某些异常不易受胎的困难。

(4)采出的精液，经过稀释可长时间保存，经过运输可使母猪配种不受地区限制和有效地解决公猪不足地区母猪的配种问题。

(5)采用人工精配种，公母猪不直接接触，可防止疫病的传播，特别是有效地防止了生殖器官疾病的传播。

(6)人工授精便于采用重复输精和混合输精等繁殖技术，输精前精液均经过检查,优质的合格精液才能用于输精,而且可以选择最适当的时机,将精液输到最适当的部位,提高了母猪的受胎率、产仔数和仔猪成活数。

31. 怎样制作台猪(假母猪)?

假母猪是模仿母猪的大致轮廓,以木质支架为基础而制成的。要求牢固、光滑、柔软、高低适中、方便实用,对外形要求不严格。一般用一根直径 20 厘米、长 110~120 厘米的圆木,两端削成弧形,装上腿,埋入地中固定。在木头上铺一层稻草或草袋子,再覆盖一张熟过的猪皮。组装好的假母猪后躯高 55~65 厘米,前躯高 45~55 厘米,呈前低后高,前后高度差 10 厘米。

32. 怎样训练种公猪采精?

初次用假母猪采精的公猪必须先进行训练,方可进行采精。训练前不让其接近母猪,并培养种公猪接近人的习惯,还应加强种公猪的饲养管理。训练的场地要固定,不宜经常变动,并要保持环境安静,使种公猪容易形成条件反射,训练容易成功。训练种公猪采精的方法主要有以下几种:

(1)在假母猪后躯涂抹发情母猪的尿液或其阴道黏液,公猪嗅其气味会引起性欲并爬跨假母猪,一般经几次训练后即可成功。若公猪无性欲表现,不爬跨时,可马上赶一头发情旺盛的母猪到假母猪旁引起公猪性欲,当公猪性欲极度旺盛时,再将发情母猪赶走,让公猪重新爬跨假母猪而采精,一般都能训练成功。

(2)在假母猪旁边放一头发情母猪,两者都盖上麻袋,并在假母猪上涂以发情母猪的尿液。先让公猪爬跨发情母猪,但不让交配,而把其拉下来,这样爬上去、拉下来,反复多次,待公猪性欲高度旺盛时,迅速赶走母猪,诱其爬跨假母猪采精。

(3)让公猪看另一头已训练好的公猪爬跨假母猪,然后诱其爬跨。

在训练过程中,要反复进行,耐心诱导,以便建立巩固的条件反射。切忌强迫、抽打、恐吓等,否则会发生性抑制而造成训练困难。另外,还要注意人畜安全。

33. 怎样采集种公猪的精液?

种公猪的采精方法主要有两种,一种是假阴道采精法,另一种是手握法。在生产实践中用得较多的是手握法,因为此种方法操作简便,采得的精液品质较好。采精前,先消毒好采精所用的器械,并用4~5层纱布放在采精杯上备用。采精者应先剪平指甲,双手清洗后消毒。也可以戴上消毒过的胶皮手套。另外,还要用0.1%的高锰酸钾溶液消毒一下公猪的包皮及其周围皮肤并擦干。采精员蹲在假母猪的右后方,待公猪爬上假母猪、伸出阴茎时,立即把左手手心向下握成空拳,让公猪阴茎自行插入拳内,不要用手去抓阴茎。当龟头尖露出拳外半厘米左右时,立即握住阴茎前端的螺旋部,不让阴茎来回抽动,并顺势小心地把阴茎全部拉出包皮外,拳握阴茎的松紧度以不让阴茎滑掉为宜。注意不要把阴毛一起抓,也不能握得太紧,否则采取的精液很稀;也不能过松,使阴茎滑出拳外而造成损伤。另外,拇指轻轻顶住并按摩阴茎前端,可增加公猪快感,当公猪射精时,左手应有节奏地一松一紧地捏动,以刺激公猪充分射精。一般先去掉最先射出的混有尿液等污物的精液,待射出乳白色精液时,再用右手持集精瓶收集。当排胶样凝块时用手排除。

假阴道采精法是模拟母猪的阴道条件而让公猪交配射精。采精前,先安装好消过毒的假阴道,并在假阴道内用漏斗灌入400~500毫升温水,以调节内胎温度到39~40℃,一般年轻公猪要求偏低,老年公猪要求偏高。再用双连球打气,调节好适宜的压力,要求松紧适度。最后用消毒过的长玻璃棒蘸取灭菌的润滑剂(凡士林2份加石蜡1份调制而成)均匀地涂于内胎内壁,以调节润滑度,便于阴茎插入。采精时,采精者右手紧握假阴道蹲在假母猪右侧,当公猪爬上假母猪伸出阴茎时,采精者用左手托住包皮,使阴茎自然地伸入假阴道内,而不可用假阴道去套阴茎。一般要求阴道前端稍向下倾斜,以利于精液流入集精杯中。采精时,也可以用双连球调节压力,使假阴道有节奏的搏动,增加公猪快感,促其射精。采精完毕后,应让公猪休息一段时间再回圈,并要及时洗净采精器械。

34. 怎样进行精液的品质检查?

为了保证输精后有较高的受精率和较多的产仔数,每次采精后和输精前必须进行精液品质检查。

在进行精液品质检查时,新鲜精液要注意保温,保存的精液要缓慢升温,而且要轻轻振动,以补充氧气。操作要迅速、准确,操作过程不能使精液品质受到影响。取样要有代表性,因为死、活精子,精子与精清的比重不同,取样时要先摇匀,而且最好一次取两个样品检查。评定精液品质的主要指标是:

(1)射精量 将采取的精液用4~6层消毒纱布过滤后,放在有刻度的集精杯中测出。

(2)颜色 正常精液为乳白色或灰白色。混有尿液的呈黄褐色,混有血液的呈淡红色,若有脓汁则呈黄绿色。这些精液都不能用。

(3)气味 正常精液有一种特殊的腥味,新鲜精液较浓。有臭味等异味的精液不能使用。

(4)密度 滴一滴精液放在载玻片上,轻轻盖上盖玻片,在300倍左右的显微镜下观察,如果整个视野中布满精子,则为"密";若视野中可以看见单个精子活动,彼此之间的距离约等于一个精子的长度,则为"中";若在视野中分布稀疏,空隙很大,精子间的距离超过一个精子的长度,则为"稀"。

(5)活力 指精子活动的能力。精子的活动有直线前进、旋转、原地摆动三种,以直线前进的精子活力最强。检查时,先在载玻片上滴一滴精液,再轻轻盖上盖玻片,不要产生气泡。置于300倍左右的显微镜下观察,用视野中呈直线前进运动的精子数占视野中精子的估计百分比来表示精子活力。一般用于输精的精子活力要求在0.5以上。注意保存后的精液要先经1.5~2小时的振荡充氧,使之恢复活力后方可检查。

35. 如何稀释采集的精液?

稀释猪精液的目的是扩大容量,补充能耗,有利于保存和运输。其稀释液的种类很多,如鲜奶稀释液、奶粉稀释液、葡萄糖-柠檬酸盐-卵黄稀释液、葡萄糖-碳酸氢钠-蛋黄稀释液等,其配制方法如下:

(1)鲜奶稀释液 将牛奶用三层纱布过滤2次,装入三角烧杯中,置于水锅中煮沸消毒10~15分钟,取出冷却后除去乳皮,即可应用。

(2)奶粉稀释液 称取奶粉1份,加蒸馏水10份,充分搅匀,使奶粉全部溶解,再装入瓶或杯内,隔水加温至70℃,经30分钟,冷却后即可使用。如加入0.3%氨苯磺胺则效果更好。

(3)葡萄糖-柠檬酸盐-卵黄稀释液 无水葡萄糖5.0克,柠檬酸钠0.5克,新鲜蛋黄3.0毫升,蒸馏水100毫升。

(4)葡萄糖-碳酸氢钠-蛋黄稀释液 无水葡萄糖3.0克,碳酸氢钠0.15克,蒸馏水30.0毫升,青霉素1 000国际单位/毫升,链霉素1毫克/毫升。

稀释液要现用现配,稀释过程中要注意:稀释液的温度与精液的温度相等;稀释液应沿杯壁徐徐加入,与精液混合均匀,切勿剧烈震荡;要避免直射阳光、药味、烟味等对精子产生不良影响;操作室的温度应保持在18~25℃;精液稀释后应立即分装保存,尽量减少能耗;猪的精液以稀释2~4倍为宜,保证母猪每次输精的精子数为50亿~110亿个,输精量为30~50毫升。

36.怎样保存和运输精液?

精液贮存的目的是为了延长精子的存活时间,扩大精液的使用范围。由于猪的精液量大,低温或冷冻保存的设备要求严、成本高,而且保存效果不理想,所以一般采用常温保存。

常温保存是将稀释后的精液保存在15~20℃或接近于这一温度范围内,所以又称室温保存。其基本原理主要是利用弱酸环境来抑制精子的运动,减少能耗。但常温保存有利于微生物的生长,因此必须加入适量的抗生素。

常温保存的方法:将稀释好的精液按一次的输精量分装在小瓶内,要求装满,以防振荡和产生气泡。瓶口周围要加蜡密封,以隔绝空气并防止进水,然后放入塑料袋内,扎紧袋口,在室温下静置1~2小时后,再放入预先盛有冷水的广口瓶中保存。夏天瓶内冷水应早、晚各换一次,以免保存温度上升。也可把包装好的精液放在铁盒或竹筒内,用绳子系着,沉于旱井(约3米深)或放在地窖里保存。主要是利用旱井或地窖里冬暖夏凉的小气候,以达到常温保存的目的。

精液在运输途中必须注意防止温度发生变化,并尽量避免振荡。可把瓶口封严后,放入塑料袋内,把口扎紧,外面包以棉花、纱布或毛巾,放入盛有冰块的保温瓶中或能隔热的水箱中运输。如果没有冰块,可用冷水浸过的毛巾代替。若是冬天,则可在保温瓶中放几瓶温水,中间放棉纱,棉纱上再放分装好的精液。千万要注意不可让精液直接与冰块或温水接触,以免影响贮存和运输的效果。

37. 怎样给发情母猪输精？

输精是人工授精的最后一个技术环节，适时准确地把一定量优质精液输到发情母猪生殖道内适当部位，是保证得到较高受胎率、提高产仔数的关键。

猪的输精器由一只50毫升注射器连接一条橡皮输精管组成。输精前，要对所有输精器械进行彻底洗涤，严格消毒，最后用稀释液冲洗。一般器械可以用蒸煮法消毒。母猪外阴部用0.1%高锰酸钾或1/3 000新洁尔灭液清洗消毒。冷冻精液必须先升温解冻，经检验质量合格的方可用于输精，一般要求解冻后的活力不得低于0.3。新鲜精液、常温或低温保存的精液镜检活力要在0.6以上，温度低时，要升温到35℃。

输精时，先用已消毒过的注射器吸取合格精液20毫升左右（技术熟练的可用10～15毫升），排出空气。让母猪自然站稳，并在输精胶管前端涂以少许精液使之润滑。注入时，首先用左手将阴唇张开，再将输精管插入阴道，先向上方轻轻插入10厘米左右，以免损伤尿道口，再沿水平方向进行，边旋转输精管，边抽送，边插入。待插进25～30厘米左右感到插不进时，稍稍向外拉出一点，借压力或推力缓慢注入精液，如注入精液有阻力或发生倒流时，应再抽送输精管，左右旋转再压入。一般输精时间为2～5分钟，输精不宜太快。输精完毕，缓慢抽出输精管，然后用手按压母猪腰部，以免母猪弓腰收腹，造成精液倒流。另外，在输精过程中，可用手按压母猪臀部或乳房、阴蒂，刺激十字部，增加母猪快感，并可抬高臀部，以利于输精，也防止了母猪逃跑现象的发生。

总之，输精动作可概括为8个字，即"轻插、适深、慢注、缓出"。每个发情期应尽量输精2次，间隔12～20小时。

38. 怎样检查配种后的母猪是否妊娠？

早而准确地判断母猪是否妊娠，对提高母猪的繁殖力有重要意义。对于已妊娠的，就必须按妊娠母猪进行饲养管理，如未妊娠，则要采取必要措施，促其发情再配种，以免造成母猪空怀。

(1)根据发情周期判断　猪的发情周期大致是3周时间，若配种后3周不再发情的，就可推断已经妊娠。对配种前发情周期正常的，比较准确。

(2)根据外部特征及行为表现来判断　凡配种后表现安静，能吃能睡，膘情恢复快，性情温驯，皮毛光亮并紧贴身躯，行动稳重，腹围逐渐增大，阴户下联合紧闭或收缩，并有明显上翘的，可能已经妊娠。

(3)根据乳头的变化进行判断　约克夏母猪配种后，经过30天乳头变黑，轻轻拉长乳头，如果乳头基部呈现黑紫色的晕轮时，则可判断为已经妊娠。但此法不适于长白猪的妊娠诊断。

(4)激素诱导法　对于发情周期不正常，使用性激素等人工催情的母猪，单凭下一次不发情，易造成误诊。可以在配种后16～18天注射1毫克己烯雌酚，2～3天内观察反应，若母猪表现发情，说明未妊娠。采用此法，时间要准确，尤其不能过早。

(5)碘化法　可作为妊娠后10天的早期诊断。方法是取母猪晨尿10毫升左右，放入试管，测出比重(应在1.01～1.025之间)，若过浓，则需加水稀释到上述比重。然后滴入1毫升5%～7%的碘酒，在酒精灯上加热，达沸点时，会出现颜色变化。若已妊娠，则尿液由上而下出现红色；若未妊娠，则尿液呈淡黄色或褐绿色，而且尿液冷却后，颜色会消失。

39. 怎样推算母猪的预产期？

正确推算母猪的预产期，有利于科学地饲养妊娠母猪，及时做好接产准备工作。母猪的预产期是 111~117 天,平均为 114 天。但其准确时间因品种、个体、饲养条件不同而有所差异,如母猪在产仔多和营养比较好的情况下,产仔会提前,若产仔少或营养条件较差时,妊娠期可能延长。

推算母猪预产期的简便方法有两种:一种是"三、三、三"推算法,即母猪的妊娠期为 3 个月 3 周零 3 天,在配种时期上加上 3 个月 3 周零 3 天即成。例如,一头母猪是 5 月 10 日配种的,那么,5 月 + 3 月 = 8 月,10 日 + 3×7 日 + 3 日 = 24 日,30 日作为一个月,则预产期是 9 月 4 日。

另一种是"进四去六"推算法,就是在配种的月份上加 4、在日数上减去 6。仍用上例推算,5 月 + 4 月 = 9 月,10 日 - 6 日 = 4 日,预产期也是 9 月 4 日,两种推算方法结果相同。

二、猪的营养与饲料

40. 猪的消化生理有哪些特点?

要养好猪,使猪多产仔,长得快,瘦肉多,饲料报酬高,从而取得最佳经济效益,只有在了解猪的消化生理的基础上做到科学饲养,才能达到目的。

(1)猪是杂食动物,能利用的饲料种类较多 猪能广泛利用各种动、植物性饲料和其他饲料,能从精料、青饲料和粗饲料中获得所需的各种营养物质。

(2)猪是单胃家畜,具有较发达的消化系统 猪唾液腺发达,唾液中含有一定量的淀粉酶,可消化饲料中的一部分淀粉,这是其他家畜所不及的。猪胃腺能分泌盐酸、胃蛋白酶等消化液,对饲料蛋白质进行初步消化,同时为胰蛋白酶消化蛋白质创造条件。猪的小肠发达,约为体长的15倍,能很好地消化、吸收饲料中的各种营养物质,满足猪生长发育的需要。因此,猪的饲料报酬较高。

(3)对粗纤维消化率低 猪对粗纤维的消化主要是在盲肠和回肠中,在细菌的作用下,发酵产生挥发性脂肪酸,但利用率很低。因此,猪饲料中要控制粗纤维的含量,以免降低其他营养物质的消化率。

(4)采食量大,对饲料质量要求较高 猪的消化道容积大,特别是胃的伸缩性大,能贮存大量食物,按单位体重计算,其采食量远远超过其他家畜,每天采食风干饲料量达3~5千克,且各种营养物质的含量要高,营养全面。

41. 养猪为什么要讲究营养?

养猪业在中国具有悠久的历史,在过去自然经济条件下,其状况是存栏率高而出栏率低,肉猪生产缓慢,饲养期长,维持需要饲料消耗多,从而造成了生产效率的低下。自社会主义市场经济体制确定以来,养猪业也进入了一个以效益为中心,数量、质量并举的全面发展阶段,因此猪的营养饲养成了目前急需解决的一大问题。

养猪生产本身是一种物质转化的生产,将一定的饲料中的营养物质转化为可以为人们利用的营养物质,即把原料转化为产品,这就存在着一个转化率问题。转化效率即产出与投入之比。转化率高,经济效果就会好。而转化率的高低,又受制于猪本身、猪的饲料是否满足猪的需求,以及猪所处的环境。只有协调好猪、饲料以及环境三者的关系,才能取得良好的转化效益。

猪的营养与饲养实质上是解决猪对养分的需求和饲料供给之间的矛盾,研究如何以最少的饲料换取量多质优的肉产品,得到最高的饲料转化率,从而节约饲料、节约粮食,获得最好的经济效益,这才是养猪的目的。猪吃的是饲料,利用的却是其中的各种营养物质。我们应首先了解猪需要什么营养物质,为什么需要,需要多少,各种饲料中含有什么营养成分,有什么营养特点,这就是饲料科学。因此,在养猪实践中,必须从猪需求的养分上考虑,掌握在一定的生理、生产阶段为不同生产目的和生产水平所需营养物质的确切数量,以做到按需供应,从而降低饲养成本。

42. 猪需要哪些营养物质?

猪生命活动的维持和生长发育、繁殖的顺利进行,是猪从饲料中获得营养、有机体新陈代谢的结果。因此,我们应从饲料中供给猪足够的营养物质,满足其生理活动的需要,使其生产性能得到充分发挥。猪需要的营养物质很多,不同的生产目的需要的营养不同,但归纳起来有水分、蛋白质、碳水化合物、脂肪、矿物质及维生素六大类,缺少任何一种都会影响猪生产性能的发挥。

猪可通过饮水和饲料中含有的水分来满足对水的需要,而其他营养物质则必须从饲料中获取。猪是杂食性很强的动物,能够食用的饲料种类很多,但所含的营养物质大致都是这六大类,只是数量和质量上的差异。因此,只要合理配合饲料,就能满足猪对这六类营养物质的需要。

43. 水对猪有什么营养作用?

各种饲料中均含有水分。但饲料的种类不同,其含水量差异很大,一般植物性饲料含水量在 5%～95%。在同一种植物性饲料中,由于收割期不同水分含量也不尽相同,含水量随其成熟而逐渐减少。

饲料中含水量的多少与其营养价值、贮存密切相关。含水量高的饲料,单位重量中干物质含量较少,其中养分含量也相对减少,故其营养价值也低,且容易腐败变质,不利于贮存与运输。适于贮存的饲料,要求含水量在 14% 以下。

猪体内水分占 55%～75%,猪乳中含有 70%～80% 的水,仔猪体内 2/3 是水。随着年龄增长,猪体脂肪贮积量增加,含水量下降,体重达 100 千克时,水分即降到 50%。水分布于各种器官、组织和体液中,细胞内液约占体液的 2/3,主要存在于肌肉和皮肤中,细胞外液约占体液的 1/3,两者间不断进行交换保持动态平衡。

水是猪生长、发育、生产和生命活动不可缺少的营养素,它具有多种营养功能。水对猪的采食,食糜输送,养分消化、吸收、转运、分解与合成以及排除废物上发挥作用。水还起溶剂作用,直接参与许多反应。例如,淀粉的水解反应、氧化还原反应和加水反应等。此外,水还参与体温调节。由于水的热传导性使猪体内代谢累积的热得以转运和蒸发散失。同时,猪利用水的冷却能力,通过蒸发散失潜热,这就是天热时猪喜欢待在水里的原因。此外,水又具有贮热能力,避免体温的突然变化。除此之外,还有特殊作用,如水可润滑关节;在耳中水有传声作用;水还是猪的产品如猪肉、猪乳、胎儿的组成成分。

当猪缺水时,会严重影响猪的健康和生产性能。缺水初期,猪食欲明显减退,尤其不愿采食干饲料。随着失水增多,干渴感加重,食欲废绝,消化机能迟缓,抗病力降低;脂肪蛋白质分解加剧,饲料利用率低。猪在长途运输中易造成缺水,这种应激对猪极为不利。猪需要的水分主要靠饮水(或乳)获得;其次,饲料中的水和营养物质在体内氧化时产生的代谢水,也是水的来源之一。

44. 猪的需水量是多少?

猪的饮水量受多种因素的影响,难以准确测定。当猪喂干饲料时,其饮水增加;若喂湿料或流食,其饮水量减少。一般以幼猪和哺乳母猪需要量最多,因为幼猪身体组成成分的 2/3 是水,而猪乳中大部分是水。对于吮乳仔猪在出生 1~2 天内就要饮水,在第一周,仔猪的需水量为每天每千克体重 190 克,包括从母乳中获得的水。对人工饲喂的仔猪,水料比约为 2.8~4.3:1;对生长肥育猪,其比例为 2:1 或 1.9~2.5:1;喂湿料时,水料比为 1.5~3.0:1。未配种的后备母猪,发情期采食量和饮水量均降低;未怀孕的后备猪饮水量为每天 11.5 千克;怀孕的青年母猪饮水量随干物质采食量的增加而增加;妊娠母猪为每天 20 千克;经产空怀母猪为每天 10~15 千克;哺乳母猪为每天 20~25 千克。按猪体重计算,每昼夜需水量大体上是每 10 千克体重需水 0.4~1.2 千克。按饲料量计算,冬季饮水量是饲料量 2~3 倍,春秋为 4 倍,夏季为 5 倍,生产中最好是自由饮水。猪的饮水要求清洁卫生,如地下水就是良好的水源,被污染的河水不宜作猪水源。

45.影响猪饮水量的因素有哪些?

在生产中,有许多因素影响猪对水的需要量。如气温、饲粮类型、饲养水平、水的质量、猪的大小、生理状况等,都是影响猪饮水量的重要因素。

一般随着气温的升高,饮水量相应也会增加。据研究,在7~22℃条件下,猪的饮水量没有大的差异;30℃以上,猪的饮水量大幅度增加。水的温度也影响猪饮水量,在生产中夏天适于饮用凉水,冬天以饮用温水效果较好。当饮水温度低于体温时,猪就需要额外的能量温暖水。

饲料类型明显影响猪的饮水量。如饲料的蛋白质来源于肉屑和豆饼饲料会增加需水量;而乳蛋白则降低需水量;鱼粉等含盐高的饲料会增加猪对水的需要量。再如饲料中能量水平或纤维素水平也会影响需水量。采食高纤维素饲粮时,因纤维素不易被消化利用而被排出体外,造成排粪量增加,而粪中排出的水分也就增加,相应造成需水量增加;饲料中能量水平高时,代谢用水增加,因此需水量增加。饲粮中的蛋白质水平高,而蛋白质生物学价值低时,机体需要大量尿液来清除尿素等代谢产物,使水的需要量增加。饲粮中矿物元素也影响水的需要,当矿物盐过多时,为了排出多余的矿物质需要较多的水加以稀释及溶解,并将其排出。

当猪腹泻时,由于粪便中水分大量损失,甚至导致脱水,也需要足够的水补偿这一损失。此外,为了提高采食速度,降低损耗,可将水拌入饲料饲喂。饲料中加水也可提高仔猪开食料的适口性。生产上喂驱虫剂、药物和口服疫苗时,也可用水作载体喂服。

猪的大小也影响水的需要量,幼猪体内水含量高,相对需水量大;随着猪的增大,体内含水量减少,需水量减少;瘦肉型猪比脂肪型猪需水量大。

水的质量也影响猪的饮水量。水中有些物质影响适口性和饮水量。如盐水,由于盐度太高,使猪的需水量增加。此外,水中含有 300 毫克/千克硫酸盐可使猪排稀便,且饮水量增加。

46. 什么是粗蛋白质？它有什么营养作用？

粗蛋白质是饲料中含氮物质的总称,包括纯蛋白质和氨化物(非蛋白质含氮物,如尿素等)。氨化物在植物生长旺盛时期和发酵饲料中含量较多(占含氮量的 30%～60%),成熟籽实含量很少(占含氮量的 3%～10%)。氨化物主要包括未结合成蛋白质分子的个别氨基酸、植物体内由无机氮(硝酸盐和氨)合成蛋白质的中间产物和植物蛋白质经酶类和细菌分解后的产物。猪只能消化吸收纯蛋白质,而难以吸收氨化物来合成机体蛋白质。纯蛋白质由多种氨基酸组成,氨基酸有 20 多种,由于氨基酸的种类、数量和组合排列方式不同,就构成了多种性质不同的蛋白质,其营养价值也就不尽相同。凡含有全部必需氨基酸且比例适当的蛋白质,其营养价值较高,如肉、蛋、奶等。凡含有部分氨基酸的蛋白质,其营养价值较低,如玉米、马铃薯等。

猪体各种组织,如皮肤、肌肉、血液、鬃毛和蹄壳等,都主要由蛋白质组成,骨骼中也含有较多的蛋白质,猪体需要不断地利用蛋白质来修补、更替和增长这些组织；各种消化液、酶类、激素和乳汁的分泌,也需要蛋白质。因此,蛋白质是构成体组织、维持代谢、生长、繁殖和抵抗疾病所必需的营养物质。

当猪体所需热能不足时,蛋白质可像碳水化合物和脂肪一样用于产生热能,而碳水化合物和脂肪却不能代替蛋白质的功能。所以蛋白质是最重要的,也是猪最易缺乏的营养素。

幼猪生长发育快,而且主要是肌肉、骨和皮毛,需要蛋白质比其他各类猪都多。幼猪饲粮蛋白质不足时,增重缓慢,发育不良,容易生病,也常出现异食癖。妊娠母猪蛋白质不足时,会影响产后泌乳，降低仔猪初生重乃至以后的生长速度。泌乳母猪蛋白质不足会严重降低泌乳量，影响仔猪发育，如喂给充足的蛋白质，能提高泌乳量20%～30%，促进仔猪发育，减少或消灭僵猪。种公猪缺乏蛋白质时，性欲低，精液品质差，会造成母猪空怀或产仔减少。猪采食过量的蛋白质时，经分解脱氨基后转化为脂肪沉积于猪体内，脱下的氨基在肝脏中形成尿素随尿排出，某些氨基酸不经脱氨也可能直接随尿排出，这对蛋白质的利用是不经济的。

各种饲料中粗蛋白质的含量和品质差别很大。就其含量而言，动物性饲料中最高（40%～80%），油饼类次之（30%～40%），糠麸及禾本科籽实类较低（7%～13%）。就其质量而言，动物性饲料、豆科及油饼类饲料中蛋白质品质较好。在生产中，各类猪饲料中粗蛋白质的含量应该是：生长猪体重60千克以前不低于18%～16%，体重60千克以后不低于15%～12%；妊娠母猪不低于12%；泌乳母猪和种公猪不低于14%～15%。饲粮中蛋白质也不是愈多愈好，若蛋白质营养供应过多，不仅是浪费，不经济，而且猪吸收不了会造成消化不良和氨中毒等。

47. 什么是氨基酸？猪需要的必需氨基酸有哪些？

氨基酸是构成蛋白质的基本单位，是一种含氨基的有机物。饲料中的蛋白质并不能直接被猪吸收利用，而是在胃蛋白酶和胰蛋白酶的作用下，被分解为氨基酸之后吸收进入血液，运输到全身组织器官参与新陈代谢。由此可见，蛋白质的营养作用是通过氨基酸来实现的。

构成蛋白质的氨基酸有20多种，分为必需氨基酸和非必需氨基酸两大类。必需氨基酸是指在猪体内不能合成或合成的速度很慢，不能满足猪生长和生产的需要，必须由饲料供给的氨基酸。猪所需的必需氨基酸有10种，即赖氨酸、蛋氨酸、色氨酸、精氨酸、组氨酸、亮氨酸、异亮氨酸、苯丙氨酸、苏氨酸和缬氨酸。所谓非必需氨基酸是指猪体内需要量少且能够合成的氨基酸,如甘氨酸、丝氨酸、丙氨酸、天门冬氨酸、脯氨酸等。在猪的必需氨基酸中,蛋氨酸、赖氨酸、色氨酸在一般谷物中含量较少,它们的缺乏往往会影响其他氨基酸的利用率,因此这三种氨基酸又称为限制性氨基酸。在猪的饲粮中,除了供给足够的蛋白质,保证各种必需氨基酸的含量外,还要注意各种氨基酸的比例搭配,这样才能满足猪的营养需要。

48.猪对蛋白质的需要与哪些因素有关?

在饲养标准中,具体规定了各类猪在不同生长发育阶段对蛋白质的需要量,但在生产实践中,还需根据具体情况作适当调整。影响猪对蛋白质需要量的主要因素有以下几种:

(1)蛋白质品质　如果饲粮中动、植物蛋白质比例适当,各种氨基酸比例平衡,则蛋白质利用率高,用量也少。

(2)蛋白能量比　饲粮中蛋白质含量与能量比例适当,高蛋白质含量的饲粮必须和高能量相配合使用。如果饲粮中蛋白质含量较高,而能量不足,就会造成蛋白质的浪费。

(3)品种类型　猪的品种类型不同,对蛋白质需要量有一定差异,一般瘦肉型猪饲粮中蛋白质含量要高于兼用型猪,若降低饲粮中蛋白质含量,其胴体瘦肉率就会降低。

(4)生理状况　幼龄生长猪需要蛋白质多,随着年龄增长,蛋白质需要量相应减少;泌乳母猪和种公猪蛋白质营养消耗多,因而蛋白质需要量也较多。

(5)环境温度　环境温度超过一定限度(如酷暑季节),猪的采食量下降,这时应提高饲粮中蛋白质含量,以弥补其不足。

(6)其他因素　如饲粮中维生素、矿物质不足,则应提高蛋白质含量,以改善饲料利用率。

49.猪的饲料是如何进行分类的?

凡是含有猪所需要的营养成分,而不含有毒有害成分的物质,均称为饲料。猪的常用饲料有几十种,各有其特性,其分类方法也比较多。按饲料来源通常分为植物性饲料(包括青绿饲料、青贮饲料、块根块茎饲料、青干草、秕壳饲料、籽实饲料及其加工副产品)、动物性饲料(包括肉品加工副产品、渔业加工副产品、乳及其加工副产品、养蚕业副产品等)、矿物性饲料(包括食盐、含钙磷矿物饲料及含其他矿物质饲料等)及其他特殊饲料(包括饲料酵母、饲料添加剂等);按生产习惯可分为精饲料(主要指植物籽实,如高粱、玉米、大豆等)、粗饲料(主要指青干草、秕壳饲料、糠麸饲料等)和青饲料;按营养成分分类,有蛋白质饲料、碳水化合物饲料、纤维素饲料、多汁饲料、维生素饲料、矿物质饲料及添加剂饲料等。目前为便于借用国外资料,配合饲料工业的发展,结合国际饲料命名和分类原则及我国惯用分类方法,我国现将饲料分为 8 大类,即蛋白质饲料、能量饲料、粗饲料、青绿饲料、青贮饲料、矿物质饲料、维生素饲料和添加剂饲料。

50.什么叫蛋白质饲料?猪常用的蛋白质饲料有哪些?

蛋白质饲料是指饲料中粗蛋白质含量在 20% 以上的一类饲料。该类饲料的特点是粗蛋白质含量丰富,当与其他饲料配合使用时,能用多余部分的蛋白质去弥补其他饲料中蛋白质的不足,提高饲料利用率。猪常用的蛋白质饲料主要有两大类,即植物性蛋白质饲料和动物性蛋白质饲料。

(1)植物性蛋白质饲料 植物性蛋白质饲料是提供猪蛋白质营养最多的饲料,主要有豆料籽实和饼粕类。

大豆:是营养价值很高的蛋白质饲料,粗蛋白质含量可达 37%,由于含有较多的脂肪,故消化能含量高,但以大豆喂肥育猪常会影响猪体脂肪品质,软脂含量高。另外,大豆中含有抗胰蛋白酶等不良因子,会影响胰蛋白酶消化饲料蛋白质的能力,因此一定要将其煮熟或炒熟后饲喂。

蚕豆、豌豆:蚕豆含粗蛋白质24.9%,豌豆含粗蛋白质22.6%,它们的最大特点是脂肪品质好,特别适于喂肥育猪,可提高猪胴体品质。

豆饼(粕):是目前使用最广泛、饲用价值最高的植物性蛋白质饲料,蛋白质含量高,一般压榨法可达40%左右,浸提法可达45%以上,且能量饲料中普通缺乏的赖氨酸含量高,常在2.38%左右。钙、磷含量不多,胡萝卜素和维生素D含量少,含烟酸较多,硫胺素含量与禾谷类饲料相近。蛋氨酸含量较少。

棉籽饼(粕):含粗蛋白质35%~42%,含B族维生素和维生素E较丰富。其突出缺点是蛋白质中赖氨酸含量少,仅相当于豆饼(粕)的60%。由于棉籽饼(粕)中游离棉籽酚的存在,喂猪后易发生积累性中毒,加之其纤维含量高,因而在猪饲料中要限制使用。不去毒时,饲料中含量以不超过5%为宜。

菜籽饼(粕):含粗蛋白质35%~40%左右,蛋白质中氨基酸比较完全,可代替部分豆饼喂猪。由于含有毒物质(芥子苷),喂前宜采取脱毒措施,未经脱毒处理的菜籽饼要严格控制喂量,在饲料中一般不超过5%~7%。妊娠后期母猪和泌乳母猪不宜饲用。

花生饼(粕):含粗蛋白质40%左右,适口性好,有甜香味,是猪优良的蛋白质饲料。但花生饼(粕)脂肪含量高,不耐贮存,易产生黄曲霉毒素,限制了其在猪饲料中的使用量。发霉变质的花生饼(粕)绝不能作为猪饲料。

花生饼(粕)蛋白质中缺乏赖氨酸和蛋氨酸,使用时应注意补喂动物性饲料或氨基酸补充饲料。

葵花籽饼(粕):可分为脱壳和带壳两种。脱壳葵花籽饼(粕)的蛋白质含量高于带壳的,约含36%,而带壳的含25%左右,其中蛋氨酸含量较高。缺点是赖氨酸含量低,而且带壳的粗纤维含量在20%以上,所以饲用价值较低,仅能少量使用。

胡麻饼:含粗蛋白质35%左右,但赖氨酸含量低,宜与豆饼一起饲用。

其他饼粕类蛋白质饲料尚有芝麻饼(粕)、蓖麻饼(粕)等,都可提供猪蛋白质营养。

(2)动物性蛋白质饲料　动物性蛋白质饲料主要有鱼粉、肉骨粉、蚕蛹、乳类等。其共同特点是蛋白质含量高,品质好,不含粗纤维,维生素、矿物质含量丰富,是猪的优良蛋白质饲料。在仔猪饲粮中添加一定量的鱼粉可促进生长发育;种公猪饲粮中添加2%~3%的鱼粉,可提高精液品质,促进公猪性欲。

鱼粉:鱼粉是最佳的蛋白质饲料,其蛋白质含量高达62%~65%,必需氨基酸含量多,且配比合理,维生素含量丰富,矿物质含量也较全面,钙磷比例适当。在猪饲粮中使用鱼粉,可明显提高其生产性能,猪的日增重可提高15%~25%。但是鱼粉价格昂贵,而且目前市场上假的秘鲁鱼粉多,所以许多猪场多用豆饼(粕)代替饲粮中的秘鲁鱼粉。

肉粉和肉骨粉:是经卫生检验不适合人类食用的肉品或肉品加工副产品,经高温高压或煮沸处理,并经脱脂、脱水干燥制成的粉状物。通常含骨量小于10%的叫肉粉,高于10%的叫肉骨粉。

肉粉粗蛋白质含量在50%~60%,肉骨粉则因其肉骨比例不同而蛋白质含量亦有差异,一般在40%~50%。最好与植物性蛋白质饲料搭配使用,喂量占饲粮的3%~10%。

血粉:血粉是屠宰家畜时所得的血液,经喷雾干燥制成的粉末,含粗蛋白质82.8%,是高蛋白饲料,含有多种必需氨基酸。血粉适口性差,且蛋白质消化率低。猪饲粮中一般不超过5%为宜。

蚕蛹和蚕蛹粉:是缫丝工业副产品,富含脂肪,不易贮存,且影响肉脂品质。因此宜提取脂肪后制成蚕蛹粉再作饲料,既耐贮存,又能提高利用效果。其蛋白质含量近80%,富含各种氨基酸,与饼粕类配合使用可提高增重。

羽毛粉:羽毛粉水解后粗蛋白质含量达77.9%,比鱼粉还要高,是良好的蛋白质饲料。羽毛粉含角蛋白多,必须经过水解才能喂猪,但水解的成本高,少量使用还可以。

酵母:酵母是介于动物性与植物性蛋白质之间的一种蛋白质饲料。它的蛋白质含量也介于二者之间,为52.4%。酵母有苦味,适口性较差,宜控制喂量,以免猪厌食,影响生长和增重。用量在2%~3%,不超过5%为宜。

除此之外,还有一些蛋白质含量较高的豆科牧草、单细胞蛋白质饲料,也是猪较好的蛋白质补充饲料,特别是豆科牧草,既能提供蛋白质,又能起到青饲料的作用,对母猪尤为重要。

51. 怎样提高饲料中的蛋白质利用率?

为了提高饲料蛋白质的利用率,首先应注意饲粮的组成,尤其是粗纤维含量会影响猪对蛋白质的消化吸收。因为当饲粮中粗纤维过多会加快食糜通过消化道的速度,降低蛋白质的消化率。如果粗纤维含量增加一个百分点,蛋白质消化率就会降低1.0~1.5个百分点,而饲粮中含有适量的蛋白质则能提高饲粮的消化率。因此,猪饲料中应少加粗饲料,并且增加饲料蛋白质含量。

提高蛋白质的利用率,还要注意饲粮中能量的高低。因为当能量满足猪的需要时,蛋白质才能作为氮源满足猪的需要。当能量不足时,蛋白质首先被迫提供能量,其余才作为氮源,这就大大降低了蛋白质的利用率。因此,在喂猪时应首先满足其能量需要,然后在此基础上,增加蛋白质的饲喂量,才能增加蛋白质的沉积。

饲粮中蛋白质的数量、种类以及蛋白质中各种氨基酸的配比也影响蛋白质的利用。饲粮中蛋白质品质好,数量适宜,蛋白质利用率就高;当喂量过多,蛋白质利用率反而降低。因为猪体合成蛋白质的程度是有限的,蛋白质过多时,多余的蛋白质不能用于氮的需要,只能作为能源。食入的蛋白质,其中含有的各种必需氨基酸也必须搭配齐全。猪体内合成蛋白质需要10种必需氨基酸,其中任何一种缺乏都会影响蛋白质的利用。因此,我们提倡各种饲料搭配使用,因为不同饲料所含的必需氨基酸不同,蛋白质种类不同,可以起到互补作用,从而使饲料蛋白质的利用率提高。

此外,调制饲料的方法也是影响蛋白质利用率的问题之一。同一种饲料进行打浆、碾碎、发酵、青贮等不同加工后,饲料的适口性增加,消化率提高。另外,某些饲料如大豆经加热处理后,能破坏生大豆中的抗胰蛋白酶,蛋白质的利用率也会提高。为了提高蛋白质的利用率,还可进行抗氧化处理。

当然,提高蛋白质利用率还要注意饲粮中营养的全价性、氨基酸的平衡性。因此,在饲粮中应补加少量人工合成的赖氨酸、蛋氨酸,以及各种常量、微量矿物质及维生素。

52.怎样开辟蛋白质饲料资源?

为了发挥现有蛋白质饲料资源的潜力,必须大力开辟蛋白质饲料资源,合理利用蛋白质饲料,提高蛋白质饲料的利用率。

开辟蛋白质饲料资源,应首先充分利用各种饼粕类。在我国,菜籽饼、棉籽饼大多作肥料用,应提倡先喂畜禽后肥田。其次,应种植豆类植物,如蚕豆、豌豆,特别是大豆。大豆中含有较多的蛋白质和各种必需氨基酸,含脂肪14%~18%,是一种营养价值很高的饲料。另外,要把屠宰业、乳品业、养蚕业、渔业、食品业以及皮鞋加工的副产品及下脚料充分利用起来,如加工肉骨粉、血粉、羽毛粉、脱脂乳、酪乳、鱼粉、蚕蛹、骨肉粉等。此外,还要发展合成氨基酸工业及单细胞蛋白质工业等。

53.什么叫碳水化合物？它有什么营养作用？

碳水化合物由 C、H、O 三种元素组成，其中 H:O=2:1，正好与水的比例相同，固称碳水化合物。

在植物性饲料中碳水化合物比例高，占干物质的 70%～80%，主要包括无氮浸出物和粗纤维两大类。无氮浸出物包括淀粉和一些糖类。无氮浸出物含量高低，直接关系到饲料性质和营养价值，如精饲料所含碳水化合物中无氮浸出物含量高，所以其消化率很高。而粗饲料中虽有一定量的碳水合物，但含粗纤维很多，质地粗硬，猪对其利用能力很低，因而不能给猪喂过多的粗饲料。碳水化合物主要是供给猪体能量的，碳水化合物进入猪体后，经过一系列化学变化转变成能量，作为猪进行呼吸、循环、消化、吸收、分泌、细胞更新、神经传导、维持体温及运动等各种生命活动的能源。当猪从饲料中获取碳水化合物有剩余时，可转化为体脂肪贮存起来（即猪呈现肥胖），作为能量贮备，留给饥饿时利用。因此碳水化合物对猪的上膘有着重要作用。猪是一种蓄积体脂肪能力最强的家畜，每日都有一定量的碳水化合物在体内转化成脂肪。大量食用碳水化合物时，体内由碳水化合物转变为脂肪的量也增加；相反，当碳水化合物不足，提供的能量不能满足维持需要时，猪体就要把贮积的脂肪分解，进而还要动用蛋白质来产生能量，以便维持生命活动。这时猪就要掉膘，表现为消瘦，体重减轻，不能进行正常的生长和繁殖，严重时引起死亡。

由于碳水化合物有在猪体内转化为脂肪的特性，对瘦肉型猪来说，不宜单用过多的碳水化合物饲料来饲喂，特别在肥育后期，即在加快脂肪沉积的时期，要适当控制含碳水化合物的精料喂量，防止猪体过肥。

54. 什么叫粗脂肪？它有什么营养作用？

在饲料分析中，凡是能够用乙醚浸出的物质统称为粗脂肪，包括真脂和类脂(如固醇、磷脂、叶绿素等)。脂肪和碳水化合物一样，在猪体内分解后产生热量，用以维持体温和供给体内各器官运转时所需要的能量，其热能值是碳水化合物或蛋白质的 2.25 倍；脂肪是体细胞的组成成分，也是脂溶性维生素的携带者，脂溶性维生素 A、D、E、K 必须以脂肪作溶剂在体内运输，若饲粮中缺乏脂肪，则影响这一类维生素的吸收和利用。另外，脂肪酸中的亚麻油酸、次亚麻油酸及花生油酸对仔猪的生长发育起重要作用，称之为必需脂肪酸，它们必须由饲料中的脂肪提供，缺乏时，将导致被毛脱落、皮炎等，严重时生长发育受阻甚至死亡。在一般情况下，猪的饲粮由谷物籽实和饼粕类组成，不用加脂肪即可满足猪的需要。但试验证明，在生长肥育猪饲粮中添加适量脂肪，可促进生长，改善饲料报酬。

55. 什么叫能量饲料？猪常用的能量饲料有哪些？

饲料中的有机物都含有能量，而这里所谓能量饲料是指那些富含碳水化合物和脂肪的饲料，在干物质中粗纤维含量在 18% 以下，粗蛋白质含量在 20% 以下，包括谷实类、块根块茎类、糠麸类、糟渣类及油脂类等。这类饲料的消化率高，含能量丰富，但蛋白质含量少，特别是缺乏赖氨酸和蛋氨酸。因此这类饲料必须与蛋白质饲料等配合饲用。

(1)玉米　含能量高、粗纤维少，适口性好，黄玉米中还含有较多的胡萝卜素(玉米黄素)，而且价格便宜，素称饲料之王。但粗蛋白质含量低，品质差，还含有较多的脂肪，如大量用作肥育猪饲料，会使脂肪变软，影响肉的品质。因此，在肉猪的饲粮中玉米的含量最好不要超过 50%～60%。

(2) 大麦 是猪很好的能量饲料,消化能含量略低于玉米,粗纤维含量比玉米略高,但蛋白质含量较高,而且脂肪含量低,质地好,是喂肥育猪的良好饲料,特别是瘦肉型猪的饲养,可提高猪肉品质。但大麦皮厚且硬,含粗纤维较多,故在饲粮中最好不要超过30%,喂幼龄仔猪不宜超过10%。

(3) 高粱 营养价值略低于玉米、大麦,籽实中含有单宁,适口性差,易发生便秘,不宜用作妊娠母猪饲料。高粱糖化后喂猪可提高适口性和利用率。在高粱产区,可在猪饲粮中用高粱代替1/3~1/2的玉米。

(4) 稻谷 我国南方水稻产区常用稻谷作猪饲料。带壳粉碎的稻谷粗纤维含量较高,影响了饲用价值。如果加工成砻糠和糙米,糙米营养价值与玉米相当,且脂肪品质良好。

(5) 麸皮 是麦粒加工的副产品,常用的有小麦麸、大麦麸,营养价值与加工精度有关,一般粗蛋白质含量14%左右,适口性好。麸皮具有轻泻作用,用于妊娠母猪饲料,可防止便秘。

(6) 米糠 南方水稻产区重要的精料之一,米的加工精度愈高,米糠营养价值愈高。新鲜米糠适口性好,粗蛋白质含量12%左右,脂肪含量高,不耐贮存,在猪饲料中不宜超过25%。

(7) 高粱糠 粗蛋白质含量10%左右,粗纤维含量高(7%~24%),并含有多量单宁,适口性差,吃多了容易便秘,饲用价值大体为玉米的一半。在种猪饲粮中可占25%~50%,但必须补充蛋白质饲料和青饲料。在仔猪饲粮中加入5%,肉猪饲粮加入10%高粱糠,能防止或减轻下痢。

(8) 甘薯(山芋) 是我国广泛栽培、产量最高的薯类作物,尤其适于喂猪,生喂熟喂消化率均较高,饲用价值接近于玉米。

(9) 马铃薯(土豆) 含有相当高的淀粉,干物质中含能量超过玉米。马铃薯中含有茄素,特别是发芽的含量很高,能使猪中毒,一定要去芽饲喂。马铃薯煮熟饲喂,可大大提高消化率。

(10)糟渣类　主要有酒糟、醋糟、酱油糟、豆腐渣、粉渣等,营养价值的高低与原料有关。原料经加工后,能量中等,但干物质中蛋白质含量丰富。由于这类饲料中都含有某种影响猪生长发育的物质,在饲料中应控制饲喂量。如酒糟中含有较多的酒精,喂量过多使猪醉酒,甚至造成酒清中毒;醋糟中含有醋,酱油糟中食盐含量达7%,豆渣、粉渣中含有大豆等原来有的不良因子,使用时都要加以注意。饲用量一般只能占饲料干物质的10%~20%。

56.什么叫粗纤维？它有什么营养作用？

粗纤维是植物性饲料中碳水化合物的一部分,是植物细胞壁的主要成分,包括纤维素、半纤维素和木质素。虽然粗纤维难以被消化吸收,但在体内起着很重要的作用。

(1)粗纤维容重小,体积大,可起到填充胃肠道的作用,使后备母猪胃肠道容积得以扩充,使成年猪有饱腹感,不致因摄入太多的能量而过肥,影响胎儿正常发育和母猪分娩,降低繁殖力。

(2)粗纤维对猪的胃肠道有一定的刺激作用,使其机能得到锻炼,蠕动加强,防止便秘。

猪对粗纤维消化率与年龄有关,仔猪胃肠道机能不完善,几乎不能消化粗纤维,饲料中粗纤维含量宜控制在5%以下;肥育猪及小架子猪对粗纤维消化率也有限,宜控制粗纤维含量在6%~8%以下;成年母猪肠道比较完善,对粗纤维消化率较高,饲料粗纤维含量可达10%,但种公猪饲粮中如果粗纤维过多,饲粮体积增大,可导致公猪草腹,影响其种用价值,一般宜控制粗纤维含量在6%以下。

57.什么是粗饲料？猪常用的粗饲料有哪些？

粗饲料是指饲料中粗纤维含量超过18%、可利用能量很低的饲料。其共同特点是粗纤维含量高,粗蛋白质含量在6%以下,品质差,消化能含量低,粗灰分含量高,但利用率较低。因此,在仔猪、生长肥育猪饲料中要严格控制该类饲料的含量,以免影响饲粮的消化吸收,降低饲料报酬。

猪常用的粗饲料有青干草和秸秆秕壳类。

(1)青干草 是牧草未达成熟前刈割下来通过人工晒制而成的饲料。该类饲料维生素D含量丰富,其他营养物质含量与收获时期和原料品种有很大关系。以豆科牧草为原料晒制的青干草蛋白质含量较高,质地柔软,是良好的蛋白质补充饲料,适于盛花期前收割晒制。禾本科牧草是晒制青干草的好原料,晒制时营养物质损失少,较易成功。

(2)秸秆秕壳类 这类饲料是作物种子收获后留下的副产品,包括整株的秸秆和籽实的外壳、瘪子等,粗纤维含量特别高,达30%~45%,消化能特别低,质地粗硬,适口性差。主要有麦草、稻草、玉米秸、豆夹等。这类饲料不宜饲喂仔猪、肥育猪,有时可用于成年母猪的填充料。

58.什么是青饲料?猪常用的青饲料有哪些?

青饲料是指含水量在60%以上的植物性饲料。该类饲料含水量多,干物质中粗蛋白质量多、质好,维生素、矿物质含量丰富,粗纤维含量低,无氮浸出物含量丰富,各种营养物质易被消化吸收,对猪具有一定的促生长作用,是家庭养猪不可缺少的。在某些情况下,青饲料中所含维生素即可满足猪的需要,无需另外补充。

猪常用的青饲料种类很多,主要有牧草、蔬菜、根茎瓜类、鲜树叶和水生饲料。

(1)牧草 包括天然牧草和人工栽培牧草,常见的有禾本科植物和豆科植物。禾本科牧草主要有青刈玉米、青刈高粱、苏丹草、黑麦草等;豆科牧草主要有苜蓿、紫云英、三叶草、苕子、大豆苗、蚕豆苗等。豆科牧草粗蛋白质含量高,常达15%~20%,质地柔软,适口性好,是猪很好的蛋白质补充饲料,使用得当,可减少蛋白质饲料的用量,降低饲料成本。其他科的牧草如聚合草、荞麦等也是猪良好的青饲料。

(2)蔬菜类　蔬菜也用作猪的饲料,常用的主要有苦荬菜、甘蓝、牛皮菜、甜菜叶、苋菜等。该类饲料在饲用时要防止焖制,以免产生亚硝酸盐使猪中毒。

(3)根茎瓜类　该类饲料含糖分较多,常带有甜味,适口性特别好,猪很爱采食。该类饲料中的典型代表是胡萝卜,它是营养价值很高的青饲料,能补充冬、春季青饲料供应不足。其他如甜菜、菊芋、芜菁、南瓜等,都是品质优良的青饲料。

(4)鲜树叶　优质的树叶也是喂猪的好饲料,既可作青饲料,也能提供一定量的能量、蛋白质和其他营养物质,同时某些树叶中还含有某种促进生长的未知因子,可作为饲料添加剂,如松针粉等。常用于喂猪的树叶种类有:桑槐、榆、杨、柳和某些水果树叶。在使用时注意有的树叶中含有单宁,适口性差。在饲料中使用量常在 10%~20%。

(5)水生饲料　主要有水浮莲、水花生、水葫芦和绿萍。该类饲料含水量常在 90% 以上,干物质含量很少,能量低,生喂时猪易感染寄生虫,不宜大量用以喂猪。

59. 钙、磷的主要功能是什么? 哪些饲料中含量丰富?

钙、磷是猪体内含量最高的矿物元素,约占体内矿物质总量的70%。它们主要以结合态形式存在于骨骼和牙齿中,少量在软组织和体液中。生长猪缺乏钙、磷时,骨骼发育不良,生长缓慢;肉猪肥育后期严重缺钙常因骨盆或股骨折损而瘫痪;妊娠猪缺乏钙、磷会产下畸形或低活力仔猪;泌乳母猪钙、磷不足时泌乳量降低,严重者常于泌乳后期患骨质疏松症而瘫痪;种公猪缺乏钙、磷时,精子发育不正常。

猪对钙、磷的需要量和饲养标准都已测定和制定出来,其需要量见表2-1。这些钙、磷水平是为断奶仔猪和生长肥育猪获得最佳生长速度和饲料利用率而制定的。

表2-1 生长猪对钙磷需要量(每千克饲粮需要量)

类别	生长猪					妊娠猪	哺乳仔猪
体重(千克)	5~10	10~20	20~35	35~60	60~100	110~250	140~250
钙(%)	0.80	0.65	0.65	0.50	0.50	0.75	0.75
磷(%)	0.60	0.50	0.50	0.40	0.40	0.50	0.50

猪对饲料中钙、磷的吸收必须具备两个基本条件:第一,钙、磷之间的比例适当,一般以1:1~5为宜;第二,有充足的维生素D存在,因为维生素D能促进钙、磷的吸收。此外,饲粮中应避免含有过多的脂肪、蛋白质、草酸和硅酸盐,这些物质过多会妨碍钙、磷吸收。

通常豆科植物性饲料含钙较多,谷实类饲料和糠麸中含钙量低。糠麸中含磷较多,但其中55%~75%是植酸磷,不能被猪有效利用,实际利用率只有1/3~1/2。因此,以粮饼和糠麸为主的饲粮,一般都不能满足猪对钙、磷的需要,需要补充贝粉、骨粉、石粉等。但必须注意,钙、磷的补充不能过量,饲粮中含钙量过高,会影响其他营养成分的吸收,特别是妨碍锌的吸收,而导致猪皮肤出现不全角化症。

在生产中,一般以精料为主的猪饲粮中,最好补加一些既含磷又含钙的骨粉或磷酸氢钙,补喂量可按配合饲料量的2%搭配。

60. 饲粮中为什么要配合食盐? 怎样确定食盐的供给量?

食盐的主要成分是钠和氯,这两种元素在猪体内是不可缺少的,它们主要存在于细胞外液中,对维持渗透压的衡定、体细胞的兴奋性和神经冲动的传递起着非常重要的作用；氯是胃液中盐酸的组成成分，有助于蛋白质的初步消化；食盐还能提高猪的食欲，刺激唾液腺的分泌。如果饲料中钠、氯供应不足，猪皮毛粗糙，生长缓慢，产生异嗜癖，舔食污水、尿液等，易感染疾病。在猪饲料中钠、氯的含量有限，一定要在饲粮中添加食盐才能满足猪的需要。

食盐的用量，以占风干饲粮比例计算，一般占 0.3%~0.5% 为宜。若食盐供给量过多，易造成猪食盐中毒。

61. 初生仔猪为什么要补饲铁盐？

铁在猪体内含量很少，但其作用是相当大的。铁是合成血红蛋白和肌红蛋白的重要原料，由于铁的存在，使血红蛋白能够运输氧气，保证了体内组织氧的供应。铁还参与体内生物氧化过程，供给生命活动所需的能量。

成年猪可通过采食饲料获得足够的铁，一般不致缺乏。但是对于饲养在水泥地面上的哺乳仔猪，特别是初生仔猪，由于体内贮备的铁很少，仅有 30~50 毫克，又不能从饲料和土壤中获得铁，每天只能从母乳中获得约 1 毫克铁的补充，而仔猪正常生长发育每天需铁 7~8 毫克。因此，如果不另外补铁，初生仔猪经 5~7 天就消耗完毕，会产生贫血，出现食欲减退、皮肤和黏膜苍白、精神不振等症状，严重者会死亡。所以，初生仔猪一定要补铁。

对初生仔猪补铁，采用提高妊娠期和泌乳期母猪饲粮中铁盐含量的方法不能达到目的，而必须直接补给初生仔猪，主要方法有：①注射铁钴针剂：在仔猪生后 2~3 天内，每头仔猪一次性肌注铁钴（右旋糖酐铁钴注射液）注射液 3.3 毫升；②口服铁制剂：在仔猪生后 2~3 天开始，用奶瓶盛装 0.25%硫酸亚铁和 0.1%硫酸铜混合水溶液，当仔猪吃奶时滴于母猪乳头上，仔猪即可吸入；③设置矿物铁盐补饲槽：在仔猪出生 3~5 天后，把一些矿物铁盐放置在补饲槽内，或在圈内经常撒一些未污染的红黏土，任仔猪自由舔食。

62. 猪需要哪些微量元素？它们有什么营养作用？

微量元素是指在猪体内含量小于 0.01% 的矿物元素，它们含量虽少，但都是生命活动所必需的。猪需要的微量元素主要有铁、铜、钴、硒、锌、锰、碘等。

(1)铁、铜、钴 它们都参与体内造血过程。铁是血红蛋白的重要组成成分，铜、钴能刺激造血，缺乏铁、铜、钴都会导致营养性贫血。

铁还参与体内生物氧化过程，产生能量供给猪生命活动的需要。据研究，初生仔猪饲喂乳或混合的液态饲粮时，对铁的需要量为每千克固体物质 50~100 微克。常规下仔猪对铁的需要量为 100 微克，以酪蛋白配制的基础饲粮，喂干料的猪比喂液态料的猪高 50%；猪断乳后，对饲粮铁的需要量为每千克饲料 80 毫克；生长后期和成熟期对铁的需要量减少。

铜与骨骼发育和神经机能有关，能促进钙磷沉积，催化猪体内生物氧化过程。生长猪对铜的需要量为每千克饲粮 4~6 毫克。常用猪饲粮中不易缺铜，所以一般不用补加。但试验证明，在 60 千克前生长肥育猪饲粮中加入高铜，能使猪长得更快，降低饲料消耗。

钴是维生素 B_{12} 的成分，具有促进生长的作用。猪对钴的需要量还尚未测定，一般使用量为每千克饲粮加 1 毫克。据报道，饲粮中添加维生素 B_{12} 可提高猪的增重和饲料利用率，还可防止与缺锌有关的危害。

(2)硒 是一种有毒物质，但它是猪不可缺少而易缺乏的微量元素。饲粮中缺硒，会影响猪的繁殖机能，生长猪肝坏死，仔猪患白肌病。在我国东北和西北部分缺硒地区，要注意饲粮中添加硒。猪每天需要硒 0.03~0.08 毫克。

(3)锌 参与碳水化合物代谢,与猪的繁殖机能密切相关,能影响精子的形成。哺乳仔猪对锌较敏感,可产生皮肤不全角化症、下痢、营养不良、生长缓慢等现象。

猪对锌的需要量随体重、年龄的增加而逐渐减少,幼龄仔猪约为每千克饲粮100毫克,肥育猪后期为每千克饲粮50毫克。公猪对锌的需要量高于母猪,而母猪又高于阉猪。

(4)锰 参与猪的繁殖机能和维持骨骼正常发育。缺锰时,仔猪骨质疏松,可导致骨变形;母猪发情异常,受胎率低;妊娠母猪流产多,弱胎、死胎数增多。成年猪对锰具有一定耐受性,且植物性饲料中的含量能满足猪的需要,一般不至于缺乏。

对于锰的需要量,美国(NRC)推荐量为生长肥育猪每千克饲粮2~4毫克,种猪为每千克饲粮10毫克。

(5)碘 是甲状腺素的重要成分,参与所有物质的代谢,对猪的生长、繁殖具有重要的调节作用。成年猪对碘有耐受性,不易表现缺乏,缺碘主要影响胎儿的发育和仔猪的生长,妊娠母猪流产、死胎和弱胎数增加,仔猪生长缓慢,饲料报酬低。缺碘是地区性的,在内地和高海拔地区易出现,可采用碘盐补足猪的需要。

猪对碘的需要量还未确定,许多国家推荐每千克饲料0.14毫克用以防止甲状腺肿,但也要根据饲料来定。如用十字花科饲粮就要增加碘用量,用海洋植物则可减少碘用量。添加碘时,要注意不可过量。一般情况下,猪的耐受范围为每千克饲粮400毫克。

63. 什么叫矿物质饲料?猪常用的矿物质饲料有哪些?

矿物质饲料是为了补充植物性和动物性饲料中某种矿物质不足而利用的一类饲料。大部分饲料中都含有一定量矿物质,在过去散养或土圈少量养猪的情况下,看不出明显的矿物质缺乏症,但在目前高密度饲养或圈养条件下矿物质需要量增多,必须在饲料中添加。在生产中,常用的矿物质饲料主要有骨粉、贝壳粉、石粉、磷酸氢钙、食盐等。

(1)骨粉　是动物骨骼经高温、高压、脱脂、脱胶粉碎而成。含钙量36%,含磷量16%,不仅钙磷丰富,而且比例适当,是猪饲粮中优质的钙磷补充饲料,一般用量占1.5%~2%即可。

(2)贝壳粉和石粉　贝壳粉是河、湖、海产的螺蚌等外壳加工粉碎而成,含钙量30%以上。石粉是天然碳酸钙,含钙量35%以上。它们都是廉价钙的来源,用量一般在1.5%~2%即可。

(3)磷酸氢钙　含钙量在20%以上,含磷量在15%以上。因价格昂贵用量很少,占饲粮0.5%左右,使用时应注意用脱氟磷酸氢钙。

(4)食盐　植物性饲料中一般缺乏钠和氯,在猪的饲粮中应注意添加,一般添加量为0.5%~1%。

64.什么叫维生素?猪需要哪些维生素?

维生素是维持动物正常生理机能所必需的低分子有机化合物。它不能氧化供能,但它是某些酶的组成成分,参与酶的活动,对生理生化反应起控制作用。猪对维生素的需要虽然微量,常以国际单位或毫克计算,但作用很大。如果缺乏某一种维生素,将导致相应缺乏症的产生,新陈代谢紊乱,生长受阻,繁殖机能受影响。维生素在猪体内合成有限或不能合成,饲粮中一定要保证供应。

猪所需要的维生素有多种,可分为脂溶性维生素和水溶性维生素两大类。脂溶性维生素主要包括维生素A、D、E、K,它们只能溶解在脂肪中才能被吸收利用;水溶性维生素主要包括B族维生素和维生素C,它们能溶于水。

65.维生素A对猪有什么营养作用?哪些饲料中含量丰富?

维生素A的主要功能是促进幼猪的生长发育,保护消化道、呼吸道和生殖道黏膜的健康,增强对疾病的抵抗力和繁殖机能。

幼猪缺乏维生素 A 生长发育缓慢，患夜盲症、干眼病、肺炎、下痢和四脚麻痹；母猪缺乏维生素 A 发情异常，易引起流产、死胎，产瞎眼、兔唇等畸形仔猪。

维生素 A 只存在于动物性饲料中，以鱼肝油含维生素 A 最丰富，在植物性饲料中只含有维生素 A 原——胡萝卜素，以胡萝卜和青饲料中含量较多，谷物及其副产品中只有黄玉米含有少量的胡萝卜素（玉米黄素）。胡萝卜素在猪体内可转化为维生素 A，为保证维生素 A 的供应，饲粮中适当配合动物性饲料如鱼粉等，并且常年不断青饲料或补充维生素 A 添加剂。

对于猪，维生素 A 的推荐量为每千克饲粮 1 300～4 000 国际单位，但随猪的类型、年龄、体重变化而不同。生长肥育猪低于种猪，而肥育猪需要量随体重的增加对维生素 A 的需要量逐渐减少。

66. 维生素 D 对猪有什么营养作用？哪些饲料中含量丰富？

维生素 D 又叫抗佝偻病维生素，其主要功能是促进肠道对钙、磷的吸收，以利于骨骼的发育。维生素 D 缺乏时，幼猪骨骼生长不良，易发生佝偻病；母猪会发生产死胎、弱仔、泌乳后期瘫痪等现象。牧草中含有麦角固醇，在阳光紫外线照射下，可转化为维生素 D_2，因此优质草粉是维生素 D 的良好来源。皮肤中的 7-脱氢胆固醇在阳光紫外线作用下，可转化为维生素 D_3。如果阳光充足，猪每天在阳光下活动 45～60 分钟，就不会缺乏维生素 D。在常年密闭饲养不见阳光的条件下，猪饲粮必须添加维生素 D。一般来说，对维生素 D 的推荐量为每千克饲粮 125～220 国际单位，其中仔猪的需要量高于生长猪，生长猪又高于肥育猪。种猪、后备猪与生长猪的需要量相当。

67. 维生素 E 对猪有什么营养作用？哪些饲料中含量丰富？

维生素 E 又叫抗不育维生素，它是维持猪的正常繁殖机能所必需的，对保护心肌及其他肌肉的健康有良好作用。另外，维生素 E 还是一种抗氧化剂和代谢调节剂，对消化道和体组织中的维生素 A 有保护作用。维生素 E 缺乏时，仔猪易发生白肌病，心肌萎缩；公猪性欲降低，精液量减少，精子活力差；母猪易出现不孕、流产或产死胎，向母猪饲粮中添加维生素 E 能减少胚胎死亡，增加产仔数。

维生素 E 与硒有协同作用，因此维生素 E 的需要量受硒的影响。维生素 E 的营养作用需要充足的硒才能很好地发挥。维生素 E 的需要量还与多种不饱和脂肪酸、维生素 A、维生素 C 有关。当猪摄食大量的不饱和脂肪酸和维生素 A、维生素 C 时，也需要加大维生素 E 的添加量。

一般青饲料、优质青干草和谷类的种胚中都含有丰富的维生素 E。在冬季圈养的猪，饲料种类往往比较单一，品质较差，要注意补给维生素 E。特别是种公猪，必要时可喂给芽类饲料（如大麦芽、玉米芽等）。一般来说，在充足硒的条件下，每千克饲粮补加 10~15 国际单位维生素 E 可防止猪的缺乏症和死亡，并维持正常生长性能。

68. 维生素 K 对猪有什么营养作用？哪些饲料中含量丰富？

维生素 K 主要起凝血作用，可防止因猪体受伤引起的流血不止，还可防止由新陈代谢障碍而引起的贫血症。

维生素 K 广泛存在于各种植物性饲料中，特别是青绿饲料中，成年猪肠道内微生物也能合成，因此猪一般不会缺乏。由于哺乳仔猪肠道内微生物很少，不能合成足够的维生素 K，因此要注意在饲粮中补充。猪饲喂发霉变质的饲料或饲料中添加抗菌药物时,抑制了肠道微生物的繁殖,要注意防止维生素 K 的缺乏。猪对维生素 K 的需要量为每千克饲粮 2 国际单位。

69. 维生素 B_1 对猪有什么营养作用?哪些饲料中含量丰富?

维生素 B_1 又叫硫胺素,其主要功能是参与碳水化物的代谢,有助于胃肠道的消化,维持心脏和神经系统功能正常。缺乏维生素 B_1 时,猪所需求的能量供应不足,丙酮酸在血液中积累,造成神经系统、血液循环和消化系统机能障碍,常表现食欲不振,消化机能紊乱,母猪产畸形仔猪数增多;仔猪生活力受影响,严重时可导致死亡。

猪对维生素 B_1 的需要量受多方面的影响。首先,脂肪有节省维生素 B_1 的作用。当猪饲粮中脂肪水平较高时,猪对维生素 B_1 的需要量减少。当外界温度升高时,猪对维生素 B_1 的需要量上升,这可能是因为猪的采食量下降的原因。此外,维生素 B_1 的需要量还受猪的生理状况、疾病和营养的影响。但一般来说,猪对维生素 B_1 的需要量约为每千克饲粮 1.5 毫克即可。

维生素 B_1 在米糠、麸皮等籽实加工副产品中广泛存在,豆类饲料、青饲料中含量较丰富,同时猪体内能大量贮存,因此猪一般不会缺乏维生素 B_1。

70. 维生素 B_2 对猪有什么营养作用?哪些饲料中含量丰富?

维生素 B_2 又叫核黄素,它参与蛋白质、脂肪和碳水化合物的代谢,若饲粮中含量适当,可提高饲料利用率。维生素 B_2 缺乏时,幼猪食欲不振,生长缓慢,发生皮炎、下痢;母猪常产死胎、弱仔,也有时产无毛仔猪。猪对维生素 B_2 的需要量为每千克饲粮 2~4 毫克。

以玉米、高粱、豆饼为基础的饲粮核黄素含量不足,需要补充。各种青饲料、优质草粉、酒糟、豆饼、酵母等含核黄素较多。饲料发醇可提高核黄素的含量。

71. 泛酸、烟酸、吡哆素、生物素、叶酸、维生素 B_{12} 和胆碱对猪有什么营养作用？哪些饲料中含量丰富？

泛酸：又叫维生素 B_3，参与蛋白质、脂肪和碳水化合物的代谢，提供猪生命活动所需的能量。生长猪缺乏泛酸时导致食欲下降、生长缓慢，眼泪多、眼圈有深褐色渗出液，鼻涕多、咳嗽、腹泻、溃疡性结肠炎、贫血、被毛粗糙、脱毛、免疫反应降低，后肢运步异常、走鹅步，失去吮乳反射和舌的控制。当母猪缺乏泛酸时采食量、饮水量下降，腹泻、走鹅步，配种后出现"假妊娠现象"或者不怀胎，或怀胎不产仔，也有胃炎、小肠黏膜炎等症状。

猪对泛酸的需要量为每千克饲粮 7～13 毫克。由于泛酸广泛存在于各种植物性饲料中，在生喂的情况下，一般不会缺乏。

烟酸：又叫尼克酸、维生素 B_{pp}，参与体内碳水化合物的代谢，能促进幼猪的生长。成年猪可将饲料中多余的色氨酸转化为烟酸，一般不会缺乏。生长猪可出现烟酸缺乏症，表现为食欲减退、生长迟缓、被毛粗糙、皮肤干燥、发炎、结痂，俗称"癞皮病"。

当饲粮中无过剩色氨酸时，1～8 千克重的仔猪对有效烟酸需要量为每千克饲粮 20 毫克；当饲粮中色氨酸水平接近猪的营养需要时，10～50 千克重的生长猪对有效烟酸的需要量约为每千克饲粮 10～15 毫克。在猪饲料中，糠麸、干草、蛋白质饲料中含有丰富的烟酸。以玉米为饲粮主要成分时应考虑添加其他禾本科籽实及乳产品加工副产品。

吡哆素：又叫维生素 B_6，以吡哆醇、吡哆胺、磷酸吡哆醛的形式存在于饲料和动物体内，而且它们之间可以相互转化，常见的维生素 B_6 商业制剂是吡哆醇盐酸盐。吡哆素的作用主要是作为氨基移换酶及脱羧酶的组成成分，参与体内含硫氨基酸和色氨酸的代谢。此外还参与碳水化合物、脂肪和无机盐的代谢。当猪缺乏吡哆素时,最常见的症状是神经系统的病变,从而引起肌肉运动失调,步态痉挛,类似癫痫发作;还会发生以耳朵、脚、尾等末梢部位出现癞皮病为特征的"肢端病"以及皮下水肿、脱毛、后肢麻痹,猪的食欲不佳,生长不良,被毛粗糙,眼周围有褐色分泌物及眼泪,视力减退,直至失明。缺乏吡哆素的青年母猪所产仔猪在3周龄时可发生类癫痫性发作。

吡哆素主要存在于酵母、糠麸及植物性蛋白质饲料中,动物性饲料及根茎类饲料中相对贫乏,籽实饲料中每千克约含3毫克。猪对吡哆素的需要量受多种因素的影响,如猪在应激状态下需要较多的吡哆素;当饲粮中脂肪含量较高时,仔猪对吡哆素的需要量减少,一般认为猪对吡哆素的需要量为每千克饲粮1~2毫克。

生物素:又叫维生素B_7或维生素H,是一种辅酶,参与脂肪和蛋白质的代谢,有利于不饱和脂肪酸的合成,促进胚胎发育和仔猪生长。当猪缺乏生物素时,会出现脱毛症、皮肤溃烂、皮炎,眼周围有渗出液,嘴黏膜炎症,蹄横裂,脚垫裂缝并出血。在一般情况下,饲料中的生物素能满足猪的需要。但当仔猪和公猪饲料中加入大量的生鸡蛋清时,由于生鸡蛋含有抗生物素蛋白,能在肠道里与生物素结合,使生物素失活,从而加重猪的生物素缺乏症。当给猪喂磺胺类药物时,由于药物使肠道中微生物的生物素合成受阻,会使猪产生生物素缺乏症。

猪对生物素的需要量为每千克饲粮0.05~0.2毫克。生物素在玉米、油饼和绿色植物中含量丰富;苜蓿粉、酵母、肝粉和乳中生物素也很丰富;猪的粪便中也含有生物素。因此,当猪单圈饲养或饲养在漏缝地板的猪,以及不喂青料的猪应添加生物素;对于喂磺胺类药和饲喂生鸡蛋的猪也要添加。

叶酸:又叫维生素B_{11},参与核酸合成,促进红细胞和白细胞的成熟。猪缺少叶酸时产生贫血,繁殖和泌乳紊乱,体质瘦弱,食欲减退,生长缓慢。叶酸缺乏后,免疫球蛋白合成受阻,增加了猪对感染的敏感性。饲料中添加1%～2%磺胺药物,会减少肠道微生物的叶酸合成,从而引起叶酸缺乏。一般由于猪肠道内能合成相当数量的可利用叶酸,因而不会缺乏,不需要特别添加,但当饲粮中存在叶酸的拮抗物或磺胺类药物时,应增加叶酸的喂量。

猪对叶酸的需要量为每千克饲粮0.3毫克。叶酸广泛分布于各种饲料中,以苜蓿粉、酵母、花生和豆饼(粕)最为丰富。

维生素B_{12}:维生素B_{12}具有许多重要生理功能,它以辅酶形式参与动物体内的多种代谢过程,是猪正常生长和繁殖所必需的。缺少维生素B_{12}时,幼猪表现食欲不振,生长缓慢,贫血,皮炎,运动失调;母猪虽不显示任何临床症状,但产仔少,活力差,育成率低。

猪对维生素B_{12}的需要量为每千克饲粮11～20微克。植物性饲料基本不含有维生素B_{12},作为它的补充来源有鱼粉、酵母、乳产品等。猪放牧时接触腐质土和淤泥,也能得到维生素B_{12}的补充。

胆碱:是卵磷脂、乙酰胆碱的组成成分,参与蛋白质、脂肪的代谢和神经冲动的传导。猪缺乏胆碱时,首先表现生长缓慢,被毛粗糙,腿短,肚子大,行为不协调,肩关节等硬度丧失;母猪缺乏胆碱影响繁殖性能,泌乳下降,仔猪成活率低,断奶体重小;有的仔猪出现脂肪肝,后腿劈叉,出现坐姿。

猪对胆碱的需要量受许多因素影响。胆碱可被蛋氨酸完全替代。当蛋氨酸过剩就会补充胆碱的不足,如果饲料中胆碱水平不够,蛋氨酸就用于胆碱的合成。此外,还受维生素B_{12}、叶酸、营养水平的影响。对于母猪,饲粮中加入胆碱,可提高受胎率、分娩率、窝产仔数、产活仔数及断奶仔猪数,并可提高生长猪的增重和饲料利用率。一般猪对胆碱需要量为每千克饲粮0.3～1.25毫克。富含胆碱的饲料有肝粉、蛋黄、鱼粉、酵母、酒糟以及绿色植物和谷物。

胆碱广泛存在于各种饲料中,特别是青绿饲料和饼粕类饲料中含量丰富,体内蛋氨酸有助于猪体内合成胆碱,一般不会缺乏。

在育成猪饲喂高能低蛋白饲粮时,需适量补充胆碱。

72.维生素C对猪有什么营养作用?哪些饲料中含量丰富?

维生素C又叫抗坏血酸,其作用是促进肠道内铁的吸收,增强猪的免疫力,缓解猪的应激反应。当猪缺乏维生素C时,一般表现贫血、坏血病、齿龈肿胀、出血、溃疡,生产力下降。由于猪体内能合成维生素C,一般不会缺乏,但在高温应激状态下,应补加维生素C。实验证明,在饲粮中加入维生素C可提高仔猪增重。但在目前还没有提出猪对维生素C的需要量。在生产中,为了提高猪的生产性能,在饲粮中每千克可以补充200毫克的维生素C。维生素C主要存在于水果和青绿植物中。

73.什么叫饲料添加剂?它们分为哪几类?

饲料添加剂是指为补充饲粮营养或有利于营养利用而向饲粮中加入的各种微量成分。它不同于饲料,一般不能提供能量,添加的主要目的在于补充饲粮营养成分的不足,防止和延缓饲料变质,提高饲料适口性,改善饲料利用率,预防猪受病原微生物的侵扰,促进猪正常发育和加速生长,提高产品质量。由于自然界中没有哪一种饲料能完全满足营养需要,即使是几种饲料科学地配合在一起也不可能非常完善,因此在饲粮中加入饲料添加剂是非常必要的。

饲料添加剂可分为两大类,包括营养性饲料添加剂和非营养性饲料添加剂。

74.营养性饲料添加剂包括哪几种?怎样使用?

此类添加剂主要用于平衡饲粮营养,使饲粮更全价,提高饲料转化率,使猪的生产力得到更好发挥。主要包括氨基酸添加剂、微量元素添加剂和维生素添加剂。

(1)氨基酸添加剂　猪对蛋白质的需要实际上是对必需氨基酸的需要,猪常用的植物性饲料中,必需氨基酸的数量少且不平衡,不能满足猪的需要,影响饲料报酬。

目前生产中普遍使用的氨基酸添加剂有两种,即赖氨酸添加剂和蛋氨酸添加剂,它们都可工业合成。

①赖氨酸:在能量饲料中都缺乏,是猪的第一限制性氨基酸,虽然蛋白质饲料如豆饼中含量较高,但其价格高,来源不足,限制了在猪饲料中的使用量。为了降低饲料成本,可在饲料中直接添加赖氨酸,满足猪对赖氨酸的需要。试验证明,在猪饲料中添加赖氨酸,可提高猪的生长速度,降低饲料消耗。

②蛋氨酸:在植物性蛋白质饲料中含量较少,是猪的第二限制性氨基酸。目前市场出售的蛋氨酸主要是美国、日本等国生产的,可根据饲养标准推荐量在饲料中适当添加。

(2)微量元素添加剂　通常包括有铁、铜、锰、锌、钴、碘等微量元素,在缺硒地区还应添加亚硒酸钠。在水泥地面封闭饲养的猪,不接触土壤,不喂青绿饲料和草粉,需要在饲料中添加微量元素添加剂。各地饲料公司、生产厂家和药店均出售各种规格的微量元素添加剂,可按说明书使用。

(3)维生素添加剂　在家庭养猪中,青绿饲料比较多,虽然不使用维生素添加剂,也很少出现缺乏症。但在规模养猪情况下,青绿饲料很难充分供应,尤其是饲养肥育猪,不宜大量饲用青饲料。因此,必须在饲粮中加入适量的维生素添加剂。各地饲料公司、生产厂家和药店出售各种复合饲料添加剂,分为种猪(妊娠期、泌乳期)、仔猪和肉猪各种规格,可按说明书使用。购买时要注意密封性和有效保存期,超期的维生素添加剂效价降低,甚至完全失效。添加维生素的饲料不宜长时间贮存。

各种营养性饲料添加剂由于添加量都很小,应充分搅拌均匀,以免造成浪费及发生意外事故。

75.非营养性饲料添加剂包括哪几种？怎样使用？

该类添加剂不是为了提供营养，而是为了促进猪的生长，改善饲料利用率，防止饲料变质，提高猪肉品质。主要包括保健助长添加剂、饲料品质保护添加剂和产品品质改良添加剂等。

(1)保健助长添加剂　该类添加剂可抑制病原微生物的繁殖，改善猪体内的某些生理过程，提高饲料利用率，促进猪的生长，增加养猪的经济效益。主要包括抗生素添加剂和各种生长促进剂。

①抗生素添加剂：低浓度的抗生素添加剂可对特异微生物的生长产生抑制或杀灭作用，从而提高猪的生产力。在饲养管理条件比较恶劣的情况下，使用这类添加剂的效果更好。目前在养猪生产中经常用的有：杆菌肽、泰乐霉素、竹桃霉素、金霉素、土霉素等。在使用此类添加剂时要防止滥用，长期低剂量使用抗菌药物会使微生物产生抗药性，并在猪肉中残留，对人类造成危害，这是许多国家不允许的。因此，在使用时要注意治疗用的抗生素一般不能作为添加剂，最好能将几种抗生素添加剂联合或交叉使用，以免引起抗药性。为了防止残留，应间隔使用，特别是在屠宰前一段时间要停用。

②生长促进剂：如生长素、β-兴奋剂等能改善猪体内代谢过程，促进猪的生长。还有如各种纤维素酶、淀粉酶等可改善饲料消化率，提高饲料报酬。

③驱虫、保健添加剂：对消化道内寄生虫(如蛔虫)有效的如潮霉素；对预防与治疗白痢有效的如呋喃唑酮(痢特灵)，猪的用量每吨饲料100克，有促进猪的生长与防病作用。

④增进食欲添加剂

谷氨酸钠(味精)：在饲料中添加0.1%的谷氨酸钠，能显著提高猪的食欲，并有效地加快生长，特别在仔猪人工乳中添加味精效果更好。

用发酵法生产味精的残渣，经适当处理，可代替谷氨酸钠作为饲料添加剂使用。味精残渣中除含有一定量的谷氨酸钠外，尚有大量的菌丝蛋白及其他有助于猪生长的物质。

糖精：为了改善猪饲料的适口性，增进食欲，也可在每吨饲料中添加200克糖精。此外，在饲料中添加适量的马钱子、槟榔子、芥子与茴香油等，也可起到开胃的作用。

中草药添加剂：中草药资源丰富，价格低廉，助长保健，无不良副作用，完全可以作为添加剂使用。

(2)饲料品质保护添加剂　饲料中某些成分暴露在空气中易被氧化，或在气温高、湿度大的环境中易于变质，在饲料中添加了这类添加剂后可有效地保护饲料品质。常用的添加剂有抗氧化剂和防霉剂。

抗氧化剂：在脂肪含量高的饲料中，为了防止脂肪腐败和维生素的破坏而使用的添加剂。常用的有抗坏血酸、五倍子酸酯等，在饲料中的添加量一般为0.01%~0.05%。在家庭养猪饲料用量不太大、饲料贮存天数较短的情况下，很少使用。

防霉剂：是为了防止高温高湿的季节饲料霉变而采用的添加剂。常用的防霉剂是丙酸钠，添加量为每吨饲料1千克。

76.使用饲料添加剂时应注意哪些问题？

饲料添加剂的作用已逐渐被人们认识，使用愈来愈普遍，但因种类多，使用量小而作用大，且多易失效，所以使用时应注意以下几点。

(1)正确选择　目前饲料添加剂的种类很多，每种添加剂都有自己的用途和特点。因此，首先应充分了解它们的性能，然后结合饲养目的、饲养条件、猪的品种及健康状况等选择使用。

(2)用量适当　用量少，达不到目的；用量多，既增加饲养成本，还会引起中毒。用量多少应严格遵照生产厂家在包装上的使用说明。

(3)搅拌均匀 搅拌均匀程度与效果直接相关。饲粮中混合添加剂时,必须搅拌均匀,否则即使是按规定的量饲用,也往往起不到作用,甚至会出现中毒现象。若采用手工拌料,可采用三层次分级拌和法。具体做法是:先确定用量,将所需添加剂加入少量的饲料中,拌和均匀,即为第一层次预混料;然后再把第一层次预混料掺到一定量(饲料总量的 $1/5\sim1/3$)饲料上,再充分搅拌均匀,即为第二层次预混料;最后再把第二层次预混料掺到剩余的饲料上,拌均即可。这种方法称为饲料三层次分级拌合法。由于添加剂的用量很少,只有多层次分级搅拌才能混均。

(4)混于干粉料中 饲料添加剂只能混于干饲料(粉料)中,短时间贮存待用才能发挥它的作用。不能混于加水的饲料和发酵的饲料中,更不能与饲料一起加工或煮沸使用。

(5)贮存时间不宜过长 大部分添加剂不宜久放,特别是营养性添加剂、特效添加剂,久放后容易受潮发霉变质或氧化还原而失去作用,如维生素添加剂、抗生素添加剂等。

(6)配伍禁忌 多种维生素最好不要直接接触微量元素和氯化胆碱,以免降低药效。在同时饲用两种以上的添加剂时,应考虑有无拮抗、抑制作用,是否会产生化学反应。

77.饲料为什么要进行加工调制?饲料加工调制的常规方法有哪些?

饲料加工调制是改变饲料性状的一种手段,其目的是改善饲料的适口性,消除某些饲料固有的有害性,提高饲料的采食量、消化性和利用率。饲料调制与否或如何调制,必须根据饲料的性质和猪的生理状况以及调制所耗费的人力、物力和经济成本来决定,因为调制时虽有所得,也有所失,要具体衡量得失。

饲料调制的方法很多,概括起来可归纳为三大类,即物理、化学和生物学调制法。

(1)物理调制法　主要通过机械和浸泡等作用,使饲料由粗变细,由长变短,由硬变软,便于猪采食和咀嚼,减少能量消耗,从而提高饲料的利用率。具体方法有铡短、粉碎、打浆以及用水和其他汁液浸泡等。

(2)化学调制法　应用酸、碱、石灰水及氨水等化学药品对饲料进行处理,以分解饲料难以消化的部分,如纤维素、木质素等,并消除某些对猪有害的物质。一般来说,经过处理后的饲料在化学组成和结构上有所改变,消化率和能值有一定程度的提高。

(3)生物学调制法　利用饲料中沾染或人工接种的某些有益微生物的活动,为它们创造适宜的生活条件,使微生物大量繁殖生长,以达到保存和改变饲料性质的目的。它能改进饲料的适口性,刺激猪的食欲,使饲料增加某些营养物质,如维生素、菌体蛋白等,此法主要有糖化发酵、酶解、发芽等。

78. 能量饲料怎样加工调制?

能量饲料一般适口性好,消化率较高,是猪营养的主要来源。但禾谷类籽实由于种皮(如玉米)、颖壳(如大麦)、淀粉粒的性质(如小麦)以及某些饲料中含有的有毒有害物质(如高粱中的单宁)等因素,影响了消化酶的消化作用和营养物质的吸收,需要通过适当加工调制,改善其适口性,提高消化利用率。经常使用的方法有:

(1)机械加工　是籽实类饲料最常用的加工调制方法。这类饲料如果整粒饲喂,消化液难以透过表层结构,营养物质不易被消化,饲料利用率低。机械加工的方法有:

粉碎:通过将饲料粉碎,破坏了籽实表面坚硬的种皮和颖壳层,增加饲料与消化液的接触面积,提高饲料利用率。这类饲料粉碎时要注意粉碎的细度,特别对于大麦、小麦等。由于其中含有较多的谷蛋白,粉碎过细适口性差,易于在肠道内粘滞成团影响消化液的渗入,不利于消化,一般以中等细度为佳。

精料粉碎后与外界接触面增加,易于反潮和氧化,不耐贮存,对于含脂高的饲料更要注意,如玉米等。

浸泡:对有些能量饲料可通过浸泡提高适口性,减少有毒有害物质的危害。如高粱通过浸泡可消除其中所含的单宁,土豆通过浸泡可减少其中茄素的含量。浸泡时料水比以 $1:1\sim1.5$ 为宜,水过多,影响干物质的摄入量,营养供给不足,影响猪的生长。在高温季节,浸泡时间不宜过长,以免饲料发酵变质。

焙炒:对诱引仔猪开食具有很好的作用,通常用大麦或玉米等含淀粉多的饲料,将部分淀粉转化为糊精,产生香味,改善适口性。

(2)发芽与糖化

发芽:是在冬、春季青饲料缺乏的情况下,为了供给种猪的需要而采取的方法,可促进猪的发情和泌乳量的提高,提高精液品质。发芽时要注意把温度控制在 $30\sim40$ ℃。籽实发芽有两种:一种是长芽(6~8厘米),富含胡萝卜素;另一种是短芽(0.5~1厘米),富含维生素 E。

糖化:将籽实粉碎后,在淀粉酶的作用下,使部分淀粉转化为麦芽糖。糖化饲料中含有少量乳酸,糖分含量高,具有酸、香、甜味,适口性好,提高了饲料的消化率。

压扁制粒:将禾本科籽实如玉米、大麦、高粱等先去皮,加热压扁制成压扁饲料,可提高适口性和消化率。也可将能量饲料先粉碎,再通过多种饲料配合,然后制成颗粒饲料,可提高消化率。

79.蛋白质饲料怎样加工调制?

(1)植物性蛋白质饲料 是猪饲粮蛋白质的主要来源,由于该类饲料中常含有某些对猪生理机能有害的物质,所以对它处理以降低危害、提高饲用价值成为蛋白质饲料加工调制最重要的一部分。这类饲料主要是饼(粕)类饲料。饼粕是榨油的副产品,其中有害物质的含量大多与残油量高低有关,一般残油量愈多,有害物质含量就愈高;相反则少。

①大豆饼(粕):冷榨的大豆饼(粕)中含有抗胰蛋白酶、细胞凝集素、尿酶素和促甲状腺肿素等有害物质,它们会降低粗蛋白质的消化率,对猪造成一定的毒害而产生疾病。由于这些物质大都是热不稳定物质,在105~110℃的温度下经3~5分钟即可被分解,成为无毒性的物质,因此,大豆饼(粕)一定要经过加热处理才能用来喂猪。

②菜籽饼(粕):是菜籽榨油后的副产品,由于其中含有芥子硫苷和芥子酸,使菜籽饼有一股辛辣味,适口性差,而且芥子硫苷在体内分解后产生硫氰酸类物质,可导致猪甲状腺肿大,影响体内物质代谢。因此,菜籽饼在饲用前要经过脱毒处理,降低菜籽饼中芥子硫苷的含量。埋入法是最常用的方法,即将菜籽饼和水按1:1的比例埋入土坑,经2个月后即可取出饲喂。除此之外还有氨、碱处理法和发酵法,但效果都不太理想。

③棉籽饼(粕):棉籽饼(粕)中含有游离的棉酚,可对组织细胞和神经产生毒害,要经过去毒才能使用。常用去毒方法是:用0.2%~0.5%的硫酸亚铁溶液浸泡,按1:2.5的饼水比例浸泡24小时,去毒率可达80%左右。除此之外,还可用水煮法和溶剂浸出法,但效果不如浸泡法。

④其他植物性蛋白质饲料:如大豆、蓖麻籽饼、花生饼、胡麻仁饼等,在使用前都要进行适当加工调制,以提高适口性,减少毒害。

(2)动物性蛋白质饲料 是猪饲粮蛋白质来源的一个方面,特别是家庭养猪时自制的蛋白质饲料,要注意合理加工调制,以免对猪产生危害。

①骨肉粉:可采用畜禽脏器和不符合食用要求的屠体如非传染病死亡的动物加工制成。在喂猪时,一定要经过高温消毒才可

饲用，以免产生疾病。

②蚕蛹：是缫丝工业的副产品。含脂量高，不耐贮存，应将其高温处理抽提部分油脂才能用于饲喂，晒干后可贮存。不能将蚕蛹从缫丝厂取来后直接饲喂，以免产生疾病或中毒。

③鱼粉：是使用最广泛的动物性蛋白质饲料，其加工方法一般有干法、湿法和土法生产。市售鱼粉常是用干法生产的，质量可靠，符合卫生要求。采用土法生产的鱼粉，质量不可靠，蛋白质含量不稳定，食盐含量过高，未经高温消毒，卫生条件差，在饲用时要慎重。

在农村还将捕获的小鱼虾混拌在饲料中喂猪，但腥味大，屠宰前应停用，最好能煮熟制汤，用来拌饲料，适口性和利用率可提高。

80.青贮饲料怎样加工调制？

青贮饲料是青饲料通过微生物作用将营养物质保存下来的一种饲料。通过青贮，可使青饲料常年均衡供应。禾本科青饲料较易保存，豆科青饲料较难青贮成功，如果两者混合青贮，可提高青贮饲料的营养价值。一般青贮饲料的调制方法如下：

(1)适时收割　用于青贮的原料要适时收割，收割过早，含水量多，不易青贮；收割过迟，粗纤维含量高，品质差。禾本科牧草以孕穗至抽穗期收割，豆科以始花至盛花期，青刈玉米以乳熟期，山芋藤以霜前期收割，随割随贮，效果较好。

(2)切短　为了便于装填、踩实和取喂，青贮原料必须切短。豆科牧草可长些，禾本科的宜略短些，一般以3~5厘米为佳。

(3)装填　原料切短后要立即装填。装填前先将窖或缸底部铺上15~30厘米厚的稻草(用糠也可)，然后开始分层装填，每层20~30厘米，层与层之间可根据原料含水量的多少，撒上适量的糠，便于压紧，尤其要踩实窖的边缘。尽可能排除饲料中的空气，造成良好的厌氧环境，这是青贮能否成功的关键之一。

(4)封窖 要求严密不透气,防止雨水淋湿。家庭青贮缸可用塑料薄膜紧密封口,青贮窖顶部要装满压实呈馒头形,并用土封严,封窖3~5天后,原料下沉,要及时用土填实。

饲料青贮1月左右即可开窖使用。使用时要注意逐段、分层取用,不能掏洞或整个无规律使用。

家庭常用的青贮方法有窖贮法、缸贮法和塑料袋青贮法等,无论哪一种,只要达到要求都可使用。

品种良好的青贮饲料应呈绿色或黄绿色,带有水果味或乳酸香味,质地疏松。而发黑甚至腐烂的青贮料不应用来喂猪。

青贮饲料具有轻泻性,妊娠母猪应控制饲喂量。猪的喂量以1.5~2千克/(日·头)为宜,使用时要与其他精料混合饲喂,且需逐步增加喂量,以使猪有适应过程。

81. 怎样将青饲料打浆喂猪?

青饲料的体积较大,含有一定量的粗纤维,在实际使用时,猪的采食量是有限的,如果将其粉碎打浆,制成粥样,则可提高适口性,增加采食量,有利于消化液与营养物质的混合,提高消化率。各种青饲料都可以作为打浆的原料,对于有些质地较硬或适口性差的青饲料,如茎叶表面有倒刺或毛的青饲料尤为适宜。

青饲料打浆的具体做法是:用普通锤片式粉碎机改装,使用直径为3~4厘米的筛板,配以一定动力即可进行。根据打浆过程中是否加水可分为水打浆和干打浆。含叶多的幼嫩青饲料可直接打浆,压缩体积,提高采食量,且便于贮存,此法称干打浆。对于一些较老、含粗纤维较多的青饲料,由于含水量少,粉碎打浆时过于黏稠不易流出,可在入料口用水管注入适量的水,起到一定的稀释和清洗作用,保证浆液顺利流入料池,此法称水打浆,料水比例约为1:1。由于含水多,不易贮存。

82. 怎样将青饲料发酵喂猪？

青饲料的发酵是利用乳酸菌、酵母菌等在适宜的温度、湿度和厌氧环境下，对青饲料进行发酵，使其质地柔软，体积较小，酸香可口。此法对于一些质地较硬、带有不良气味的青饲料尤为适合。

青饲料发酵的方法是：将青饲料洗净切短，装入缸或池内踩紧压实，装至接近满时，盖上草席，压上重物，以免青饲料浸水后浮起腐烂，然后用水完全浸没青饲料，经3~7天后，发酵即可完成。

由于发酵过程中温度达40℃左右，水分含量多，因此发酵饲料不耐贮存，在制作时一次数量不宜过多，否则会导致腐败变质。

在青饲料进行发酵前，对原料要进行清理，防止有毒植物掺入。为提高发酵饲料营养价值，可进行混合发酵。

83. 青饲料怎样干制加工？

青饲料经干制加工即成青干草。品质良好的青干草是我国北方地区猪冬、春季青饲料供应的一种重要形式。调制良好的青干草，营养损失少，青绿，芳香，适口性好，易于消化。豆科牧草、禾本科牧草和天然草地牧草都可制成青干草。

调制青干草的原料要适时收割，禾本科牧草于始花期至盛花期收割。收割是否适时，与青干草的品质和调制的难度有很大关系。

青干草的调制有自然干燥和人工干燥两种方法，目前国内多采用自然干燥法，即利用阳光曝晒进行调制。

自然干燥法调制青干草包括两个阶段，第一阶段是将适时收割的原料采用地面薄层平铺曝晒法，在阳光下曝晒4~5小时，使草中水分迅速蒸发降至40%左右，这时植物细胞死亡，呼吸停止。这个阶段一定要将草铺开、铺平，勤翻动，以加快水分蒸发，缩短晒制时间。第二阶段是使植物含水量降至14%~17%，抑制酶的活动,减少营养损失。植物中水分由40%降至14%～17%是一个较缓慢的过程,不能采用阳光曝晒,而应减少日晒,以免胡萝卜素大量损失。可采用堆小堆或移至通风良好的荫棚下逐渐干燥,此阶段要减少翻动,以免叶片大量脱落,造成营养损失。

青干草调制完毕后要及时堆垛,以免受到雨淋而降低青干草的营养价值。

调制干草过程中最重要的一点是防止雨淋,受雨淋的青干草易霉烂,适口性差甚至失去饲用价值。在雨水较多的地区调制青干草时,采用草架晒制,可减少营养损失。

84.安全贮存饲料的措施有哪些?

(1)要做好贮备地点的选择及准备工作　饲料贮存仓应选择在干燥、阴凉、通风的高燥地。存放前先进行封堵修补,以防漏、防晒、防鼠,冲洗干净以后再熏蒸消毒。饲料不能与地面、墙壁接触,必须准备好木板木架,用来撑隔饲料。

(2)要控制好温度、湿度和通风　气温低于10℃,霉菌生长繁殖缓慢;高于30℃,霉菌迅速繁殖。低温、低湿和通风良好可防止饲料发霉变质,有利于饲料贮存。一般要求饲料贮存仓的相对湿度小于60%,并保持良好通风,尽可能降低室内温度。

(3)要控制好饲料及原料质量。

(4)要及时进行杀虫灭鼠。

(5)可适当使用饲料防霉剂和抗氧化剂。

(6)饲料堆放及翻凉应符合要求　袋装贮存时,若气温高于10℃,堆码不应超过12包;若气温低于10℃,堆码不超过14包。散装贮存时,若水分含量小于13%,堆高应不大于4米,否则堆高不应大于2米。对贮存期长的饲料,应适当翻动,移凉,加强通风,摊开发热处,防止饲料自燃发热。

另外,一次配料不宜太多,饲料最好不要贮存太久,夏天以不超过1个月、冬天不超过3个月为宜。若需贮存较长时间,则遵循"推陈贮新"的原则,先用旧料,不可新料陈料混贮;贮存新料时,将旧料彻底清理干净,以免污染新料。

(7)要保证成品仓库的安全无事故管理　仓库安全无事故管理的基点应放在人上,单纯追求降低成本,无视安全,反而会付出更大的代价。

仓库的安全无事故管理,主要包括清洁、清扫、照明、采光、库内标志的设置、车辆防事故装置、地板防滑等。另外,还要坚持日常安全检查。防止各种灾害的发生同样也是很重要的,要限制吸烟;建立废品销毁制度;做好用电和照明设备的管理;制定紧急避难计划并进行避难训练。安全事故是件大事,必须人人都参加。

85.怎样利用鸡粪喂猪?

由于鸡消化道短,饲料中营养物质不能被充分消化吸收,鸡粪中剩余的营养物质较多。鸡粪的营养物质含量与鸡的生长时期和鸡的经济用途有一定关系。肉用仔鸡由于是高能高蛋白饲养,其粪便中营养物质含量较高,蛋鸡粪则含钙量很高。鸡粪的平均营养含量如下:以干物质计算,粗蛋白质27.8%、粗脂肪2.4%、无氮浸出物30.8%、粗纤维13.1%、灰分22.5%、钙3%、磷2%。鸡粪是一种营养价值较高的饲料,用鸡粪喂猪,价格低廉,可节省相当一部分的精饲料(主要是蛋白质饲料)。

鸡粪喂猪的方法主要有鲜喂、干喂、发酵饲喂、青贮饲喂和热喷饲喂等。

(1)鲜喂　除去新鲜鸡粪中的羽毛等杂质,不作任何处理,直接拌入饲料中饲喂。该方法省工、方便,但由于鲜鸡粪中的嗅味和病原微生物及某些有毒代谢产物的存在,会影响猪的采食量和健康,特别在夏季,更可能导致猪疾病、中毒的发生,故此法不宜提倡。

(2)干喂　将鸡粪除去杂质后,置于70℃条件下经24小时烘干,能杀灭病原微生物和消除臭味。喂前将鸡粪粉碎掺入饲粮中。晒干与烘干相似,只是养分损失较多。

(3)发酵饲喂　在新鲜鸡粪中,加入30%的干燥、粉碎的粗饲料和粉渣饲料,如草粉、酒糟、粉渣、糖渣等,搅拌均匀,使鸡粪含水量降至50%左右,装入缸、罐、窖、池、塑料袋等容器内进行发酵,及时检测其中的温度。当鸡粪温度上升到40℃时便开始翻拌,使其通风降温。经3次翻拌后使鸡粪的温度不超过45℃(冬季要注意保温)。3昼夜后,待鸡粪有浓厚的酒味或醋酸味时,便可打开容器口,将鸡粪取出晒干,或随取随封严。

(4)青贮饲喂　将青饲料铡碎,以20%~30%的比例掺入鸡粪中,为调节含水量和增加发酵的糖分,再加入适量优质粗饲料或糠麸等,一起拌均,使其含水量在60%左右,然后装入缸、罐、池、窖、塑料袋等容器内,封严。经45天后,鸡粪变成黄绿色浆状,并有酒香味时,便可使用。

(5)热喷饲喂　将含水16%以下的鸡粪装入压力罐内,密封后通入一定压力的蒸汽($3\sim3.5$千克/厘米^3),保持6~8分钟,然后骤然减压喷放,即可得到热喷的鸡粪。既可直接配料喂猪,又可晒干贮备,适口性好,消化率高。

鸡粪喂猪无论采用哪种饲喂方法,都要注意以下几点:

①鸡粪要经过适当处理后饲喂,以改善适口性,提高营养物质的消化率,减少有毒、有害物质对猪的危害。

②鸡粪中粗蛋白质含量高,但能量低,必须与一些高能量饲料如玉米、大麦、小麦等混合饲喂。鸡粪用量约占饲粮干物质的20%~40%。

③鸡粪的适口性相对较差,在饲喂时要逐步增加在饲粮中的含量,以免引起消化道疾病,同时适当减少青饲料的供给量,保证精料的摄入达到一定量。

86. 什么叫饲养标准？饲养标准是怎样产生的？

养猪的目的是为了用最少的饲料生产最多的猪肉，在科学养猪过程中，为了充分发挥猪的生产性能又不浪费饲料，必须对每头猪每天应给予的各种营养物质量规定一个大致的标准，以便实际饲养时有所遵循，这个标准就是饲养标准。饲养标准的制订是以猪的营养需要为基础的，所谓营养需要就是指猪在生长、肥育、繁殖等生理活动中每天对能量、蛋白质、维生素和矿物质的需要量。在变化的因素中，某一头猪的营养需要我们是很难知道的，但是经过多次试验和反复验证，可以对一类猪在特定环境和生理状态下的营养需要得到一个估计值，生产中按照这个估计值供给猪各种营养，这就产生了饲养标准。

饲养标准的内容主要包括能量指标，蛋白质水平、钙、磷、食盐及胡萝卜素含量，有些还包括了各种必需氨基酸、维生素和各种必要的微量元素的合理供应量等。目前有些饲养标准包括营养指标达 20 多种，力求营养的全价化。饲养标准的内容随着畜牧科学技术的发展，项目愈来愈多，愈来愈复杂，对微量元素的饲养效果更趋明显，有的把微量元素作为重要的添加剂。

猪的饲养标准很多，许多国家都有本国猪独特的饲养标准。各国的饲养标准，其内容不完全相同，但总的看来，基本上大同小异，所以国际间的饲养标准都可以相互参考，相互借鉴。我国猪的饲养标准详见附表。

87. 应用猪的饲养标准时要注意哪些问题？

(1) 饲养标准是来自养猪生产，又服务于养猪生产，生产中只有合理应用饲养标准，配制营养完善的全价饲粮，才能保证猪群健康并很好地发挥生产性能，提高饲料利用率，降低生产成本，获得较好的经济效益。所以，为猪群配合饲粮时，必须以饲养标准为依据。

(2)饲养标准的种类较多,在配合饲粮时应选择合适的饲养标准,满足相应猪的营养需要,并力求符合标准。

(3)饲养标准是根据许多试验研究结果的平均数据提出来的,而饲粮又是按大群猪的平均生产力来配合的,不可能符合每一个体的需要,而且饲料成分也有变化。此外,各种营养物质之间也存在着相互代替、相互制约的复杂关系。因此,在承认饲养标准与饲料营养价值表的科学性前提下,在生产实践中,要随时根据具体情况作具体调整,使配合饲粮的营养含量达到近似值即可。

(4)制定具体饲粮配方时,至少要满足猪对消化能、粗蛋白质、蛋白能量比、钙、磷、食盐、赖氨酸和蛋氨酸的需要量。

88. 用配合饲料喂猪有哪些好处?

配合饲料是指根据饲养标准科学地将几种饲料按一定比例混合在一起的营养全面的饲料。猪在生产过程中需要一定量的各种营养,但自然界中没有哪一种饲料能满足这个要求,用单一饲料喂猪的结果必然影响猪的生长,浪费饲料,减少经济效益;相反,饲用配合饲料不但能满足猪的营养需要,还能相对地降低饲料成本。配合饲料的优越性可概述如下:

(1)由于配合饲料是全价的,营养物质利用率高,可用最少的饲料获得最多的产品。

(2)配合饲料生产时,是将几种饲料混合使用,饲料之间营养物质相互补充,可以最合理地利用各种饲料,减少浪费,这对于一些资源贫乏的饲料如蛋白质饲料尤为重要。

(3)饲料配制时,可加入各种添加剂,可防止营养不足、过量和中毒现象,可以抑制病原微生物的生长,减少疾病发生,促进猪的生长,改善饲料利用率,提高胴体品质。用配合饲料喂猪与用单一饲料相比,料肉比前者为3.0~3.5:1,后者为4.0~4.5:1,甚至更高;死亡率前者在5%以下,后者常在10%~15%。

89.配合猪的饲粮时应遵守哪些原则?

(1)配合饲粮时应依据猪的饲养标准及饲料营养价值　饲养标准是配合饲粮的指南,饲料的营养价值是基础,查阅饲料营养价值表时要尽量选择接近本地区饲料的营养价值,以减少误差。

(2)必须满足猪对能量、蛋白质、维生素和矿物质的需要,对种猪还要注意到蛋白质的品质、必需氨基酸的平衡程度。

(3)注意饲粮体积,控制粗纤维含量　母猪饲粮体积可以较大些,使母猪有饱腹感,粗纤维含量可达10%左右,而种公猪、仔猪和肥育猪等要控制饲粮体积,以免种公猪形成草腹,仔猪、肥育猪能量摄入不足,影响生长。

(4)饲料要多样化　充分利用当地饲料资源,力求饲料品种多样化,使营养物质之间相互补充,提高利用率。

(5)饲料要质地良好,适口性好,严禁喂发霉变质、有毒有害的饲料。对于妊娠母猪更要注意。

(6)要考虑经济原则　在养猪生产中,饲料成本约占总成本的60%~70%,为了提高经济效益,降低饲料成本,应在满足猪营养需要的前提下,尽量选用价格低廉、来源广泛的饲料。

90.猪的配合饲料有哪些类型?

猪的配合饲料种类很多,按猪的类别可将配合饲料分乳猪料、幼猪料、肥猪料、哺乳母猪料、妊娠母猪料和公猪料等;按形态可将配合饲料分为粉料、破碎料、颗粒料、压扁料、膨化漂浮料及液体料等;按营养可将配合饲料分为添加剂预混料、浓缩料、混合料和全价配合饲料。

(1)添加剂预混料　把多种饲料添加剂按一定比例与定量载体混合制成,喂猪时,按说明加入基础饲粮中。

(2) 浓缩料　在添加剂预混料的基础上再加入蛋白质饲料。

(3) 混合料　多为养猪户利用,自家生产的能量饲料加入少量蛋白质饲料和矿物质饲料混合而成。

(4) 全价配合饲料　这种饲料根据科学配方,利用多种能量饲料、蛋白质饲料和饲料添加剂预混料配合而成,营养全面,比例适当,饲养效果好,经济效益高。

91. 各种饲料在猪的饲粮中应占多大比例?

不同饲料在猪饲粮中所占比例不同,同一种饲料在不同饲粮中所占比例也不尽相同。配合饲粮时应参考典型饲粮配方和实践经验灵活掌握。主要饲料种类在各种类型猪饲粮中搭配比例可参考表2-2。

表2-2　各类饲料在猪饲粮中的比例(%)

饲料类别	育成猪(2~4月龄)	后备成猪(4~8月龄)	兼用型肉猪(4~7月龄)	瘦肉型肉猪(4~6月龄)	妊娠母猪
禾本科籽实	36~60	35~50	35~55	35~55	30~50
豆科籽实	0~15	0~20	0~20	0~20	0~10
饼粕类	0~10	0~20	0~10	0~10	5~20
糠麸类	5~10	5~20	5~15	5~10	10~25
酵母	0~5	0~5	0~5	0~5	0~5
动物性饲料	3~10	2~10	2~5	3~8	1~5
草粉	1~5	1~5	1~5	1~5	1~7
石粉骨粉	1.5	1.5	1.5	1.5	1.5
食盐	0.5	0.5	0.5	0.5	0.5

92. 怎样设计猪的饲粮配方?

配合猪的饲粮首先要设计饲粮配方,有了配方,然后"照方抓药"。设计猪饲粮配方的方法很多,如四方形法、试差法、线性规划法、计算机法等。目前农村养猪户和小型猪场多采用四方形法或试差法,而大型猪场和饲料公司多采用计算机法。

93.怎样利用"四方形法"设计猪的饲粮配方?

此法简单易懂,一般在饲料种类不多及考虑营养指标较少的情况下采用。

(1)两种饲料的计算方法 如利用某一含粗蛋白质42%的浓缩蛋白饲料和含粗蛋白质8.6%的玉米,配制成含粗蛋白质16%的生长肥育猪饲粮。其计算步骤如下:

第一步:画一个四方形,在四方形中央写上所配饲粮的蛋白质含量16%。

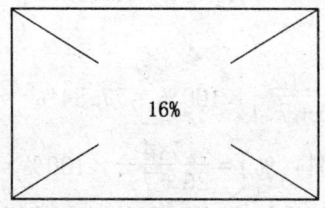

第二步:在四方形左上角,写玉米粗蛋白质的含量,即玉米8.6%;在四方形左下角,写浓缩饲料粗蛋白质含量,即浓缩料42%。

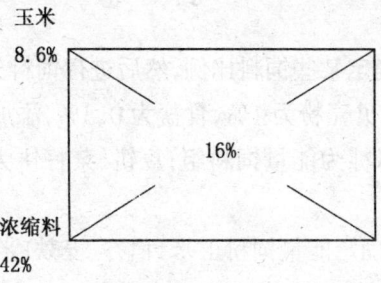

第三步：按四方形两对角线进行计算，用大数减去小数，并在计算过程中去掉百分号，即 42－16＝26；16－8.6＝7.4。把得数写在对角上。

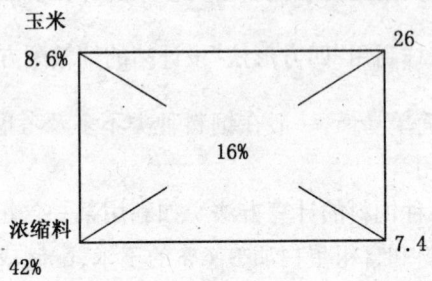

所以，右上角得数 26 是玉米在饲粮中所占的份数；右下角得数 7.4 是浓缩料在饲粮中所占的份数，总份数为 26＋7.4＝33.4。

第四步：把上一步的份数换算成百分比(％)。

即：

$$玉米(\%)=\frac{26}{26+7.4}\times 100\%=77.84\%$$

$$浓缩蛋白质饲料(\%)=\frac{7.4}{26+7.4}\times 100\%=22.16\%$$

(2)多种饲料的计算方法　两种以上的饲料可以先排除固定原料成分，然后把饲料分为两组进行计算。例如，利用玉米、稻谷、麦麸、米糠、豆饼、菜籽饼、进口鱼粉(含粗蛋白质 60.5％)、贝壳粉、食盐、添加剂，为生长肥育猪配制含粗蛋白质为 16％ 的饲粮。其计算步骤如下：

第一步：首先确定某些饲料比例，然后进行饲料分组。即确定鱼粉的比例为 2％，贝壳粉为 1％，食盐为 0.3％，添加剂为 0.7％；玉米、稻谷、麦麸、米糠为能量饲料组；豆饼、菜籽饼为蛋白质饲料组。

根据实际情况确定能量饲料玉米、稻谷、麦麸、米糠按 40：35：15：10 组成，并从《猪常用饲料营养成分表》中查到上述各种饲料

的粗蛋白质含量,即:

玉米(8.6%)占 40%
稻谷(8.3%)占 35%
麦麸(14.4%)占 15%
米糠(12.1%)占 10%
} 含粗蛋白质 9.72%

蛋白质饲料豆饼、菜籽饼按 60:40 组成,并查出粗蛋白质含量,即:

豆饼(43.0%)占 60%
菜籽饼(36.4%)占 40%
} 含粗蛋白质 40.6%

饲粮中未确定成分所占的比例为:

100% - 2% - 1% - 0.3% - 0.7% = 96%

饲粮中未确定成分应含粗蛋白质为:

(16% - 60.5% × 2%) ÷ 96% = 15.41%

第二步:把混合的能量饲料和混合的蛋白质饲料用四方形法计算,即:

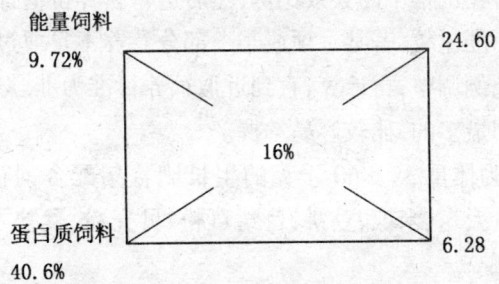

四方形右上角得数 24.60 是能量饲料在饲粮中所占的份数;右下角得数 6.28 是未确定比例的蛋白质饲料在饲粮中所占的份数。

第三步:把上列饲料换算成百分比,即:

能量饲料为:24.60 ÷ (24.60 + 6.28) = 79.66%

蛋白质饲料为:6.28 ÷ (24.60 + 6.28) = 20.34%

第四步：计算各种饲料在饲粮中的比例

玉米：40%×79.66%＝31.86%

稻谷：35%×79.66%＝27.88%

麦麸：15%×79.66%＝11.95%

米糠：10%×79.66%＝8.00%

豆饼：60%×20.34%＝12.20%

菜籽饼：40%×20.34%＝8.14%

进口鱼粉：2%

贝壳粉：1%

食盐：0.3%

添加剂：0.7%

94.怎样利用"试差法"设计猪的饲粮配方？

所谓试差法就是根据经验和饲料营养含量，先大致确定一下各类饲料在饲粮中的大致比例，然后进行营养价值计算，计算结果与饲料标准比较，若某一项或某一部分营养不足或过多，将相应部分饲料比例调整，再计算，直到近似饲养标准为准。这种方法是生产中使用最多的，比较容易掌握。

例：为体重 35～60 千克的生长肥育猪配合饲粮。可供饲料有：玉米、大麦、米糠、豆饼、苜蓿草粉、贝壳粉、食盐及各种饲料添加剂。

第一步：根据配料对象及现有的饲料种类列出饲养标准及饲料成分表，见表 2-3。

第二步：试制饲粮配方，计算出其营养成分。如初步确定各种饲料的比例为：玉米 39.5%、大麦 30%、米糠 16%、豆饼 8%、苜蓿草粉 4%、贝壳粉 1.5%、食盐 0.3%、添加剂 0.7%。饲料比例初步确定后可列出试制的饲粮配方及其营养成分表(见表 2-4)。

表 2-3　生长肥育猪饲养标准及饲料成分

(兆焦/千克,%)

项目	消化能	粗蛋白质	钙	磷	赖氨酸	蛋+胱氨酸	食盐
饲 养 标 准							
体重35~60千克	3.1	14	0.50	0.41	0.56	0.37	0.30
饲 料 成 分							
玉米	14.76	8.6	0.04	0.21	0.23	0.27	
大麦	13.18	10.8	0.12	0.29	0.42	0.28	
米糠	12.64	12.1	0.14	1.04	0.56	0.35	
豆饼	14.60	43	0.32	0.5	2.38	0.90	
苜蓿草粉	7.95	20.3	1.65	0.35	0.58	0.49	
贝壳粉			33.4				

第三步：补足饲粮中粗蛋白质含量。从以上试制的饲粮配方来看，消化能比饲养标准多 1.002 兆焦/千克，而蛋白质比饲养标准少 1.175，这样可利用豆饼代替部分玉米进行调整。从饲料成分表中可查出豆饼的粗蛋白质含量比玉米高 34.4%(43-8.6)。在这里，每用 1% 豆饼代替玉米，则可提高蛋白质 0.344%。这样，我们可以增加 3.416(1.175/0.344)豆饼来代替玉米就能满足粗蛋白质的饲养标准。第一次调整后的饲粮配方及其营养成分见表 2-5。

第四步：平衡钙磷，补充添加剂。从表 2-5 可以看出，饲粮配方中的钙多 0.176 3%，其他营养含量与饲养标准相差不多。这样可用 0.524 1%(0.763/0.336 4)的玉米代替贝壳粉，添加剂按药品说明添加。

这样经过调整的饲粮配方中的所有营养已基本满足要求，调整后确定使用的饲粮配方见表 2-6。

在配合饲粮时要求反复试差调整，直至近似饲养标准为止。用这种方法也可为其他生产目的和生理阶段的猪配合饲粮。

表 2-4　试制的饲粮配方及其营养成分表

(兆焦/千克, %)

饲料种类	饲料比例	消化能	粗蛋白质	钙	磷	赖氨酸	蛋+胱氨酸
玉米	39.5	14.48×0.395 =5.7196	8.6×0.395 =3.397	0.04×0.395 =0.0158	0.21×0.395 =0.0830	0.23×0.395 =0.0909	0.27×0.395 =0.1067
大麦	30	13.18×0.30 =3.9540	10.8×0.30 =3.240	0.12×0.30 =0.036	0.29×0.30 =0.0870	0.42×0.30 =0.1260	0.28×0.30 =0.0840
米糠	16	12.63×0.16 =2.0208	12.1×0.16 =1.936	0.14×0.16 =0.0224	10.4×0.16 =0.1664	0.56×0.16 =0.0896	0.35×0.16 =0.0560
豆饼	8	13.56×0.08 =1.0848	43×0.08 =3.440	0.32×0.08 =0.0256	0.5×0.08 =0.04	2.38×0.08 =0.1904	0.90×0.08 =0.072
苜蓿草粉	4.0	7.95×0.04 =0.318	20.3×0.04 =0.812	1.65×0.04 =0.0660	0.35×0.04 =0.0140	0.53×0.04 =0.0212	0.49×0.04 =0.0196
贝壳粉	1.5			33.4×0.015 =0.501			
食盐	0.3						
添加剂	0.7						
合计	100	13.0972	12.825	0.6668	0.3904	0.5181	0.3383
饲养标准	100	12.97	14.0	0.5	0.41	0.56	0.37
差数	0	1.002	-1.175	0.1669	-0.0196	-0.0419	-0.0317

表 2-5 第一次调整后的饲粮配方及其营养成分表

(兆焦/千克,%)

饲料种类	饲料比例	消化能	粗蛋白质	钙	磷	赖氨酸	蛋+胱氨酸
玉米	36.084	14.48×0.361= 5.227 3	8.6×0.361= 3.104 6	0.04×0.361= 0.014 4	0.21×0.361= 0.075 8	0.23×0.361= 0.083 0	0.27×0.361= 0.097 5
大麦	30	13.18×0.30= 3.954 0	10.8×0.30= 3.240	0.12×0.30= 0.036	0.29×0.30= 0.087 0	0.42×0.30= 0.126 0	0.28×0.30= 0.084 0
米糠	16	12.63×0.16= 2.020 8	12.1×0.16= 1.936	0.14×0.16= 0.022 4	10.4×0.16= 0.166 4	0.56×0.16= 0.089 6	0.35×0.16= 0.056 0
豆饼	11.416	13.56×0.114= 1.545 8	43×0.114= 4.902	0.32×0.114= 0.036 5	0.5×0.114= 0.057	2.38×0.114= 0.271 3	0.90×0.114= 0.102 6
苜蓿草粉	4.0	7.95×0.04= 0.318	20.3×0.04= 0.812	1.65×0.04= 0.066 0	0.35×0.04= 0.014 0	0.53×0.04= 0.021 2	0.49×0.04= 0.019 6
贝壳粉	1.5			33.4×0.015= 0.501			
食盐	0.3						
添加剂	0.7						
合计	100	13.065 9	13.994 6	0.676 3	0.400 2	0.591 1	0.359 7
饲养标准	100	12.97	14.0	0.5	0.41	0.56	0.37
差数	0	0.095 9	-0.005 4	0.176 3	-0.009 8	0.031 4	-0.010 3

表 2-6 最后确定使用的饲粮配方及其营养成分表

(兆焦/斤克,%)

饲料种类	饲料比例	消化能	粗蛋白质	钙	磷	赖氨酸	蛋+胱氨酸
玉米	36.608	14.48×0.366= 5.299 8	8.6×0.366= 3.147 6	0.04×0.366= 0.014 6	0.21×0.366= 0.076 9	0.23×0.366= 0.084 2	0.27×0.366= 0.098 8
大麦	30	13.18×0.30= 3.954 0	10.8×0.30= 3.240	0.12×0.30= 0.036	0.29×0.30= 0.087 0	0.42×0.30= 0.126 0	0.28×0.30= 0.084 0
米糠	16	12.63×0.16= 2.020 8	12.1×0.16= 1.936	0.14×0.16= 0.022 4	10.4×0.16= 0.166 4	0.56×0.16= 0.089 6	0.35×0.16= 0.056 0
豆饼	11.416	13.56×0.114= 1.545 8	43×0.114= 4.902	0.32×0.114= 0.036 5	0.5×0.114= 0.057	2.38×0.114= 0.271 3	0.90×0.114= 0.102 6
苜蓿草粉	4.0	7.95×0.04= 0.318	20.3×0.04= 0.812	1.65×0.04= 0.066 0	0.35×0.04= 0.014 0	0.53×0.04= 0.021 2	0.49×0.04= 0.019 6
贝壳粉	0.976			33.4×0.01= 0.334			
食盐	0.3						
添加剂	0.7						
合计	100	13.138 4	14.037 6	0.509 5	0.401 3	0.592 3	0.361

一般来说,试差标准与饲养标准相差不超过±5%即为近似饲养标准,结果计算值不可能也没有必要与饲养标准完全相同。

设计猪的饲粮配方除掌握方法外,还与生产实践经验有很大关系,我们要在饲养过程中不断总结经验,设计出符合猪要求的科学配方。

95.怎样利用"计算机法"设计猪的饲粮配方？它有哪些优点？

随着电子工业的发展,电子计算机也被广泛应用于饲粮配方设计之中。利用电子计算机设计饲粮配方,其原理是把饲粮配方设计的计算抽象为简单目标线性规划问题,饲粮配方设计过程,就是求解相应线性规划问题最优解的过程,即利用高级计算机算法语言编出程序,将饲粮配方问题抽象成线性规划模型后,准确适当地列出输入数据,相应利用各种微机和程序求解。在实际生产中,人们可以利用电脑公司提供的计算机软件设计饲粮配方。与一般方法相比,用电子计算机设计饲粮配方有以下优点：

(1)可以满足猪所有营养物质的需要　利用手工设计,只能确定几种主要技术指标,计算简单的饲粮配方。使用电子计算机后,利用线性规划和计算机语言,可以将猪饲养标准中规定的所有指标——满足,使全面考虑营养与成本的愿望变为现实。

(2)操作简单,快速及时　利用计算机设计饲粮配方,全部计算工作都由计算机完成,且速度相当快,仅需几分钟。计算内部程序固定化,操作起来极为简单。

(3)可计算出高质量、低成本的饲粮配方　利用计算机设计出来的饲粮配方都是最优化的,它既保证原料的最佳配比,又追求最低成本,这样可充分利用饲料资源,提高饲料转化率,获取最大的经济效益。

(4)提供更多的参考信息　计算机不仅能设计饲粮配方,还具有进行经济分析、经营决策、生产管理、市场营销、信息反馈等多种非常重要的作用。

当然,再先进的电子计算机也仅是一种为人类服务的工具,并不是万能的,要设计出好的饲粮配方,还必须掌握营养科学、饲料学原理,且具有丰富的实践经验。

96.配合饲粮时,怎样把多种饲料拌和均匀?

饲粮使用时,要求猪所吃的每一部分饲料所含的养分都是均衡的、相同的,否则将会使猪产生营养不良、缺乏症或中毒现象,即使你的饲料配方非常科学,饲养条件非常好,仍然不能获得满意的饲养效果。因此,必须将饲料搅拌均匀,以保证猪的营养需要。饲料拌和有机械拌和和手工拌和两种方法,只要使用得当,都能获得满意的效果。

机械拌和,采用搅拌机进行。常用的搅拌机有立式和卧式两种。立式搅拌机适用于拌和含水量低于是14%的粉状饲料,含水量过多则不易拌和均匀。这种搅拌机所需动力小,价格低,维修方便,但搅拌时间较长(一般每批需10~20分钟),适于养猪专业户使用。卧式搅拌机在气候比较潮湿的地区或饲料中添加了粘滞性强的成分(如油脂)的情况下,都能将饲料搅拌均匀。该机搅拌能力强,搅拌时间短,每批约3~4分钟。主要在一些饲料加工厂和大型猪场使用。无论使用哪种搅拌机,为了使搅拌均匀,都要注意适宜的装料量,装料过多或过少都会使均匀度无法保证,一般装料容量以60%~80%为宜。搅拌时间也是关系到混合质量的重要因素,混合时间过短,质量肯定得不到保证,但也不是时间愈长愈好,搅拌过久,使饲料混合均匀后又因过度混合而导致分层现象,同样影响混合均匀度。时间长短可按搅拌机使用说明进行。

手工拌和:是家庭养猪时饲料拌和的主要手段。拌和时,一定要细心、耐心,防止一些微量成分打堆、结块,拌和不均,影响饲用效果。

手工拌和时特别要注意的是一些在饲粮中所占比例小,但会严重影响饲养效果的微量成分,如食盐和各种添加剂,如果拌和不均,轻者影响饲养效果,严重时造成猪产生疾病、中毒,甚至死亡。对这类微量成分,在拌和时首先要充分粉碎,不能有结块现象,块状物不能拌和均匀,被猪采食后有可能发生中毒。其次,由于这类成分用量少,不能直接加入大宗饲料中进行混合,而应采用预混合的方式。其做法是:取10%~20%的精料(最好是比例大的能量饲料,如玉米面、麦麸等)作为载体,另外堆放,然后将微量成分分散加入其中,用平锹着地撮起,重新堆放,将后一锹饲料压在前一锹放下的饲料上,即一直往饲料堆的顶上放,让饲料沿中心点向四周流动成为圆锥形,这样可以使各种饲料都有混合的机会。如此反复3~4次,即可达到拌和均匀的目的,预混合料即制成。最后再将这种预混合料加入全部饲料中,用同样方法拌和3~4次即能达到目的。

手工拌和时,只有通过这样拌和,才能保证配合饲粮品质,那种在原地翻动或搅拌饲料的方法是不可取的。

97. 生料喂猪有哪些好处?

我国农村有将饲料煮熟喂猪的习惯,认为饲料煮熟后能提高饲料营养价值,有助于猪的消化。

其实煮熟喂猪仅对某些饲料有好处,如将土豆煮熟可大大提高消化率和营养物质的利用率,对大豆、泔水等煮熟可消除其中的有害物质,从而提高饲料消化率和保证猪的健康。但是,对大部分饲料,煮熟不但对提高饲料消化率无益,反而会降低饲料营养价值,甚至产生有毒物质。因此必须改熟饲为生饲,生料喂猪大有益处。

(1)生饲可保证饲料中原有的养分不被破坏。饲料中维生素在热处理的情况下会被破坏,减少了猪维生素的供应,特别是在青饲料煮熟的同时,而在饲料中又不使用维生素添加剂的情况下,更易使猪产生维生素缺乏,影响猪的生长和繁殖;饲料中蛋白质在高温作用下发生变性,降低了猪对饲料蛋白质的消化率。而生饲时不会发生这些情况。

(2)生料喂猪可以减少某些中毒现象的发生。青饲料在煮熟、焖制的情况下,会产生大量亚硝酸盐,猪大量采食这种饲料后,血液运输氧气能力降低,发生中毒,而生喂不会出现这种现象。因此,青饲料一定要生喂。

(3)饲料生喂可以节省劳力和燃料,降低饲养成本,提高经济效益。在饲料煮熟过程中,需要消耗一定量的燃料,增加设备和人力的投入,提高了养猪成本,而生料喂猪却无需这些投资,使经济效益得到提高。

一般来说,能量饲料、青饲料以生饲为佳。对于习惯于熟食喂猪的地区,由熟饲改为生饲时,要逐步进行,使猪有个适应过程,否则会使猪肠胃产生疾病。

98. 猪喂稀食好还是喂干食好?

喂猪时选择适宜的料型,对提高饲料消化率,保证猪摄入足够营养物质,促进生长,具有很重要的意义。

稀食是用一定量的饲料和水混合而成的,料水比例常在1:4以上。由于其中水分过多,使猪不能摄入足够的营养物质,同时饲料中过多的水又妨碍猪对饲料的咀嚼,冲淡了消化液,使饲料中的营养物质利用率降低,大量的水又增加了猪体的负担,特别是在冬季,过多的水进入体内需要浪费大量的热量使之升温,从而影响了猪的生长和繁殖。

喂干饲料就是指将粉碎后配制好的干粉料或颗粒料直接喂猪,让猪自由采食,自由饮水,这样,猪在采食干料时,咀嚼饲料时间延长,同时在肠道内停留时间延长,有助于消化液的渗入,提高了营养物质的消化率,饲料报酬得到改善。

家庭养猪时,在饲料用量不大的情况下,为了利于猪的采食,减少饲料浪费,也可以采用湿拌料或稠粥料,即把精料与打成浆或切碎的青绿多汁饲料混拌在一起,或把干粉料加入一定量的水分,料水比例为 1∶0.5～3。当然,每次拌和量不宜过多,以一次采食完毕为好,尤其在夏季要特别注意,以免饲料变质。

99. 喂猪为什么要定时定量?

对猪实行定时定量饲喂,是保证猪安静采食、增强食欲、提高饲料利用率的有效方法。

定时,就是合理安排并固定猪在一天内的采食时间,使猪养成一种条件反射,到了采食时间就产生强烈的采食欲望,促进消化液的分泌达到高峰,有助于消化道蠕动和食物的消化吸收,维持胃肠道机能正常;相反,如果不定时饲喂,喂饲的顿数忽多忽少,饲喂时间忽早忽晚,就会影响猪的食欲和消化道分泌足量的消化液,使饲料利用率降低,长期如此,还会导致胃肠道疾病的产生。

仔猪每天喂 4～6 顿为好,母猪和肥育猪每天喂 3 顿,分早、中、晚进行,每天喂的次数既不能过多,也不宜过少。次数过多,影响猪的休息;次数过少,使猪营养物质摄入不足,影响猪的生产力,同时还使猪群出现争食和斗殴现象。

定量,就是指喂猪不但要定时,每顿的喂量还要相对固定,一般以猪喂饱后在食槽中不剩食,同时猪也不舔食猪槽为标准,这个量经饲养员几次观察试验后即可掌握。定量饲喂可减少饲料浪费,提高饲料消化率。过度饱食,会使猪胃肠道机能紊乱,甚至产生胃肠炎;而采食不足,会影响猪的生长。

定量也不是固定不变,而是要根据猪群的生理状况、饲料品质和气候条件等不断变化,经常作出适当调整,以避免饲料浪费,维持猪的正常生理机能。定量饲喂,还便于通过观察猪的采食情况,随时了解猪群的健康状态,以便对一些疾病作出及时诊疗。

猪的食欲一般以晚上最为旺盛,且夜间维持时间长,应多喂些,约占全天供食量的40%~50%。午间,特别是在夏季,猪的食欲差,喂量不宜过多,以免剩料导致变质。

100. 什么叫饲料报酬？怎样计算？

所谓饲料报酬是指在养猪生产中投入单位重量的饲料所获得的产品(猪肉)的多少。饲料报酬多用于肉猪生产,它是衡量肉猪生产经济效益的重要指标,它标志着猪利用饲料的能力,也是检查饲料营养水平、猪种优劣以及制定各项生产指标的依据。在肉猪生产中,我们总希望饲料报酬高一些。我国常用料肉比来衡量养猪的饲料报酬,料肉比比值越小,饲料报酬越高。

$$料肉比 = \frac{某一时期所耗的饲料量}{同一时期体重的增重量}$$

料肉比表示要消耗多少千克饲料才能获得1千克体增重。例如:体重由于30千克增加48千克这一时期共消耗饲料72千克,由公式可知该猪在这一阶段的料肉比是 $72/(48-30)=4:1$。

101. 什么叫消化能？什么叫卡、大卡、兆卡、千焦、兆焦？

猪的一切生理活动,如呼吸、循环、吸收、排泄、繁殖和体温调节等都需要能量,而能量来源主要是饲料中的碳水化合物、脂肪和蛋白质等营养物质。饲料中各种营养物质的热能总值称为饲料总能。饲料中的营养物质在猪的消化道内不能全部被消化吸收,不能消化的物质随粪便排出,如粗纤维、少量蛋白质等,因而粪便中也含有能量,食入饲料的总能量减去粪中的能量,才是被猪消化吸收的能量,这种能量称为消化能。食物在肠道消化时还会产生以甲烷为主的气体,被吸收的养分有些也不能被利用而以尿中的各种形式排出体外,这些气体和尿中排出的能量未被猪体利用,饲料消化能减去气体能和尿能,余者便是代谢能。在猪饲养标准中,能量需要多以消化能表示,当然有时也用代谢能。营养学中所采用的能量单位是热化学上的卡,在生产中为了方便起见,常用大卡(千卡),或兆卡来表示,目前已改用千焦、兆焦作为能量单位。1毫升水由 14.5 ℃升高到 15.5 ℃所需要的热量称为 1 卡。

1 大卡(千卡)=1 000 卡

1 兆卡=1 000 大卡

1 千卡=4.184 千焦

1 兆焦=1 000 千焦

三、仔猪的培育

102. 猪的类群是怎样划分的?

在养猪生产中,为了根据猪群特点进行科学饲养,并有利于管理,可对不同年龄、体重、性别和用途的猪划分为如下类群:

(1)哺乳仔猪 指初生到断乳前的仔猪。

(2)育成猪 指断乳到 4 月龄留作种用的幼猪。

(3)后备猪 指生后第 5 月龄到开始配种以前留作种用的猪。公的叫后备公猪,母的叫后备母猪。

(4)种公猪 凡已参与配种的公猪,统称为种公猪。

(5)种母猪 凡已配种产仔的母猪,统称为种母猪。

为了不断提高猪群质量,留作种用的猪需经多次审查鉴定,符合标准后才能最后转入基础群,所以一般又将公、母猪较细致地分成以下类群:

检定公猪:指 1 岁左右已参加配种的公猪。

基础公猪:指经检定合格的 1 岁半以上的公猪。

检定母猪:指 1 岁左右,产仔 1~2 胎的母猪。

基础母猪:指经检定合格的 1 岁半以上的母猪。

(6)肥育猪 专门来生产猪肉的猪,统称为肥育猪。根据肥育方式和肥育阶段不同,又可划分为如下类群:

小克郎猪:一般指断乳到 4~5 月龄已去势的幼猪。

大克郎猪:也叫架子猪,一般指从生后 5 月龄到催肥前(7~8 月龄或更大些)的去势公、母猪。

肥猪:是指出栏前1~2个月的催肥猪。

103. 仔猪有哪些生理特点?

仔猪的生理特点,概括地说,就是生长发育快和生理上的不成熟性。

(1)生长发育快,物质代谢旺盛　仔猪出生时,一般体重只有1千克左右,还不到成年体重的1%,而10、30、60日龄时的体重分别达到出生重的2倍、5~6倍、10~13倍或更多。

仔猪出生后的快速生长,是以旺盛的物质代谢为基础的。据测定,20日龄的仔猪,每千克体重每天要沉积蛋白质9~14克,而成年猪只沉积0.3~0.4克,相当于成年猪的30~35倍。所需的能量、矿物质等都高于成年猪。因此,仔猪对营养不全反应敏感,需供给仔猪全价平衡日粮。

(2)消化器官不发达,消化机能不健全　仔猪出生时消化器官的相对重量和容积都较小,均未发育完善,导致消化腺分泌及消化机能的不健全。如初生仔猪胃内主要含凝乳酶,胃蛋白酶很少,分泌的胃酸中缺乏游离的盐酸,一般需在35~40日龄时,随着盐酸分泌量的增多,胃蛋白酶才具有消化能力,才可利用植物性蛋白质饲料。

由于仔猪消化器官和消化机能还不完善,所以它对饲料质量、形态、饲喂方法和次数等方面的要求与成年猪不同。

(3)缺乏先天免疫力,容易得病　仔猪在胚胎期间由于母猪血管和胎儿脐血管等天然屏障的阻隔,不能从母猪血液中获得免疫抗体,故仔猪出生时没有先天免疫力,只有吃到初乳后,从初乳中得到母源抗体,并逐步由自身产生抗体后才获得免疫力。一般仔猪从10日龄开始自身产生抗体,但30~35日龄前数量还很少,10~30日龄时,是仔猪免疫力抗体的青黄不接阶段,这阶段由于仔猪已开始吃食,而胃液中又缺乏游离的盐酸,对随饲料、饮水进入胃内的病原微生物缺乏抑制作用，因此这段时期仔猪最易下痢、得病。

(4)调节体温的机能不健全，对寒冷的适应能力差　初生仔猪，特别是出生后1周内，由于皮层较薄，被毛稀疏，皮下脂肪又少，限制了物理性调节温度的作用，再加上大脑发育不健全，不能协调体温的化学性调节。因此，仔猪调节体温的能力十分有限，往往不能维持正常的体温，对寒冷的环境适应力差，易被冻僵、冻死，固有"小猪怕冷"之说。加强对初生仔猪的保温工作，是养好仔猪的特殊护理要求。

104．哺乳期仔猪死亡原因有哪些？

仔猪出生后，生活环境与生活条件发生了巨大变化，如果饲养管理不当，对仔猪护理不周，就会引起仔猪死亡。据报道，仔猪从初生到断乳，死亡率常达10%～25%。综合分析其死亡原因，主要有以下几个方面：

(1)出生死亡　大部分由于分娩异常或遗传因素所造成。在正常情况下，仔猪出生后，脐带可以随仔猪的活动伸长到一定范围，几分钟后脐带自然断裂。有时，仔猪出生时脐带围绕仔猪颈部，造成死胎或生后即死。也有时因仔猪于产道内过早呼吸，因缺氧而死。有人观察，当分娩时间超过8小时，有8%的仔猪发生死亡，如在1～3小时产完，则为正常。

为了缩短分娩时间，应加强对妊娠母猪的饲养管理，不使母猪过肥或过于瘦弱；要适当地补饲矿物质或维生素饲料；注意母猪的适量运动，以增强母猪的体质。

当公、母猪近亲交配时，常会导致仔猪先天不足或畸形，也是造成仔猪死亡的重要因素。此外，公、母猪的隐性致死、半致死基因或母猪感染某些疾病，也可导致死胎、弱胎。

(2)仔猪能量代谢失常死亡　常见有以下几种：

①低血糖:仔猪出生后24～28小时表现正常,以后发生颤抖、萎靡、停止吮乳,如遇惊动时,发出微弱的尖叫声,断而转入昏迷,24～36小时内死亡。测定血糖含量,每100毫升血液中只有30～60毫克,而正常值是99～131毫克。

②血液中的高浓度乳酸:初生仔猪血液中的乳酸浓度为32～40毫克/100毫升,在死胎猪的血液中可高达159毫克/100毫升。

③内分泌因素:由于寒冷或甲状腺素、肾上腺素的活动,仔猪大量释放胰岛素,干扰了体液平衡,或造成甲状腺机能亢进,也能造成仔猪死亡。

(3)仔猪下痢　仔猪下痢多见于5～7日龄,10～20日龄间亦有发生,是造成仔猪死亡的重要因素。

①乳汁不正常

奶水不足或品质差:在贫乏饲养条件下,由于饲料品质低劣,或饲料量不足,能引起仔猪下痢。由于奶水不足,仔猪经常处于半饥饿状态,从而到处寻找其他东西充饥,造成下痢。

乳汁过浓,脂肪含量高:仔猪食后不易消化,引起仔猪下痢。这多半因母猪饲料过浓,或缺乏维生素和矿物质所致。

乳质突变:经验证明,当母猪饲料突然改变时,会造成乳汁质量的变化,大部分仔猪随即下痢。

②贫血性下痢:母猪乳汁中缺乏铁质等微量元素,常会造成仔猪的食欲减退,生长停滞,出现异嗜,被毛蓬乱,皮肤和黏膜苍白,严重时下痢死亡。

为此,对初生仔猪应适当补充硫酸铜和硫酸铁溶液。经常在小猪活动的地方放置一些红土,任其自由采食。也可以少量喂以0.25%的硫酸亚铁与0.1%的硫酸铜混合液。每天喂1～2滴,或涂于母猪乳头上。

③天气骤变或圈舍潮湿:实验证明,天阴凉或下雨后,仔猪由于受寒,常常发生下痢。圈舍潮湿,不换褥草,环境卫生不良,也是

造成下痢的重要原因之一。

④猪场内有传染性下痢的病史,忽略了必要的消毒措施,使致病的大肠杆菌长久存在于猪圈内,如遇条件变化,随即侵袭仔猪,造成仔猪黄痢、白痢等细菌性下痢。

⑤补料不当,也会造成仔猪下痢。一般多见于15~20日龄,但病程短,恢复快,对仔猪影响不大。

(4)仔猪的水肿病 初生仔猪皮下水肿或浆液过多造成死亡的数量不少,有人说是溶血性大肠杆菌所致,也有人说是由于碘的缺乏引起。实际上低蛋白血是造成水肿的另一种潜在因素。改善饲粮的粗蛋白质水平,有时也会收到良好的效果。

105. 怎样提高仔猪的初生重?

(1)选好种母猪 众所周知,"母大仔壮",说明种母猪应该体质健壮,在同一品种猪群中个体较大。这样的母猪在怀孕期,可以更多利用饲料中的营养物质,保证胎儿生长需要。也有人说,要选择体躯长的母猪,因为体躯长的母猪,腹内空间大,使胎儿的胎盘充分伸展。

选择母猪,还包括遗传上的选择。虽然仔猪初生个体重的遗传力很低,企图通过选择的途径来提高,效果较差,但也不能放弃选种的作用。首先是要从产仔多、初生重大的仔猪窝中选择发育好、乳头多、体型好的仔猪作种用。这些猪的祖先还应具有多产仔性能,对个体的乳头也有要求,如有效乳头必须在6~7对,不可过少;乳头之间有一定间隔,而且排列整齐;没有副乳头、窝乳头和发育不良的乳头。

母猪生产一胎后,应再选择其产仔性能、泌乳力和哺育性能等。

母猪要有良好的母性,要求会带仔猪,并能带好仔猪。母猪要有良好的泌乳能力,保证泌乳。而一经断乳后,复膘要快。

(2)加强妊娠母猪的饲养管理 饲养妊娠母猪,应按妊娠时间实行阶段饲养。既要保证母猪从饲粮中获得充分的营养物质,又不使妊娠母猪过于肥胖。母猪在妊娠期,按饲养标准供给能量和蛋白质是必要的,供给足够的维生素和微量元素也不可忽视。

(3)杂交繁育 生产实践证明,不同品种或品系间杂交,可以提高仔猪的初生重和生活力,同时也可增加产仔数。

106.怎样护理好初生仔猪?

一般母猪产活仔猪数为10头左右,而断乳成活数多在7~8头。在整个哺乳期死亡2~3头,其中死于生后一周内的占死亡数的60%左右。死亡的主要原因是冻死、压死、饿死和下痢死亡。因此,仔猪生后一周内的主要管理工作是保温防压,使仔猪吃足初乳,固定好乳头,及时补铁,并解决好母猪无奶、寡产、死亡和多产仔猪等一些问题。

(1)吃足初乳,固定乳头 母猪产后几天所分泌的乳汁叫做初乳。初乳中含有丰富的蛋白质、维生素和免疫抗体、镁盐等,具有轻泻作用,能促使胎粪的排除。初乳中的营养物质在小肠内几乎能全部吸收,如果仔猪吃不到初乳则很难成活,所以初乳的作用是常乳无法取代的。

初生仔猪开始吃乳时,常互相争夺乳头,强壮的仔猪往往占据前边奶水充足的乳头,并且有固定乳头吃奶的习性,一旦固定下来,一般到断奶都不更换。为保证全窝仔猪都能均匀发育,可用人工固定乳头的办法,把初生重小,发育较差的仔猪固定在前边几对奶水多的乳头上,这样既可以减少弱小仔猪的死亡,使全窝仔猪发育匀称,又可以防止因仔猪争夺乳头而互相咬架或咬伤母猪乳头。如果仔猪少,乳头多,可让仔猪允食两个乳头的乳汁,既有利于仔猪,又不留空乳头,利于母猪乳腺的发育。如果仔猪多,乳头少,可采取找"保姆"猪的办法,把多余的仔猪寄养出去。

(2) 保温预寒, 防止压死、压伤　冬、春季分娩的仔猪死亡的主要原因是冻死或被母猪压死。仔猪的适宜温度是: 生后 1~3 日龄 30~32 ℃, 4~7 日龄 28~30 ℃, 15~30 日龄 22~25 ℃。保温措施很多, 可根据各地具体条件因地制宜。如调节产仔季节, 避开寒冷季节产仔; 北方如采取全年产仔制, 应设产房, 堵塞风洞, 增设红外线灯等供热设备, 加铺垫草, 保持栏舍干燥等。

由于初生仔猪活动不灵活, 如母猪体大笨重, 行动迟缓, 产后疲倦, 或母性较差等常易压死仔猪。防护措施有: 保持舍内适宜温度, 防止仔猪因为怕冷爱钻到母猪肚皮底下或垫草堆内而被母猪压死; 在产后一周内加强看管, 特别是母猪吃食或排泄后回去躺卧时要留心; 保持环境安静, 避免突然音响使母猪受惊而踩压仔猪; 可在猪圈内一侧或一角设置护仔间或护仔栏架, 让母猪隔开睡觉。

(3) 及时补铁, 滴喂稀盐酸和胃蛋白酶　从仔猪生后 1~2 天起开始补铁。方法有: 每头肌肉注射 150 毫克铁制剂; 口服铁制剂或涂于母猪乳头上, 让仔猪吮食; 在 2~3 日龄内, 每头仔猪口服 1~2 滴 0.5% 的稀盐酸和胃蛋白酶, 以避免仔猪贫血, 增强仔猪的消化机能和防病能力, 提高其断奶体重。

(4) 做好防病工作　主要是预防仔猪下痢。仔猪下痢多发于生后 3~7 日龄间, 尤以 7 日龄以内拉黄痢最为严重, 死亡率较高。引起的原因比较复杂, 如天气骤变, 气温变化大; 乳汁过浓, 脂肪含量过高不易消化; 母猪饲料突然变化引起乳汁改变; 栏舍潮湿, 不卫生; 供水不足或饮脏水、尿液等等。应根据致病原因及早采取预防、治疗措施。

107. 怎样给初生仔猪固定乳头?

(1) 人工辅助固定　当仔猪个体间差异不大, 有效乳头足够时, 生后 2~3 天绝大多数能自行固定乳头吮乳, 不必人为干涉。如果个体间体重差异大, 应把个体小的放在前 3 对乳头吮乳。因为前面的乳头泌乳量高。方法是把母猪后躯垫高些,使前躯低些,因为初生仔猪有"向高性",这样体大的仔猪先去占领后躯的几对乳头,人工辅助个体小的仔猪放在前几对乳头吮乳,这样两天后就能固定好。

(2)完全人工固定　从仔猪出生后第一次吮乳开始人工固定。用橡皮膏贴到仔猪身上,写上它所固定的乳头顺序号,仔猪吮乳时人为控制,不允许串位。并把多余乳头用胶布贴住封严,仔猪很快按固定乳头吮乳,不会抢乳头。

108. 仔猪生后奶不够吃怎么办?

(1)找"保姆"猪　如果母猪的活产仔数超过乳头,可选择产仔期相近(一般不超过2天)、产仔少、泌乳力强的母猪为"保姆"猪,将部分仔猪送于"保姆"猪寄养。

(2)人工补乳　找不到"保姆"猪时,可人工补乳。其方法是:用易消化、营养与母乳相似的原料配制成代乳品,将代乳品装放容器内,安上假乳头,引诱仔猪哺乳,或装入特制的容器内,诱其饮用。常用的代乳品配方有:

①新鲜牛奶或羊奶1 000毫升,葡萄糖或蔗糖60克,硫酸亚铁2.5克,硫酸铜和硫酸镁各20克,碘化钾0.02克,煮沸后冷却至50℃时,打入鸡蛋1个,加入鱼肝油1毫升,土霉素粉0.5克,多维素0.1克,搅均后,立即补乳。

②炒小麦粉50%,炒大豆粉17%,淡鱼粉或蚕蛹粉12%,脱脂奶粉10%,酵母粉4%,胃蛋白酶1%,葡萄糖或蔗糖4%,骨粉1%,食盐0.5%,微量元素0.5%,补饲时用热水调成乳状,滴1~2滴鱼肝油、稀盐酸,加入适量胃蛋白酶、多维素、氯霉素。

③乳豆500克,淡鱼粉或蚕蛹粉100克,酵母粉50克,葡萄糖或蔗糖粉100克,胃蛋白酶5克,生长素10克,氯化胆碱1克,乳康生5克,多维素1克,温水2 000毫升,打入鸡蛋1个,滴入鱼

肝油7~8滴、稀盐酸2~3滴，混匀后即补用。

代乳品补乳的时间和数量是：开始每1~2小时一次，每次40~50毫升；5天后每3小时一次，每次250毫升，晚上2~4小时一次，每次50~300毫升。补乳时要根据仔猪哺乳规律，采用少给勤补的办法，保证补乳容器及假乳头的清洁卫生，保持人工乳适宜的温度。

109. 怎样做好初生仔猪的寄养工作？

如果母猪产后无奶或因故死亡，或活产仔数超过乳头，这时需要进行仔猪的寄养。在仔猪寄养过程中容易出现两个问题，必须解决好。

第一种情况是寄养仔猪不吮"保姆"猪的乳头。这种情况常发生于仔猪出生数日后的寄养。解决的办法是把寄养仔猪隔离母乳2~3小时，等到仔猪感到非常饥饿时，就会自己寻找"保姆"猪的空余乳头吮乳。但也有宁死不吮"保姆"猪乳的仔猪，这样可强制其吮乳，即当"保姆"猪放奶时，把"保姆"猪空余乳头放在仔猪嘴里，挤乳给仔猪吃，重复数次后，仔猪吃到了甜头，就会自动吮乳。

第二种情况是"保姆"猪不让寄养仔猪吮乳。解决的办法是把"保姆"猪产仔时的胎衣、羊水或垫草、尿液擦在仔猪身上；也可把"保姆"猪亲生的仔猪与寄养仔猪放在一起2~3小时；还可以用少量白酒或酒精喷入母猪鼻孔和仔猪身上。以上三种方法都能干扰母猪嗅觉辨别能力。

110. 怎样给仔猪补料？

搞好仔猪补料，是提高仔猪成活率、断奶体重的重要一关，是提高母猪繁殖力、两年产5窝的有效措施之一。那么怎样给仔猪补料呢？

(1) 要提早补料 因为母猪的泌乳量在产后3周达到高峰，以后逐渐减少,而仔猪随体重的增长对营养的需求不断增加,如果不及时补料,就会阻碍仔猪的生长发育,因此要提早给仔猪料。一般从7~10日龄开始引食,以便母猪泌乳量下降时仔猪能习惯按顿吃料。

(2)要采用适宜的方法

①设补料间或补料栏。补料间或栏内要清洁卫生,光照充足,温度适宜,内设长、高适宜的料槽;补料栏要靠近母猪食槽,出入口多,母猪进不去。

②诱导仔猪采食。仔猪6~7日龄后开始长牙,牙床发痒,这时仔猪爱拱咬地面上的东西,特别喜欢咬垫草、食槽等较坚硬的东西,可以利用这一特点来诱导仔猪开食。方法是在补饲间或栏内地面上撒一些炒得焦香的熟玉米、熟高粱、熟小麦等让仔猪拱食,2周龄后逐渐换成配合饲料。

(3)要合理配制饲料 根据仔猪的生理特点和需求来合理配制饲料,是提高补料效果的物质基础。饲料要香甜适口,营养全面,品种稳定,容易消化。

(4)要合理饲喂 为使仔猪消化道有规律地活动,促进消化液的分泌,提高仔猪的消化力,要采取定时定量的办法来补料。一般每天5~6次,每次以槽底不剩料、下次仍保持旺盛食欲为标准。饲料以干粉料、颗粒料为好。

(5)要注意饮水 为帮助仔猪消化乳脂和饲料,防止口渴喝污水,从仔猪3~5日龄起,水槽内要保持有清洁的饮水,让仔猪自由饮用。水槽要经常洗刷,保持清洁卫生。

111. 怎样给仔猪配料?

若补料顺利,仔猪在3周龄即开始大量采食饲料,这时仍用玉米或高粱粒等谷类饲料,就不能满足仔猪对各种营养的需要,必须改用全价配合料。配合料要求是高能量、高蛋白质、营养全面、适口性好、容易消化。具体配合要求是：能量高，每千克配合料含消化能12.97兆焦以上，糠麸类占配合料的比例在10%以内，粮饼类和动物性饲料占90%左右；蛋白质水平要高，品质要好，配合料中粗蛋白质含量不低于18%，即配合料中要有20%饼类和5%～8%的动物性饲料（鱼粉、血粉、蛹粉等）；配合料应包含1.5%的贝骨粉（贝粉占2/3，骨粉占1/3）和0.3%～0.5%的食盐。配合料中掺入复合维生素和微量元素添加剂能显著提高增重和饲料利用率。下列饲粮配方（见表3-1）可供参考。

表3-1 仔猪饲粮配方

饲料种类 \ 饲粮编号	1	2	3	4	5	6	7
全脂乳粉	20.0	20.0		13.5			
脱脂乳粉			10.0				
玉米面	15.3	11.0	43.5	13.0	59.0	54.3	59.5
小麦面	28.2	20.0		22.0			
高粱面		9.0	10.0	10.0	10.0	7.8	6.2
小麦麸			5.0			6.0	5.0
秣食豆草粉					1.5		
豆饼粉	22.0	18.0	20.0	20.0	21.0	21.0	23.7
鱼粉	8.0	12.0	7.0	12.0	7.5	8.3	3.3
酵母粉	4.0	4.0	2.0	4.0			
白糖		3.5		3.5			
碳酸钙	1.0	1.5	0.1	1.5		0.3	0.45
磷酸钙							0.65
食盐			0.4			0.3	0.4
淀粉酶	1.0	0.2					
胃蛋白酶		0.3					

续表

饲料种类 \ 饲粮编号	1	2	3	4	5	6	7
胰蛋白酶	0.5						
微量元素添加剂			1.0			1.0	
维生素添加剂			1.0			1.0	
矿-维混合			0.5		0.5	1.0	0.76
混合补料干物质(%)	91.90	93.12	90.10	95.14	89.23	88.9	
消化能(兆焦/千克)	15.271	15.564	13.60	15.564	14.22	13.514	13.723
粗蛋白(%)	25.2	26.3	22.0	27.1	20.7	20.2	18.0
钙(%)			0.97			0.63	
磷(%)			0.62			0.58	
体重(千克)	1～5	5～10			10～20		

112. 怎样给仔猪断奶？

搞好仔猪断奶，是促进仔猪健康发育的重要一环。目前从时间上看，仔猪的断奶方法有两种，一是早期断奶法，二是常规断奶法。早期断奶的时间在35日龄以前；常规断奶的时间一般在45～60日龄。为提高母猪的利用率，增加其年产仔数，可采取早期断奶法，但必须给仔猪创造良好的环境条件，如在高床、栅上饲养，使仔猪不与粪尿接触；给予适宜而稳定的温度；饲喂营养全面、易消化的饲料等。无条件的可采用常规断奶法。

从断奶过程上看，仔猪断奶方法有3种：

①一次性断奶法：即当仔猪达到预定断奶时间时，果断迅速地将母、仔分开实行同时断奶。这种方法简单，操作方便，省工省力，主要用于生长发育均匀、正常、健康的仔猪。为防止仔猪和母猪一时无法适应突然断奶的刺激，应于断奶前3天开始减少母猪精饲料和青饲料的喂饲量，并加强对母仔的护理工作。

②分批断奶法：即根据仔猪的发育情况、食量和用途分别先后陆续断奶。一般将发育好、食欲强、拟作肥育的仔猪先断奶，而体格小、拟留种用的后断奶，适当延长哺乳期。该种方法费工费力，母猪哺乳期较长，但能较好地适用于生长发育不平衡或寄养的仔猪。

③逐渐断奶法：是逐渐减少哺乳次数的断奶方法，即在仔猪预定断奶日期前4~6天，让母仔分开饲养，常将母猪赶出圈舍，定时放回哺乳，哺乳次数逐日减少直至断净。此法比较安全可靠，可减少对母仔的刺激，适用于不同情况的母猪。

为了搞好仔猪断奶，一要搞好仔猪的补料，使其有牢靠的物质基础；二要逐渐在饲料中添加优质的青绿饲料或粗饲料及有关添加剂，以增加其采食量和消化力；三要给仔猪创造适宜的条件，做到"五不变"，即舍温、饲料、环境、伙伴、饲养员不变。为此，仔猪断奶时最好将仔猪留于原舍，让母猪离开，或将母猪隔离，停十天半月后再将仔猪按大小、强弱分群或成对离开原舍。在饲喂上，要由少到多，逐渐增加，定时定量，少给勤添，注意供给清洁的饮水。在管理上要及时清除猪舍内的粪尿，保持猪舍内清洁干燥，避免寒冷、风雨等不利因素对仔猪的影响。

113. 断奶仔猪应如何饲养管理？

仔猪断奶后10~20天内，往往精神不安，食欲下降，增重缓慢。为了较好地度过这一阶段，应采取"两维持，三过渡"的措施。两维持是指维持原圈饲养，维持断奶前的饲料和饲养方式；三过渡是指对饲料、饲养制度和环境要逐渐过渡。

(1)要搞好饲料过渡　仔猪断奶后，要维持原来的饲料半个月内不变，以免影响食欲和引起疾病。半个月后逐渐改喂肥育期饲料。

断奶仔猪正处于身体迅速生长的阶段，要喂给高蛋白质、高能量和含丰富维生素、矿物质的饲粮。应控制含粗纤维素过多的饲料，注意添加剂的补充。

(2)要注意饲养制度过渡　仔猪断奶后半个月内，每天饲喂的次数应比哺乳期多1~2次。这主要是加喂夜食，免得仔猪因饥饿不安。每次的喂量不宜过多，以七八成饱为度，使仔猪保持旺盛的食欲。

适口性好的饲料有利于增进仔猪的食欲。炒熟的黄豆、黑豆、豌豆等具有浓郁的香味，可以将其粉碎后作配料改善饲料的口味。碎米、玉米等谷物类饲料经过煮熟和浸烫糖化，可改善适口性。还可利用糖精、甜叶菊等甜味剂改善饲料的口味。此外，采取熟料生料结合饲喂的方式，也能增进仔猪的食欲。

(3)要注意环境过渡　仔猪断奶后最初几天，常表现精神不安、鸣叫，寻找母猪。为了减轻仔猪的不安，最好仍将仔猪留在原圈，也不要混群。在调圈分群前3~5天，使仔猪同槽吃食，一起运动，彼此熟悉。再根据性别、个体大小、吃食快慢等进行分群，每群多少视猪圈大小而定。应该让断奶仔猪在圈外保持比较充分的运动时间，圈内也应清洁、干燥、冬暖、夏凉，并且进行在固定地点排泄粪尿的调教。

(4)要预防仔猪消化道疾病　断奶后仔猪由吃母乳改变为独立吃料生活，胃肠不适应，很容易发生消化不良，所以断奶后半个月要精心饲养，断奶头一周要适当控制喂料量，如果哺乳期是按顿喂，则断奶后头半个月每天饲喂次数仍保持与哺乳期相同，以后逐渐减少，至3月龄可改为日喂4次。

(5)要供足饮水，保持卫生　仔猪断奶后，采食饲料量大增，要供给充足饮水，并保证饮水清洁；圈舍内要保持干燥卫生。

(6)断乳仔猪的网床饲养　在规模化饲养场中，仔猪断乳后从产房转入封闭式的仔猪培(抚)育间的网床上饲养。由于网床饲养不直接接触地面，仔猪与地面粪尿接触减少，可防止细菌的感染，减少发生腹泻现象。所以仔猪生长发育快，饲料利用率高。据试验证明，在同样温度环境和饲养营养条件下，网床饲养比地面上培育的断乳仔猪平均日增重提高15%左右，日采食量提高68%左右，饲料利用率提高6%左右，而且网床饲养的仔猪表现健康、生长发育整齐和增重明显。

网床是用直径6.5毫米的钢筋焊接而成，两根钢筋之间的距离为10～12毫米。网面面积为240厘米×165厘米。一张网床可饲养断仔猪12～14头。网床底距地面30～40厘米，每个网床内设自动采食箱和自动饮水器各一个，网床放在专门用于仔猪培育的封闭式猪舍内，保持舍内温度不低于18℃。

网床饲养的仔猪，一般在35日龄断乳，转入仔猪培育舍，饲养在网床上，用自动补料箱继续饲喂哺乳期的仔猪料（一般蛋白质水平在20%左右，消化能为13～14兆焦/千克），至50日龄（进入网上15天）后饲料蛋白质水平降到18%左右，70日龄左右（在网床约35天）、体重25～30千克时下网，转群到生长肥育猪舍饲养。整个培育过程均为自由采食、自由饮水。

114．怎样给仔猪去势？

凡不留种用的仔猪，均应早期去势。去势时间一般为：公猪20～30日龄，母猪30～40日龄，仔猪体重5～10千克。早期去势，不仅伤口愈合快，手术简便，对仔猪造成的损伤较小，而且去势后能加速仔猪的生长。

（1）小公猪的去势　用右手提起仔猪右后腿，左手抓住右侧膝前皱襞，使仔猪左侧卧地，背向术者，再用左脚踩其颈头部，右脚踩住尾根；左手紧握睾丸阴囊将睾丸固定住。常规消毒后，右手持劁猪刀切开1个睾丸的皮肤和实质，挤出睾丸，分离睾丸韧带，使精索充分露出，用边捋边捻转的办法摘除睾丸，再于原切口处切开阴囊中隔和另一个睾丸实质，用上述同样的方法摘除另一个睾丸，最后消毒,并在伤口处撒一些消炎粉,创口一般不逢合。

如果仔猪患有赫尔尼亚(气蛋),要在肠管复位的基础上,左手捏住睾丸,小心切开阴囊皮肤,挤出包有总鞘膜的睾丸,边捻转边向外拉,最后在接近腹股沟管外环处将总鞘膜和精索穿线结扎,在结扎线外方1厘米切除睾丸,撒上消炎粉。

如果仔猪患有隐睾(腰蛋),要在牢固保定的基础上切开膁部,由前向后沿肾脏后方到骨盆腔内寻找睾丸,将其取出,捻转捋断或结扎精索摘除睾丸,缝好腹膜、肌肉、皮肤,撒上消炎粉。

(2)小母猪的去势 用左手提起仔猪的左后腿,右手捏住左侧膝前皱襞,使仔猪头在术者右侧,尾在左侧,背向术者,猪体右侧卧地。再用右脚踩住仔猪的颈头部,将左后腿向后伸展,使仔猪后躯呈半仰卧姿势,左脚踩住左后腿关节下方蹬于地面上。在左侧髋关节至腹白线的垂线上,距左侧乳头(倒数第2个乳头处)2厘米处用碘酊消毒后,用左手拇指在此处垂直用力下压,同时右手持劁猪刀尖顺拇指垂直刺入,在切开口的同时,左手拇指微抬、右脚用力踩猪,既防刀尖刺伤脊柱两侧动脉,又使仔猪尖叫用力,以增加腹内压力,促使子宫角随刀口跳出。如果没有跳出,可用右手拇指协同左手拇指以挫切式用刀往下按压,使子宫角跳出。如果仍没有跳出,可将刀柄伸入腹腔拨动肠管,将子宫角挑出(似乳白色面条)。待子宫角跳出或排出后,右手立即捏住,用左右食指第一、二指节背面在切口处用力压腹壁,以双手拇指、食指互相交替捻动,轻轻将子宫角、卵巢和部分子宫体拉出,在靠子宫颈处将子宫体捏断或挫断,于刀口处撒些消炎粉,不必缝合。最后,提起仔猪后腿将其摆动或拍打腹部而放走。

115. 养好哺乳仔猪的关键性时期是哪段时期?

仔猪出生后,生活环境与生活条件发生了巨大变化,如果饲养管理不当,对仔猪护理不周,就会引起仔猪死亡。生产实践证明,仔猪年龄愈小,死亡率就愈高,尤以生后 7 日龄内为最多。死亡的主要原因是白痢、发育不良、压死、冻死等,因为这个时期仔猪体弱,行动不灵活,抗病力和抗寒力差。因此,这是养好哺乳仔猪的第一个关键性时期,其主要工作是加强初生仔猪的保温、防压护理。从生后 10 天至 25 天,由于母猪泌乳一般在 21 天左右达高峰后就逐渐下降,而仔猪的生长发育却在加速,营养需要量增加,如不及时喂料,以补充母乳不足,容易造成仔猪瘦弱,患病而死亡。因此,这是养好哺乳仔猪的第二个关键性时期,其主要工作是开食补料。仔猪 1 月龄后,死亡较少,食量增加,是仔猪由吃乳过渡吃料独立生活的重要准备期。因此,这是养好哺乳仔猪的第三个关键性时期,其主要工作是喂料和及时断奶。

116. 养好哺乳仔猪的关键性措施有哪些?

在生产实践中,各地群众根据仔猪生长发育特点和关键时期的主要矛盾及矛盾的转化,总结出了养好仔猪"抓三食(乳食、开食、旺食)、过三关(初生关、补料关、断乳关)"的好措施。

(1)抓乳食,过好初生关　仔猪生后 1 个月内,主要靠母乳生活;初生期又有怕冷、易得病的生理特点,因此,使仔猪获得充足的母乳是促进仔猪健壮发育的关键,保温、防压是护理仔猪的根本措施。

(2)抓开食,过好补料关　训练仔猪吃料,称为开食。仔猪出生后,其体重及营养需要与日俱增,母猪的泌乳量虽在第 3~4 周达高峰,以后逐渐下降,但自第 2 周以后,仍不能满足仔猪体重日益增长的要求,如不能及时补料,弥补营养不足,就会影响仔猪的正常生长。及早补料,还可以锻炼仔猪的消化器官及其机能,促进胃肠发育,防止下痢,缩短过渡到成年猪饲料的适应期,为安全断乳奠定基础。因此,引导仔猪开食的补料时间应早在母猪乳汁变化和乳量下降之前 5~10 天开始,以便仔猪学会认料。

(3)抓旺食,过好断奶关 仔猪30日龄后,随着消化机能逐渐完善和体重的迅速增长,食量大增,进入旺食阶段。为了提高仔猪的断奶体重和断奶后对成年猪饲料类型的适应能力,应加强这一时期的补料。到了仔猪45~60日龄,应根据仔猪的体重、体质及用途及时进行断奶,并做好仔猪断奶工作。

117. 什么是仔猪的早期断奶？仔猪的早期断奶有哪些好处？

所谓早期断奶,是指在仔猪35日龄以前实施断奶,一般工厂化养猪的大、中型猪场仔猪的早期断奶多安排在28日龄。要让母猪在一生中能生产更多的断奶仔猪,增加每头母猪年产胎数,则是决定母猪年产仔数的主要因素。而决定年产胎数的主要因素是繁殖周期长短,那么繁殖周期是由妊娠天数(114天)、哺乳天数和断奶至配种天数(7天)组成的。其中妊娠天数和断奶至配种天数是没有太大改变的,惟有哺乳天数即断奶日龄,是可以人为控制的。因此,实施仔猪早期断奶是增加母猪年产仔数的有效措施。

(1)增加母猪的年产仔数 假定一头母猪平均每胎产10头活仔猪,60日龄断奶,那么完成一个繁殖周期总共需时181天(60天+7天+114天),即使一切工作顺利,一头母猪一年只能生产2胎即20头活仔猪。若采取28日龄断奶,繁殖周期就会缩短到149天(28天+7天+114天),一头母猪一年可产2.4胎,即可得到24头活仔猪。也就是说,通过缩短哺乳期,由过去的60日龄改变为28日龄断奶,就可让每头母猪每年多产4头活仔猪,无疑会给猪场带来巨大经济效益。

(2)可节省种猪和每头断奶仔猪的饲料消耗 假定一个猪场母猪泌乳期间每头每天喂5千克饲粮,从断奶到再配上种期间每头每天喂3千克饲粮,妊娠期间每头每天喂2千克饲粮,那么由于母猪泌乳期长短不一,摊到每头仔猪上的母猪料用量就大不一样了。

采用60日龄断奶，一头母猪全年消耗饲粮总量为1 098千克，即泌乳期耗料600千克(60天×2胎×5千克)，空怀期耗料42千克(7天×2胎×3千克)，怀孕期耗料456千克(114天×2胎×2千克)。如果母猪平均年产20头断奶仔猪，则每头断奶仔猪耗料54.9千克(1098千克÷20头)。

采用28日龄断奶，每头母猪全年耗料仅为933.6千克，24头活仔猪，每头平均耗料38.9千克，比60日龄活仔猪平均耗料54.9千克可节省饲料16.0千克(54.9-38.9=16千克)。

由此可见，一个大型猪场年出栏万头商品猪，饲养600头以上母猪，如果把断奶日龄由60天改为28天，按每头母猪年产2.4胎，每窝断奶9头仔猪，共12 960头×16千克=207 360千克，即节省20.736万千克饲料，数量之大，十分惊人。减少饲料消耗，降低养猪成本，经济效益就会大大地提高。

(3)可减轻母猪生理负担　试验证明，母猪在2个月的泌乳期内，一头至少可产奶200千克，猪乳中含干物质18%，即36千克干物质。而母猪一窝产10头仔猪，初生重1千克的仔猪，含干物质20%，全窝10头仔猪仅含干物质2千克。也就是说，母猪在60天的哺乳期内，从乳中排出的干物质要比在怀孕期中一窝仔猪的干物质多15~20倍。因此，母猪年产2窝，2个哺乳期均为60天的母猪要比早期断奶的母猪生理负担大得多。通过缩短哺乳期，增加年产胎次来改变母猪生理机制，可明显减轻母猪的生理负担，使母猪保持良好的繁殖体况，更有利于下一个繁殖周期的发情配种。

118．怎样为早期断奶的仔猪配合饲粮？

早期断奶仔猪饲粮的营养必须尽可能完善，且适口性好，易被消化吸收，体积不大，有利于仔猪生长。经验证明，谷物饲料的适口性以小麦最好，玉米、高粱次之。鱼粉是仔猪良好的动物性蛋白质来源，大豆粉蛋白质含量较高，炒熟后饲喂可增加其香味，提高适口性。奶粉不仅营养含量丰富，适口性好，而且有增加乳酸菌、抑制大肠杆菌、保护肠黏膜的功能。下面介绍几组仔猪早期断奶的饲料配方(表3-2)，仅供参考。

表3-2 早期断奶仔猪饲粮配合比例(%)

单位	中国农科院畜牧所(1975—1978)			吉林省农科院畜牧所(1980)			湖北省农科院畜牧所(1980.2)	
饲料号	1	2	3	1	2	3	1	2
用途	21日龄断奶		42日龄	试验组		对照组	75日	75~120
适用日龄	7~35	35~36	断奶	5~44	45~49	5~59	龄前	日龄
玉米	20.0	40.0	40.0	20.0	20.0	22.0	35.0	30.0
小麦	31.0	18.0	13.5					
大麦							25.0	30.0
炒大豆粉	10.0	6.0		5.0	5.0			
豆饼	15.0	15.0	15.0	20.0	20.0	35.0	15.0	15.0
鱼粉	12.0	9.5	10.0	4.0	4.0		8.0	5.0
麦麸			5.0	4.4	4.4	15.0	15.0	10.0
高粱		5.0	10.0	13.0	13.0	20.0		
大米糠					5.0	5.0		8.5
小米				18.0	16.0			
砂糖	5.0			3.0				
槐叶粉	1.5	2.0	2.0					
干酵母	3.5	2.8	3.0	11.0	11.0			
淀粉酶	0.5							
胃蛋白酶	0.5	0.2						
骨粉	0.7	1.0	1.0	1.0	1.0	1.0		
贝粉				0.6	0.6	1.0		
蛋壳粉							1.0	1.0

续表

单位	中国农科院畜牧所(1975—1978)			吉林省农科院畜牧所(1980)			湖北省农科院畜牧所(1980.2)	
饲料号	1	2	3	1	2	3	1	2
用途	21日龄断奶		42日龄	试验组		对照组	75日龄前	75~120日龄
适用日龄	7~35	35~36	断奶	5~44	45~49	5~59		
食盐	0.3	0.5	0.5			1.0	0.5	0.5
总计	100	100	100	100	100	100		
营养成分 消化能(兆焦/千克)	14.33	12.33	14.12	13.94	14.32	13.51	13.58	13.37
可消化蛋白质(克/千克)	189	165	155	184.4	187.7	154.8	147.8	120.1
粗蛋白质(%)	22.9	20.5	19.1					
钙(克/千克)	7.38	7.39	7.60	8.071	8.203	9.010		
磷(克/千克)	5.23	5.46	5.76	5.668	6.410	7.427		
食盐(克/千克)	3.00	5.00	5.00					
能量蛋白比	18.1	20.8	21.8					
赖氨酸(%)	1.33	1.17	1.08					
蛋氨酸+胱氨酸(%)	0.79	0.68	0.7					

注：中国农科院畜牧所在每吨1、2号仔猪料中加入微量元素硫酸亚铁99克、氯化钴2克、硫酸铜16克、氧化锰63克、氧化锌62克、保健素365克。

119．早期断奶仔猪饲养管理的关键性措施有哪些？

仔猪断奶日龄愈小，其抵抗力就愈差，消化机能就愈弱。要想早期断奶获得成功，就必须根据仔猪消化生理特点，科学地饲养管理和配合饲粮。

(1)要保证断奶仔猪体重达到一定要求 要想获得较为满意的断奶效果，仔猪断奶平均体重，28日龄应达到6千克以上。如果达不到6千克,说明种猪品质及种猪、仔猪在饲养管理上还存在问题,需要进行总结和改进。

(2)确保断奶仔猪适宜的环境条件 所谓环境条件主要是分娩舍的室内温度、湿度及环境卫生。分娩舍室内温度不低于25℃,尤其是严冬季节,分娩舍保温非常重要。要求仔猪保温箱内温度不低于30℃,初生到10日龄33~35℃,有条件的猪场最好用暖气。仔猪保温箱上方用250瓦红外线灯泡供暖,也可用电热板给仔猪取暖。有的猪场产房用热风炉供暖,要注意室内空气流通。室内空间或保温箱内温度差异不宜过大,否则仔猪因感冒或下痢,影响仔猪生长发育。分娩舍和保育舍要求地面干燥、清洁卫生,要求定期消毒,严防传染病发生和流行。

(3)做好仔猪诱食和补料工作 为了刺激哺乳仔猪胃腺分泌消化液,健全消化机能,必须尽早诱食。另外,母猪泌乳量3周后逐渐下降,为了满足仔猪迅速生长的营养需要,也必须做好补料。诱食是补料的基础。仔猪出生5天后,活泼好动,牙齿发痒,有东拱西啃行为,一般7日龄开始诱食。工厂化养猪场多用仔猪全价颗粒料,且具有乳腥甜味,仔猪很爱吃。先撒少量颗粒料,任其采食,少喂勤添,切忌一次放入过多。仔猪10日龄最迟15日龄以后,食量大增。农家小型猪场也要做好诱食工作,一般先用炒熟的玉米、麦粒或鲜嫩蔬菜,撒在水泥地上或仔猪补料箱内任其采食,也要求少喂勤添。一般10日龄以后改用按一定比例组成的混合料,例如豆饼、玉米、麦麸、鱼粉、食盐,并加1/3的青菜(切碎),每日喂3~4次。精料每千克含消化能12.55~13.39兆焦,粗蛋白质18%~20%,同时维生素和微量元素也应满足其营养需要。

四、种猪的饲养管理

120．怎样选好后备猪？

在仔猪断奶后，选出一部分好的个体留作种用，其4月龄前称育成阶段，4月龄后称后备阶段。对后备猪的选留是十分重要的，它关系到以后种用价值和一个猪群的质量。

选留种用育成猪，要从第二胎以后、体大结实、外形好、产仔多、奶量足的母猪窝里挑选，入选者应是窝内长得最快、体重最大、没有缺陷的个体，同时还要兼顾仔猪的父本情况。

选留种用育成猪一般多在春季。因为春季气候温和，阳光充足，青饲料容易解决，好饲养。秋季留种也可以，但要注意解决冬季天冷和饲料单调等问题。

当育成猪达4月龄以后，再从中选留后备猪。后备猪身体各部位必须发育匀称，身腰长，腿高，四肢端立，背线平直，腹部紧凑，臀部宽平而深；皮毛光滑，胖瘦适度；反应灵活，眼有神；食欲旺盛，不挑食。

后备母猪的泌乳器官必须发育健全，有效乳头必须有6～7对，少于这个数目，则不能满足产仔的需要。各乳头之间需有一定间隔，而且排列整齐，不能有瞎乳头和赘生乳头。

后备公猪的睾丸要大小适中，均匀，紧凑。对于单睾、隐睾和睾丸松弛下垂或大尿脐子的都不能留作种用。

121. 怎样养好育成猪？

从断奶到4月龄是断奶仔猪的育成阶段，这时育成猪仍处于强烈生长发育时期，是骨骼、肌肉的加速生长阶段，消化机能和抵抗力还没有发育完全，如果饲养管理不当，就会引起育成猪生长发育停滞，形成僵猪，甚至患病或死亡。

饲养育成猪的主要任务是：保证育成猪的正常生长，减少和消除疾病的侵袭，育成健壮结实、符合标准的后备猪。

在育成猪阶段，需要用精料量较多的高能高蛋白饲粮。为促进育成猪的肌肉、骨骼迅速生长，必须充分供给蛋白质、维生素、矿物质等营养物质，饲粮中粗蛋白质含量不应少于16%，以18%为宜，同时应限制含粗纤维和碳水化合物过多的饲料喂量，以免影响育成猪的消化或使仔猪早期过肥、体格长不大，每千克饲粮的消化能宜在12.55～14.64兆焦。为保持饲粮的相对稳定，可配制基础饲粮，饲粮组成可参见表4-1，并可根据体重的变化添加补充料进行调整。

表4-1 育成猪饲粮配方

饲料种类	玉米	高粱	豆饼	麦麸	豆科牧草	贝壳粉	食盐	消化能(兆焦/千克)	粗蛋白(%)	粗纤维(%)
饲粮比例(%)	40	20	20	11	7	1.5	0.5	12.55	15.6	8.1

注：维生素、微量元素添加剂另加，占精饲料的0.5%～1%。

对育成猪的管理，关键要做好三个过渡。

(1)饲料过渡 在育成猪断奶后半个月内保持仔猪饲粮不变，以免突然改变饲粮而降低食欲，引起消化紊乱。半个月后再逐渐改变为育成猪饲粮。

(2)饲养制度过渡 在断奶后的半个月内，除按哺乳期补饲的次数及时进行饲喂外，夜间应再增加一次饲喂，免得停食过长，使幼猪因饥饿而不安。

幼猪对颗粒料或粗粉料的喜好超过细粉料,而蒸煮或浸烫糖化可改善谷物和甘薯的口味,因此有的猪场对断奶仔猪采取熟料定时、定量饲喂与生粉料不定量饲喂相结合的方式。

同时,要经常供给清洁饮水。育成猪采食大量饲料后,常会感到口渴,如供水不足则饮污水而引起下痢。有条件的养猪户可设自动饮水器或水槽,以保证饮水的供给。

(3)环境过渡　仔猪断奶后头1~2天很不安定,经常嘶叫并寻找母猪,夜间尤甚,当听到邻圈哺乳声时,骚闹更为厉害。为了减轻仔猪断奶后因失掉母乳而不安,最好采取不调离原圈,不混群并窝的"原圈育成法",仅将母猪调走。如需调圈并窝,应在断奶半个月、吃食及粪便正常后进行。为了避免并圈分群后不安和互相咬斗,应在分群前3~5天使仔猪同槽进食或一起运动,使其彼此熟悉,然后根据仔猪的性别、个体大小、吃食快慢进行分群。

另外,育成猪应有充分的运动和日光浴,夏季尽可能每天放牧饲养4~6小时,冬季天晴时室外运动2小时。

猪舍内应保持干燥清洁、冬季温暖,勤换勤晒垫草,并加强定点排泄的调教,养成不尿床的习惯。如圈舍密度太大或太小,也会引起排泄行为紊乱,只要圈舍保持干燥和厚铺垫草,又有适宜大小的群体,在一般能保温的猪舍内,冬季可以不生火增温,也可成功地养好育成猪。

122. 怎样养好后备猪?

仔猪生后4月龄到初次配种前是后备猪的培育阶段。培育后备猪的任务是获得体质健壮、发育良好、具有品种的典型特征和高度种用价值的种猪。

对后备猪要求发育良好,在8~10月龄达到成年猪体重的60%~70%时配种,不应过肥,以免发生繁殖障碍。因此,在后备猪的饲粮构成上,应在满足骨骼、肌肉生长发育所需营养的前提下,少用含碳水化合物丰富的饲料,多用品质优良的青绿多汁饲料和干草粉。在饲喂方法上宜采用定时定量的限制饲养法。后备猪的饲养方案参见表 4-2。

表 4-2 后备猪的饲养方案

		2	3	4	5	6	7	8
预计体重(千克)	大型品种	20	30	45	60	80	100	130
	中型品种	15	25	35	50	65	80	100
	小型品种	10	20	30	40	50	60	80
干饲料日给量占体重(%)		5.0		4.5	4.0	3.5	3.5	3.0
粗蛋白质(%)		17		14	14			13
日喂次数		5		4		3		3

幼猪在体重 50 千克以后,随着消化机能发育完善,消化吸收能力的加强,不仅食欲旺盛,食欲大增,而且贪睡,如不限制食量,任其自由采食,很容易上膘变肥,且易因过食,撑大胃肠形成垂腹,又造成挑拣食物抛撒饲料的恶习。因此,后备猪的食量可根据一次饲喂后,猪自动离开食槽时所摄进饲料的数量判定,或根据投食后 5~6 分钟内吃食的数量,乘以饲喂次数即可计算出全天应给的饲料量,并随幼猪的增重、食量及粪便形状的变化逐渐增加给量。后备猪的饲粮配方可参见表 4-3。在青绿饲料丰富的季节,应充分利用青绿饲料,可在尽量采食的基础上,补充配合饲料。

对后备猪的管理也是十分重要的,要特别注意后备猪的运动,它既可锻炼身体,促进骨骼和肌肉的正常发育,保证结构匀称的体型,防止过肥或脚蹄不良,又可增强体质和性活动的能力,防止发情失常和寡产。因此,后备猪舍应有运动场,有条件的地区和猪场,夏、秋季节可采取放牧饲养,冬、春季节可进行驱赶运动或室外运动场的逍遥运动。运动场面积应为猪床面积的 5~6 倍。

表4-3 后备猪的饲粮配方

饲料 \ 日粮编号 喂饲方式	自由采食		限制饲养	
	1	2	1	2
玉米、高粱(含粗蛋白质8%)	30	30	67.5	10
麦类(含粗蛋白质12%)	30	30	10.0	10
薯类(含粗蛋白质3%)				40
苜蓿干草(含粗蛋白质17%)	30	25	5.0	20
豆饼(含粗蛋白质36%)	10	15	17.5	20

注：维生素、矿物质添加另加。

为了掌握后备猪生长发育情况，每月可称重一次，6月龄加测体尺，并统计其饲料消耗量。根据幼猪的发育情况，定期调整猪群。

123. 怎样给种公猪配合饲粮？

要保证种公猪体质结实、健壮、性欲旺盛、精液品质好、配种能力强，必须进行合理饲养。提供适宜的营养水平，使种公猪经常保持不胖不瘦体况，过肥过瘦都会影响配种能力。种公猪的营养需要应按每千克饲粮含消化能不低于12.52兆焦、粗蛋白质为120～140克计算。90～150千克体重的种公猪每日需要消化能为17.99～28.87兆焦，粗蛋白质为196～276克。配种前1月，标准增加20%～25%；冬季严寒期，标准增加10%～20%。

种公猪饲粮应以精料为主，可提高精液质量，也避免形成"草腹"而影响配种。在常年均衡配种和季节性配种的非配种期，种公猪日喂混合精料2千克左右(粗蛋白质含量14%)。在季节配种的配种期，种公猪日喂混合精料2.5～3.0千克(含粗蛋白质15%)，喂量可灵活掌握，以保持种公猪膘情适宜、精力旺盛为原则。配种旺季种公猪饲粮最好能搭配些鱼粉、血粉、鸡蛋、羊奶等动物性饲料,以提高其性欲和精液质量。种公猪饲粮中也必须适当搭配贝粉(或石粉)和骨粉以及青饲料,以满足矿物质和维生素营养的需要。缺乏青饲料时,可采用复合维生素添加剂。种公猪的饲粮组成可参见表4-4。

表4-4 种公猪饲粮配方

饲养期	配种期			非配种期		
配方编号	1	2	3	1	2	3
玉米	50.2	35.0	34.8	65.0	38.3	31.0
大麦	4.8	27.9				
大米	17.9					
小麦				4.2		
高粱		21.0	8.9		3.7	5.0
麸皮	6.0		15.8		14.7	12.0
酒糟			14.6		18.8	18.0
青贮玉米			6.5		7.6	16.0
大豆	5.2	12.9		2.8		
豆饼			19.7	25.9	11.1	6.0
葵花籽饼	8.8		2.4		3.7	10.0
鱼粉	6.3	2.7				
骨粉			0.9	1.0	0.7	0.7
贝壳粉			0.9	0.5	0.7	0.7
食盐	0.8	0.5	0.5	0.6	0.7	0.6

(饲料配合比例(%))

124. 怎样科学管理种公猪?

种公猪的圈舍要冬暖夏凉,保持干燥、卫生。要妥善为种公猪安排喂饲、饮水、运动、休息、配种(或采精)、刷拭、洗浴等活动日程,形成制度,不要轻易变动,使种公猪养成良好的习惯。

配种(或采精)要在早、晚喂饲前进行,配种后不能立即饮水、洗浴或喂饲。要尽量减少对种公猪的刺激，除配种时间外，尽量做到种公猪嗅不到母猪味，听不到母猪声，看不到母猪样，不许母猪赶到公猪圈配种。

种公猪最好单圈养，单槽喂，日喂3次，以喂生湿料另饮水为好，不要喂稀料。生湿料的调制就是把所要喂用的饲料粉碎后掺和在一起，拌匀，加适量水分，使饲料达到手握不滴水，松手饲料又散花的程度。用这样的混合料喂猪，营养（尤其是维生素）不易被破坏，而且咀嚼细致，消化得好，营养吸收得多。每次喂八九分饱即可，以免饱食贪睡。

为增强种公猪的体质，最好每天能固定运动时间，可在就近牧地放牧或在圈外大运动场作逍遥活动，也可作驱赶运动，即每天2次，上午在早饲后，下午在晚饲前进行。每次1～1.5小时，里程不少于2～3公里，按先慢走、中间快走、再慢走的顺序驱赶。对配种期的公猪，可在早晨配种前1小时再增加一次运动，这次运动时间和里程要短些，以免公猪疲乏而影响配种。

要经常给种公猪刷拭，保持皮肤清洁。蹄形不正或蹄甲过长，应及时修剪。为防止种公猪咬架或伤人，要经常注意锯去种公猪长长的獠牙。

125.怎样合理利用种公猪？

配种利用是饲养种公猪的惟一目的，但是否能够适当利用种公猪，直接关系到母猪产仔数和公猪本身的利用年限。后备公猪的初配年龄随品种、自然条件和饲养管理条件不同而有区别，一般其适宜年龄为：培育品种8～9个月龄，体重100千克左右；北方地方猪种8个月龄，体重80千克左右；南方早熟猪种6～7个月龄，体重65千克左右。

种公猪的利用强度：本交时，1～2岁的青年公猪高强度利用可每天配种1～2次，如一天配2次，最好早、晚各配一次，以便让它在两次配种之间有一段比较充分的休息时间,连配2~3天休息一天;中强度利用,每2天配种一次。2~5岁的成年公猪,高强度利用时,可每天配种2次(间隔8~10小时),连配4~6天休息一天;中强度利用,每天配种一次,连配2天休息一天。5岁以后的公猪,由于体质渐衰,可每隔1~2天配种一次。

人工授精时,青年公猪高强度利用可每2天采精一次;中强度利用每3天采精一次。成年公猪高强度利用可每天采精一次;中强度利用每2天采精1次。

126. 种公猪配种时应注意哪些问题?

(1)公、母猪配种时,应将公猪和母猪赶到圈外固定的地点配种,配种地点要平整清洁、安静、背风向阳,还应清除各种杂物。

(2)配种时注意气候变化,寒冷的冬季不要在早晚冷时配种,夏季热时应以早晚凉爽时配种为宜。

(3)严禁饱食后和在公、母猪舍内配种,以免发生意外事故。

(4)公猪配种时,让公猪绕母猪多转几圈,以利于激发公猪的性欲。

(5)配种结束后应让公猪逍遥地回到舍内安静休息半小时以上,切忌暴饮暴食、凉水冲洗等。

127. 怎样防止种公猪出现自淫现象?

种公猪自淫,一般多为早熟品种,性成熟早,性欲旺盛,特别遇到发情母猪性干扰时,爬墙抱槽,相互爬跨射精,碰硬物造成阴茎损伤,加之种公猪体弱,性早衰,失去种用价值。解决种公猪自淫的关键是杜绝种公猪的性刺激。应注意以下几个问题。

(1)非配种时间,不让公猪看到母猪和闻到母猪气味与听到母猪声音。公猪舍要建在母猪舍的上风向。

(2)把母猪圈好,不要让母猪追逐公猪;公猪单栏喂养,合理使用种公猪;饲养管理要有规律。

(3)加大运动量,让公猪在外边的时间长些,回去它就安静休息。

(4)交配过的公、母猪严禁相互接近,圈舍内搬掉杂物等。

128. 怎样养好空怀母猪?

要使母猪准胎多产,必须注意母猪配种前的饲养,保证空怀母猪有个良好的配种体况,否则会影响母猪的正常发情、配种。

空怀母猪的饲粮应避免运用单一碳水化合物饲料,一定要保证相应的蛋白质水平和钙磷水平,还必须充分满足维生素的需要。例如,单用玉米、高粱、薯干和粉渣浆喂母猪,就会使其变肥,延缓发情,若能控制能量饲料,加大青绿多汁饲料的喂量,对提高繁殖力有明显效果。空怀母猪的饲粮营养应控制消化能在12.55千焦/千克、蛋白质12%~13%。一头100~150千克的母猪,若每天喂这样营养水平的混合料1.0~1.5千克,另加2%的骨粉和加喂4~5千克的青绿多汁饲料,就不会导致猪体过肥,能使母猪及时发情配种。青年头胎母猪,还在继续生长发育,要适当增加精料喂量,只要比维持需要稍高些即可。猪的维持需要大约每100千克体重需1千克精料,外加青绿多汁饲料3千克,就可保证其生长发育要求,同时又能维持良好的配种体况。

实行季节产仔的母猪,断奶后不一定马上配种,如在配种前有过肥或过瘦的现象,则应在配种前及时加以调整。过肥的母猪要及时拉膘,增喂较多的青粗饲料,促使这些母猪在配种前都能达到适宜的膘情;过瘦的母猪应提高营养水平,在饲粮中加入一定量的精料和质量好的青饲料,并增加饲喂次数,让它迅速复膘,以利发情配种并多产健壮仔猪。此外,每天给母猪适当运动和晒太阳的机会,对提高繁殖率也有重要作用。

129. 妊娠母猪有哪些饲养方式？

在母猪的妊娠期内，根据母猪的生理及体况条件，应采取不同的饲养方式。其饲养方式主要有三种。

(1) 抓两头带中间的饲养方式　主要适用于断奶后膘情差的经产母猪。在妊娠初期应加强营养，使其恢复繁殖体况，连同配种前10天在内约1个月的时间加喂精料，特别是含蛋白质高的饲料。待体况恢复后再按标准饲养，妊娠80天后，由于胎儿增重较快，更应加强营养。

(2) 步步登高的饲养方式　主要适用于初产母猪和哺乳期间配种的母猪。前者本身还处于生长发育阶段，后者生产任务繁重。因此，整个妊娠期间的营养水平，应随胎儿体重的增长而逐步提高，但在产前5天左右，饲粮应减少30%，以免造成难产。

(3) 前粗后精的饲养方式　主要适用于配种前体况良好的经产母猪。因为妊娠初期胎儿很小，加之母猪膘情良好，这时按照配种前的营养需要在饲粮中可以多喂给青粗饲料，以满足其营养需要水平，这种营养水平基本上能满足胎儿生长发育的需要。到了妊娠后期，由于胎儿生长发育增快，再喂精料。

130. 怎样给妊娠母猪配合饲粮？

在母猪的妊娠期内，胎儿发育是有阶段性的，妊娠初期胎儿发育很慢，随着妊娠天数的增加，胎儿发育逐渐加快，到了妊娠最后1个月发育最快。从妊娠90天到分娩，在这20多天内，胎儿的增重约占初生重的60%。

为了合理饲养妊娠母猪，节约优质饲料用量，常把母猪的整个妊娠期分成3个阶段，前40天为妊娠初期，41~80天为妊娠中期，81~110天为妊娠后期。

妊娠初期，胎儿发育很慢，需要的营养不多，但在配种后20天内,必须注意加强对妊娠母猪的饲养。因为这个时期受精卵刚刚附着在子宫角的黏膜上,还未形成完整的胎盘,对外界条件的刺激非常敏感,这时如果喂给母猪发霉变质或有毒的饲料,胚胎极易中毒死亡。如母猪饲粮中营养不全面,缺乏维生素等,也能引起部分胚胎中途停止发育而死亡。

妊娠中期,胎儿发育仍较慢,需要营养不多,加上母猪食欲旺盛,可以采食大量饲料,故应以青粗饲料为主,尽量节约精饲料。

妊娠后期,尤其是妊娠的最后一个月,胎儿发育很快,饲粮中的精料应逐渐增加,并喂给质量较好的青粗饲料,以保证母猪获得足够的营养,供给胎儿迅速发育的需要,同时也是为了让母猪在体内积蓄一定的养分,待产后泌乳之用。妊娠母猪的饲粮配方见表4-5。

表 4-5　妊娠母猪饲粮配方

饲　料	妊娠前期(%)	妊娠后期(%)
黄玉米	35	35
豆饼	5	10
大麦	5	5
麸皮	5	5
粉渣	20	20
青贮饲料	30	25
每日每头喂量(千克)	5.0	5.88
折风干料(千克)	2.0	2.5
含消化能(兆焦)	22.34	28.91
含可消化粗蛋白质(克)	169	241

131. 怎样管理好妊娠母猪?

母猪妊娠期管理的要求是:增强母猪的体质,防流保胎。重点要抓三方面的管理:适当运动,增强体质;防止或减少应激刺激,预防流产;防暑降温,减少胚胎死亡。

在有条件的地方,妊娠母猪最好每天能放牧1~2小时。如果没有放牧条件,则妊娠母猪最好每天在大运动场逍遥活动2~3小时,以增强其体质,有利于顺利分娩,减少死胎。但大量运动是不必要的,把大量能量消耗在运动上是不经济的。

要防止母猪由于挤撞、咬架、追赶、鞭打等造成机械性流产。不喂发霉变质和有毒饲料,防止毒物造成胚胎死亡或流产。

母猪妊娠初期,特别是第一周遭遇高温(32~39℃),即使仅24小时也可能增加胚胎死亡。第三周以后就妊娠而言抗热能力增强。因此,盛夏酷热季节采取防暑降温措施,防止热应激造成胚胎死亡,能提高产仔数。如平均气温30℃时,给母猪身上洒水,可提高仔数2.35头。降温的措施一般有洒水、洗浴、搭荫棚、通风等。冬季要做好防寒越冬工作,防止母猪感冒发烧,造成胚胎死亡或流产。

132. 母猪临产前有哪些表现?

母猪的妊娠期平均是114天,一般只要登记上配种的确切日期,就可以推算出预产期。但真正的产仔日期不一定这样准确,有的母猪可能提前4~5天,也有的可能推迟5~6天。

随着胎儿的发育成熟,母猪在生理上会发生一系列的变化,如乳房膨大,产道松弛,阴户红肿,行动异常等等,都是准备分娩的表现。

母猪分娩前15~20天,乳房就从后向前逐渐膨大,乳房基本与腹部之间呈现出明显的界限。

到产前一周左右,乳房膨胀得更加厉害,两排乳头胀得向外开张呈"八"字形,色红发亮。经产母猪比初产母猪更加明显。

产前3~5天,阴户开始红肿,尾根两侧逐渐下陷,但较肥的母猪下陷常不明显。

产前2～3天,乳头可挤出乳汁。一般来说,当前部乳头能挤出乳汁,产仔时间常不会超过1天。如最后一对乳头能挤出乳汁,约经6小时即可产仔。这时如母猪来回翻身躺卧,常会出现乳汁外流,乳头周围粘满草屑,这种情况对膘情差、乳汁不足的母猪来说常不明显。

在产前6～8小时,母猪会衔草做窝,这是母猪临产前的特有征兆。一般来说,初产母猪比经产母猪做窝早;冷天比热天做窝早;而国外引进猪种,则无明显的衔草表现,仅是拱圈围窝,即把圈内的垫草或干土拱到一处。同时,食欲减退或不食。

如发现母猪精神极度不安,呼吸急促,挥尾、流泪,时而来回走动,进而像狗一样坐着,拉屎、排尿频繁,则数小时内就要产仔。

如母猪躺卧,四肢伸直,每隔1小时左右发生阵缩一次,且间隔时间越来越短,全身用力努责,阴户流出羊水(破水),则很快就要产出第一头仔猪。

133. 母猪临产前应做好哪些准备?

有专用产房的猪场,应在母猪产前及时把产圈准备好,并在产前5～7天把猪赶进产圈,让它熟悉环境。如在原圈产仔,必须在母猪分娩前半个月把积肥坑的土肥彻底清除一次,到分娩前3～5天,再把猪床上的旧土连同污秽的垫草一起更换一次,保持猪床平整、干燥。

产房应经常保持清洁、干燥、温暖、阳光充足和空气新鲜。室内潮湿寒冷是仔猪死亡和母猪患病的重要因素,特别是冬季产仔,更要注意保温。因此,产房内的温度最好保持10℃以上,相对湿度最好保持65%～70%。产房墙壁,应用石灰乳刷白,地面应打扫干净,铺上清洁、干燥、柔软的垫草。

此外,在产前一周用1%～2%的敌百虫给母猪喷雾灭虱,以防产后传染仔猪,在产前3～5天结合产房清扫搞好消毒,并准备充足的垫草、药品(如酒精、碘酊、高锰酸钾等)及分娩用具(如灯、火炉、接产器械等)。

134. 怎样给母猪接产?

母猪产仔多在夜间。因此,在母猪产仔期间,管理人员要在产房内日夜守护,接产前先将临产母猪的阴户周围及尾部用温水擦洗干净,接产人员剪短指甲,洗净手臂,等待母猪产仔。整个接产过程要保持环境安静,动作准确、迅速。

母猪破水后,一般在半小时产出第一个仔猪。母猪多为侧卧,腹部鼓起,四肢伸展,尾部有时摇动,一般每 10～15 分钟产一个仔,个别的间隔时间差异较大。待仔猪露出时,先用手轻轻将产出的部位固定,然后顺着脊梁方向轻轻拉出。仔猪产出后,先尽快地用毛巾擦去口内、鼻外的黏液,使仔猪顺利地开始呼吸。然后用干软的"草把子"将仔猪周身擦干,以减少体表水分蒸发散热,防止着凉感冒。接着进行断脐,即先将脐带内血液向脐部方向挤压,然后在离腹部 5 厘米处用拇指和食指掐住脐带,反复刮挫,使之逐渐变细、断离(不用剪刀,以免流血过多),并在断端涂擦 5% 的碘酊消毒。若断脐后流血,则用手指捏住断端,直至不出血,不要用线结扎,以免引起炎症。

上述处理完成后,立即将仔猪送到母猪身边吃奶。初生仔猪吃初乳愈早愈好,如有不会吃奶的仔猪,要给予人工辅助。

大多数母猪在产完最后一仔 15 分钟左右排出胎衣,也有边产边排胎衣的情况,胎衣排净,即说明产仔结束。排出的胎衣要及时拿走处理掉,不能让母猪吃到胎衣,以免造成母猪恶癖。另外,母猪分娩结束后,产床上污染的垫草也要清除,换上新垫草,用温皂水将母猪阴部、后躯和乳房擦洗干净。

135. 母猪网床产仔具有哪些优点？

母猪网床产仔是近几年集约化养猪场兴起的最新养猪技术，它具有工作方便、干燥、卫生、防踩、防压等优点。地面产床，母猪、仔猪的粪尿很难随时清除干净，仔猪生活在粪尿污染的环境中，很难做到仔猪不患肠道疾病。幼小的仔猪一经下痢，轻则发育不良，重则死亡。网床产仔是把母猪产房装成网床并设护仔栏，减少压死仔猪；饲养员很容易做到床上无积粪，使仔猪与地面粪便隔开，仔猪不患或少患肠道疾病，提高仔猪成活率；便于补料，提高仔猪的整齐度。一般网床产仔比地面产仔每窝可多活1~2头。

136. 母猪难产怎么办？

当母猪破水半小时甚至1小时后仍不产仔或产出几头后，只见母猪努责而不产仔，便是难产。在这种情况下，应及时进行催产，即先用手轻轻挠母猪乳房使其努责，待母猪努责时，用力按压其腹部，协助母猪产仔，必要时可针刺"百会穴"或肌肉注射催产素，用量是每100千克体重2毫升，一般注射后20~30分钟即可产出仔猪。若上述催产方法无效，应施行掏排术或剖腹产。施行掏排术时，术者先把指甲剪短磨光，用肥皂水涂抹手臂和母猪外阴部，五指自然缩成锥形，手心朝上，趁母猪努责间歇期伸入产道，慢慢行进，摸到胎儿后，摆正胎势，握住胎儿下颌或用拇指和食指扣住胎儿眼眶，随母猪努责慢慢将胎儿拉出，拉出的胎儿按正产时的办法处理。若掏出一个胎儿后，如果转为正常分娩，不必再掏，否则继续进行。若遇到"倒生"或只露出一条腿等异常情况时，可施行整复助产法。如母猪产仔时，阴门外仅见一前肢伸出，从产道内可摸到一前肢腕关节屈曲及正常的胎头。这时，术者一手沿前肢伸入产道，握住仔猪系部或下颌慢慢向内送还胎儿，同时抬拉屈曲的前肢，矫正胎势，然后再将胎儿拉出。

整个手术过程应避免损伤产道,不能用手在里面乱摸乱抓。手术完毕,术者手臂和母猪产道阴门处均应消毒。若术后发生母猪产道和子宫感染,体温升高,不爱吃食,应及时用 2% 温盐水灌洗子宫,同时结合使用抗炎药物治疗,否则易造成母猪无奶。

137. 怎样抢救假死仔猪?

母猪有时会产出个别心脏尚在跳动但不呼吸的仔猪,用手指轻轻按脐带根部可摸到脉搏,这种情况称为仔猪假死,若不及时抢救,很容易造成仔猪死亡。这时应迅速提起仔猪后腿,用手拍打仔猪背部、臀部,促其呼吸;或把假死仔猪仰放在草垫上,用手握前肢,前后曲伸;或者向仔猪鼻内吹气,并用手轻轻按压两肋和胸部,来促使仔猪恢复呼吸。

在冬季,因天气寒冷,有的由于产仔时防寒设备差,仔猪生后舌头伸出嘴外,收缩不回去,不会吃奶,全身发凉,背腰发硬,这是一种被冻僵的假死现象。抢救的办法是:将冻僵仔猪立即放在 45℃(不烫手)的温水中(头部露出水面),一手抓肩部,一手抓臀部进行人工呼吸,数分钟后,待猪身不僵硬、精神状态良好时拿出来,把身上水擦净,放在温暖的地方,待仔猪能走动、恢复正常状态时,再拿出来喂奶。

138. 怎样防止母猪产后吃仔猪?

母猪吃仔猪的原因很多,有口渴性吃仔猪、误食性吃仔猪等几种,因此应区别对待,采取相应的措施进行预防。

(1)口渴性吃仔猪　母猪临产前供水不足,加之分娩时脱水过多,产后口渴烦躁,便会出现吃仔猪现象。此时应立即将仔猪移开,给母猪饮足温盐水(含盐 0.2%~0.3%),并喂稀粥状流食。待母猪喝足吃饱后,再将仔猪送到母猪身边吃奶。

(2)误食性吃仔猪　母猪产后误食胎衣、羊水,易诱发误食性吃仔猪。因此,接产人员要及时清除母猪产后排出的胎衣,千万不能让母猪吃掉。

(3)营养不良吃仔猪　母猪怀孕后期,饲料营养低劣,尤其是极度缺乏食盐、钙和维生素,也会出现母猪产后吃仔猪的现象。此时应立即供应母猪全价饲粮,特别要注意蛋白质、矿物质和维生素的供给。

(4)遗传性吃仔猪　有的母猪产后哺乳正常,母子关系也亲密,但猪栏内隔几天就少一二头仔猪,到断奶时所剩无几,且每次产仔都出现这种情况。这是一种遗传性吃仔癖,其所产后代母猪产仔时也会出现这种恶癖,这种母猪应及时淘汰。

139．母猪产后瘫痪怎么办?

一般母猪多在产后 1～3 天发生瘫痪,其原因是母猪妊娠期间,胎儿的发育消耗了母体大量钙、磷等矿物质,再加上哺乳期分泌大量乳汁,又消耗了大量营养,如果饲料单纯,钙、磷等矿物质和维生素缺乏,就会从母猪自身中动用大量钙、磷造乳,致使母猪瘫痪。助产时器械使用不当,胎儿过大时强力拉出,使骨盆神经受损伤,或产后护理不当,圈内阴冷潮湿,受贼风侵袭,也易引起母猪瘫痪。

病猪一开始腿疼,以后发生瘫痪。四肢疼痛剧烈,触摸皮肤敏感,叫唤,体温正常或稍低,食欲减退,粪便干燥。

当母猪出现上述症状时,可减少仔猪哺乳次数,白天把仔猪隔在圈外,夜间放进圈内,定时哺乳,每天 4 次,当仔猪达到 40 日龄以上即可断奶。如母猪能轻微活动,可在人工辅助下到圈外晒晒阳光。同时注意补喂钙、磷等矿物质和维生素饲料,如在饲料中每天补充骨粉 20～40 克,同时每日分 2 次加喂鱼肝油 20 毫升。冬天要注意产后防寒保暖,喂足青绿多汁饲料。

对于产后瘫痪的母猪,除加强饲养管理外,还应积极治疗。据报道,用下列中药方治疗效果较好。

乌蛇25克,防风25克,土虫20克,地龙25克,血竭15克,当归25克,红花20克,黄酒100毫升为引,温水调好,一次投服,不愈者,再服1剂,即可痊愈。此方主要功能是祛风活血,消炎止痛。

另外,对病猪也可一次性静脉注射10%～20%的葡萄糖酸钙100～150毫升;或皮下注射樟脑油5～10毫升;或肌肉注射跛行安10～20毫升;还可涂擦白酒并按摩皮肤促进血液循环。

140. 产后母猪奶水不足怎么办?

母猪产仔后有时出现无奶水或奶水不足现象,影响仔猪的正常生长发育,甚至造成死亡,因此应查明原因,采取有效的补救措施。

引起母猪缺奶或无奶的原因主要是:母猪营养不良,年老体弱,配种过早,患有疾病或过于肥胖等。可根据具体情况采取相应的措施。

(1)改善饲养管理,喂给足量营养丰富的饲料 如配合饲料,再补充些豆浆、米浆,有条件的可喂些小鱼、小虾或猪羊下水汤等,效果较好。

(2)及时淘汰年老体弱的母猪,小母猪避免过早配种 一般产仔8～10胎的母猪,除特别优良的以外,不宜再作种用。小母猪的初配年龄,一般地方品种要在7～8月龄以后,体重达50千克以上;培育品种应在9～10月龄,体重达80千克以上。

(3)治疗母猪产后子宫、乳房炎综合征 该病特征主要是厌食,喜睡,乳房红肿有硬块,体温升高到39.8～41.5℃,阴道排出黄白色恶臭黏液。治疗可注射青霉素、链霉素,也可用0.1%的高锰酸钾溶液或2%温盐水灌洗子宫。

(4)过于肥胖的母猪,可酌情减少精料,增加青料,适当加强运动。也可用中草药催乳,如:王不留行60克,天花粉60克,漏芦

40克,僵蚕30克,猪蹄4只,加水煎汤,混入饲料分2次喂,两次相隔5小时。

141. 怎样给哺乳母猪配合饲粮?

母乳是仔猪生后2周内惟一的营养来源,而猪乳的物质基础是饲料,如母猪在哺乳期内饲料营养供应不足,母猪必要动用体内贮藏的营养,造成母猪减重掉膘。在正常情况下一般减重20%左右为宜,如减重过多,使母猪过分消瘦,将影响断奶后的正常发情配种,降低繁殖能力。因此,对哺乳母猪必须加强营养,饲料应多种配合,切忌饲料单一;饲料品质必须良好,不可霉烂变质。精饲料选用豆饼、玉米、大麦、米糠、粉渣等。青绿饲料可选用胡萝卜、南瓜、野菜、白菜等。饲粮中的精饲料可达40%以上,还应当加喂适量的动物性饲料(鱼粉、骨粉等)和食盐等。一般来说,对体重150~200千克的母猪,泌乳盛期每头每日应喂混合料5.0~5.5千克,含消化能58.41~66.75兆焦、粗蛋白质700~800克。哺乳母猪的饲粮配方可参见表4-6。

表4-6 哺乳母猪饲粮配方

饲料	配合比例(%)	饲粮重量及营养含量
黄玉米	40	每日每头喂量:6.95千克
豆饼	12	折风干料:4.5千克
大麦	5	含消化能:60.67兆焦
高粱	10	含可消化粗蛋白质:573克
麸皮	8	
粉渣	10	
青贮玉米	8	
鱼粉	7	

注:另加骨粉2%、食盐0.5%。

142. 怎样管理好哺乳母猪？

母猪分娩过程体力消耗大，产后极度疲劳，腹内空虚，饥渴感很强，但产后不能立即饮喂，应让母猪休息0.5~1小时以后，再少给些温热的麸皮豆饼汤。产后2~3天内不应喂得过多，饲粮要营养丰富，容易消化。一般在产后10小时至3天逐渐增加饲料量，在产后5~7天，可把饲料增加到正常量。由于产后母猪体力虚弱，过早加料可能引起消化不良、乳质变化、仔猪拉稀。产仔1周以后，母猪泌乳量逐渐增加，仔猪奶量的需求也增大，需要较多的营养物质来满足泌乳的需要，因此应给予优饲。在仔猪开始吃料后，母猪的产奶量也逐渐减少，这时应看情况逐渐减料，使母猪在仔猪断奶时保持不肥不瘦的体况。仔猪断奶前3~5天，要逐渐降低母猪的营养水平，以避免乳房膨胀发生乳房炎。

泌乳母猪最好日喂4次（6时、10时、16时、20时各一次），这样母猪有饱腹感，夜间不站立拱食，可减少压死、踩死仔猪，有利于母、仔安静休息。饲料应加1~2倍水调制成湿料或稀粥料喂饲，并另外饮水。要保证母猪充足饮水，有条件时可喂豆腐浆汁，加喂一些南瓜、甜菜、胡萝卜等催乳饲料。夜间加喂一遍稀食，能提高母猪的泌乳量。

泌乳期内母猪饲粮构成要保持相对稳定，不要骤变饲料，不喂变质和有毒饲料。

猪舍要保持温暖、干燥、卫生、空气新鲜，并尽量减少噪声等应激因素，安静的环境对母猪泌乳有利。

有条件的地方，可让母猪带仔猪在就近的牧地上活动，能提高母猪泌乳力，促进仔猪发育。无牧地条件，最好每天能让母猪有适当的室外逍遥活动。

五、猪的肥育

143. 生长肥育猪有哪些生理特点?

猪的生长肥育过程是指猪从断乳到出栏(屠宰),一般按体重分为两个阶段,即生长肥育的前期阶段(体重20~60千克阶段)和生长肥育的后期阶段(体重60~90千克阶段)。20千克以上的猪,尽管其生长发育正处于旺盛时期,但它的消化系统还不完善,消化液中的某些有效成分还不多,影响了某些饲料中营养物质的吸收,且胃的容积小,一次不能容纳较多的食物。神经系统和机体的抵抗力也正处于逐步完善阶段,加之断奶应激的刺激,对外界环境变化的适应能力比较差。因此,这个阶段需要提供优质的、易于消化吸收的饲料,并加强管理,改善饲养环境。

当猪体重达60千克以后,其生理机能逐渐完善,消化系统得到充分发育,对各种物质的消化能力和对饲料中各种营养成分的吸收能力有很大提高。机体对外界各种刺激的抵抗能力也大大增强,对周围环境具有较强的适应性。这个时期疾病少,增重快,一般平均日增重可达500克以上。因此,在这时期,应抓住猪增重快的机遇,及时提供优质的全价配合饲料,满足生长肥育猪的营养需要,促进其快速生长、肥育,以达到增重快、出栏率和饲料利用率高、降低饲养成本与增加经济效益的目的。

144. 生长肥育猪有哪些生长发育规律?

生长肥育猪的生长发育规律,可以从其机体各组织器官的发育和各种组织的沉积变化情况来衡量。猪的骨、肉、皮、脂的生长是遵循一定的规律同时并进的,但在不同的阶段又有侧重,不同品种、类型也有差异,同时也受到饲养方法和环境因素的影响。生长肥育猪的肌肉组织是由骨骼肌(常见的瘦肉,附着于骨骼周围)、心肌(构成心脏的肌肉)和平滑肌(构成胃肠壁)组成,其中骨骼肌占绝大多数。脂肪组织主要是由大量脂肪酸组成,从形态上又分为板油、花油和皮下脂肪。猪骨骼是由矿物质聚积而成,含有大量的钙、磷;猪皮是由许多结缔组织和胶原蛋白组成。猪的骨骼和皮在猪的机体组织中所占的比例较小。在一般情况下,猪的骨骼发育最早,肌肉次之,脂肪的沉积最迟。有研究表明,骨骼从初生到4月龄左右的生长强度最大,皮从初生到6月龄生长最快,在体重50千克时,肉脂兼用型猪的肌肉生长达到高峰并趋于缓慢;体重90千克时,瘦肉型猪的脂肪生长速度加快并逐渐达到高峰,肌肉和骨骼生长缓慢或逐渐停止。也就是说,在猪的生长肥育过程中,肥育前期阶段以骨骼生长占优势,其次是肌肉,脂肪的沉积最为缓慢;到了肥育后期阶段,脂肪组织以较大的优势沉积,骨骼和肌肉的生长处于下降趋势。

猪内脏器官的生长是前期快、后期慢。胸腔器官的生长发育较早,在胚胎期就已经发育完善了,而消化器官在出生后才能迅速发育成熟。

分析猪体组织的变化,随着猪的年龄和体重的增长,猪体内的水分、蛋白质的含量逐渐下降,而脂肪的含量会逐渐增加。幼龄猪水分含量高,脂肪含量低;随着体重的增加,水分降低,脂肪增加,而水分和脂肪的合计始终约占体重的80%,猪体内蛋白质的比例是比较稳定的,约占14.5%~17.5%。

145. 影响生长肥育猪肥育效果的因素有哪些?

影响猪肥育效果的因素有很多,各种因素之间既有联系又相互影响。归纳起来,大体上可分为遗传因素和环境因素两个方面。遗传因素包括品种类型、生长发育规律、早熟性等,环境因素包括饲料品质、饲养水平及环境条件等。

(1)品种类型　猪的品种类型对其肥育效果影响很大,这是因为不同品种类型的猪生长发育规律不一样,在整个肥育期的不同阶段所需的营养标准和饲粮数量不一样。如引进品种长白猪、约克夏猪、杜洛克猪、汉普夏猪等,属于瘦肉型猪。在以精饲料为主、高营养水平的饲养条件下,其肥育效果比地方品种好,增重较快,肥育时间短。但以青粗饲料为主的中、低营养水平饲养条件下,则国外品种增重速度不如地方品种,肥育效果也较差。因此,为了提高肥育效果,应对不同品种类型的猪采取不同的肥育方法。

(2)杂交组合　在养猪生产中,利用杂种优势是提高肥育效果的重要措施之一。一般来说,杂交猪的肥育效果和胴体瘦肉率水平均高于纯种猪,不同杂交组合之间又存在差异,而三品种杂交比两品种杂交效果好。实践证明,一般以国外优秀品种为父本,以我国地方品种为母本,其后代增重速度的优势率为10%～20%,饲料利用优势率在5%～10%。

(3)初生重与断奶重　仔猪初生重、断奶重与肥育期的增重呈正相关。仔猪的初生重大,则个体的生活力强,体质好,生长速度快,断奶体重也大,肥育期的增重速度也较快,饲料报酬高。因此,生产中应特别重视和加强母猪的饲养以及仔猪的培育,尽量提高仔猪的初生重和断奶重,为提高肥育猪的肥育效果奠定良好的基础。

(4)性别与去势　性别与去势对猪的肥育效果均有一定影响。公、母猪去势后,因为没有性激素的影响,表现出性情安静,性机能消失,食欲增进,能更好地利用所摄取的营养,使增重速度提高,肉的品质也得到改善。可见,去势有利于猪的肥育。实践证明,去势的公、母猪比未去势的公、母猪的增重速度分别提高10%和7%左右,饲料利用率和屠宰率也均比未去势的高。

(5)饲粮营养 饲粮中营养水平及饲粮结构不同,对猪的肥育以及胴体品质的影响很大。优良的品种以及合理的杂交组合只是提供了好的遗传基础,但如果没有科学的饲养管理也无法发挥它们的优势,饲养方式不当,瘦肉型的猪也会养肥,增重快的也会变慢。

饲粮能量水平的高低对猪日增重和胴体瘦肉率的影响极大。一般来说,能量摄取愈多,日增重愈快,饲料利用率愈高,但胴体脂肪含量也愈多。蛋白质对猪的肥育也有影响,由于蛋白质不单是与肥育猪长肉有直接关系,而且蛋白质在机体中是酶、激素、抗体的主要成分,对维持新陈代谢、生命活动都有特殊功能,如果蛋白质摄取不足,不仅影响肌肉的生长,同时影响肥育猪的增重。在一定范围内,饲粮蛋白质水平愈高,增重速度愈快,而且胴体瘦肉率也愈高。值得注意的是,饲粮中的氨基酸应达到均衡,尤其是限制性氨基酸,它不仅影响肌肉的生长,同时还影响肌肉的品质。此外,维生素、矿物质对猪的肥育也有很大影响。

(6)环境条件

①温度:猪在肥育期需要适宜的温度,过冷或过热都会影响肥育效果,降低增重速度,因为气温过高,影响采食量,休息时间少。夏天要防止猪舍曝晒,要遮阳通风。气温过低,造成体热散失过多,为了维持正常体温,猪采食量增多,浪费饲料。因此,在生产中,做到猪舍冬季保温、夏季防暑是非常重要的。

②湿度:湿度过高或过低对肥育猪都是不利的,但湿度是随着环境温度而产生影响的。高温条件下的高湿度造成的影响最大,其次是低温条件下的高湿状况。若环境温度适当,湿度在一定范围内变化对猪的增重还无明显影响。

③光照:实践证明,光照对猪的肥育影响不明显。

④圈养密度:头数过多,饲养密度过大,使局部温度上升,采食

量减少,饲料利用率和日增重下降,一般圈养密度为0.8~1头/平方米,每圈饲养10~20头。密度过小对猪肥育也有影响,尤其是冬季,散热快,维持需要增加,额外浪费饲料。

146．饲养肥育猪应做好哪些准备？

(1)圈舍、设备的维修及消毒　在进猪前,首先对圈舍、饲槽、饮水器等进行维修,确保圈舍冬季保温、夏季防暑,饲养设备能正常投入使用。一切准备就绪后,对圈舍进行彻底清扫,对饲养设备进行洗涮,最后进行全面消毒。

(2)要选好仔猪　应选择优良杂交组合、体质健壮、体型外貌良好的仔猪。这样的猪采食量大,生长发育快,增重迅速,生活力强,不易患病。

(3)做好驱虫工作　在肥育前,要对仔猪普遍进行一次体内驱虫和体外灭虱及根治疥癣病的工作。

(4)预防疫病　按防疫要求制定防疫计划,安排免疫程序。预防注射时要按疫苗标签规定部位及免疫程序、剂量及时准确地操作。预防注射应与去势、驱虫等工作分开进行。

(5)备足饲料　根据配合饲料的要求,购进相关饲料或原料。

147．怎样选购仔猪？

(1)选购优良的杂交仔猪　在一般情况下,杂交猪比纯种猪长得快,而多品种杂交猪又比二品种杂交猪长得快。目前选择三品种瘦肉型杂交猪,生长快,抗病性强,饲料报酬高,瘦肉多,出栏好卖,价格高,经济效益好。

(2)选购体大强壮的仔猪　体重大、活力强的仔猪,肥育期增重快,省饲料,发病和死亡率低。群众的经验是"初生多一两,断奶多一斤;入栏多一斤,出栏多十斤"。50~60天断奶的仔猪,体重不能低于是11~15千克。只图省本钱而购买生长落后的弱小仔猪肥育,往往得不偿失。

(3)选购体型外貌良好的仔猪　选购的猪应该具备:身腰长,体型大,皮薄富有弹性,毛稀而有光泽,前躯宽深,中躯平直,后躯发达,尾根粗壮,四肢强健,体质结实。

(4)选购健康的仔猪　某些慢性疾病,如猪气喘病、萎缩性鼻炎、拉稀等,虽然死亡率不高,但严重影响猪的生长速度,拖长肥育期,浪费饲料,降低养猪的经济效益。因此,选购仔猪时必须给予重视。一般来说,凡眼神精神,被毛发亮,活泼好动,常摇头摆尾,叫声清亮,粪成团,不拉稀,不拉疙瘩粪和干球粪,都是健康仔猪的表现;反之,精神萎靡不振,毛粗乱无光泽,叫声嘶哑,鼻尖发干,粪便不正常,说明仔猪有毛病。

另外,选购仔猪时一定要问明是否做过猪瘟、猪丹毒、猪肺疫预防接种。

(5)就近选购,挑选同窝猪　如附近有杂交繁殖猪场,应优先作为选购对象。就近购猪,节省运输费用,使仔猪少受运输之苦,又易了解猪的来源和病情,避免带入传染病。如果一次购买数头或几十头仔猪,最好按窝挑选,买回来按窝同圈饲养,这样可避免不同窝的猪混群后互相殴斗,影响生长发育。

148. 怎样使僵猪脱僵?

僵猪一般又叫"小老猪"。在猪生长发育的某一阶段,由于遭到某些不利因素的影响,使猪长期发育停滞,虽饲养时间较长,但体格小,被毛粗乱,极度消瘦,形成两头尖、中间粗的"刺猬猪"。这种猪吃料不长肉,给养猪生产带来很大的损失。

造成僵猪的原因,一是由于母猪在妊娠期饲养不良,母体内的营养供给不能满足胎儿生长发育的需要,致使胎儿发育受阻,产出初生重很小的"胎僵"仔猪;二是由于母猪在泌乳期饲养不当,泌乳不足,或对仔猪管理不善,如初生弱小的仔猪长期吸吮干瘪的乳头,致使仔猪发生"奶僵";三是由于仔猪长期患寄生虫病及代谢性疾病,形成"病僵";四是由于仔猪断奶后饲料单一,营养不全,特别是缺乏蛋白质、矿物质和维生素,导致断奶后仔猪长期发育停滞而形成"食僵"。

形成僵猪的原因是多方面的,而且也是互有联系的,要防止僵猪的出现和使僵猪脱僵,必须采取以下综合措施。

(1)加强母猪妊娠后期和泌乳期的饲养,保证仔猪在胎儿期能获得充分发育,在哺乳期能吃到较多营养丰富的乳汁。

(2)合理给哺乳猪固定乳头,提早补料,提高仔猪断奶体重,保证仔猪健康发育。

(3)做好仔猪的断奶工作,做到饲料、环境和饲养管理措施三个逐渐过渡,避免断奶仔猪产生各种应激反应。

(4)搞好环境卫生,保证母猪舍温暖、干燥,空气新鲜,阳光充足。做好各种疾病的预防工作,定期驱虫,减少疾病。

(5)僵猪的脱僵措施　发现僵猪,及时分析致僵原因,排除致僵因素,单独喂养,加强管理,有虫驱虫,有病治病,并改善营养,加喂饲料添加剂,促进机体生理机能的调整,恢复正常生长发育。一般情况下,在僵猪饲粮中,加喂 $0.75\% \sim 1.25\%$ 的土霉素碱,连喂 7 天,待发育正常后加 0.4%,每月 1 次,连喂 5 天,适当增加动物性饲料和健胃药,以达到宽肠健胃、促进食欲、增加营养的目的,并加倍使用复合维生素添加剂、微量元素添加剂、生长促进剂和催肥剂,可促使僵猪脱僵,加速催肥。

149.生长肥育猪的肥育方式主要有哪几种?

生长肥育猪的肥育方式主要有两种,即阶段肥育法和一贯肥育法。

(1)阶段肥育法　阶段肥育是根据猪的生理特点,按体重或月龄把整个肥育期划分为小猪、架子猪和催肥三个阶段,把精饲料重点用在小猪和催肥阶段,而在架子猪阶段尽量利用青饲料和粗饲料。

小猪阶段:从断奶体重10多千克喂到25～30千克左右,饲养时间约2～3个月,喂给较多的精饲料,搭配泔水和适量粗饲料,保证其骨骼和肌肉正常发育。

架子猪阶段:从体重25～30千克喂到50千克左右,饲养时间约4～5个月,喂给大量青、粗饲料,搭配少量精料,有条件的可实行放牧饲养,酌情补点精料,促进骨骼、肌肉和皮肤的充分发育,而且猪的消化器官也得到很好的锻炼,为以后催肥期的大量采食和迅速增重打下良好的基础。

催肥阶段:猪体重达50千克以上进入催肥期,饲喂时间约2个月左右,增加精饲料的给量,尤其是含碳水化合物较多的精料,限制运动,加速猪体内脂肪沉积,外表呈现肥胖丰满。一般喂到80～90千克,即可出栏屠宰,平均日增重约为0.5千克。

阶段肥育法多用于边远山区农户养猪,它的优点是能够节省精饲料,而充分利用青、粗饲料,适合这些地区农户养猪缺粮的条件,但猪增重慢,饲料消耗多,屠宰后胴体品质差,经济效益低。

(2)一贯肥育法 又叫直线肥育法或快速肥育法。这种肥育方法从仔猪断奶到肥育结束,都给予完善营养,精心管理,没有明显的阶段性。在整个肥育过程中,充分利用精饲料,让猪自由采食,不加以限制。在配料上,以猪在不同生理阶段的不同营养需要为基础,能量水平逐渐提高,而蛋白质水平逐渐降低。

快速肥育法的优点是:猪增重快,肥育时间短,饲料报酬高,胴体瘦肉多,经济效益好。随着肉猪生产商品化的发展,传统的阶段肥育法必然被快速肥育法所代替。

150.架子猪怎样催肥?

当架子猪体重达50千克以上即进入催肥期。催肥前首先要进行驱虫和健胃,因为架子猪阶段管理比较粗放,猪进食生饲料,拱吃泥土、脏物,尤其在放牧条件下,难免要感染蛔虫等寄生虫,在猪体内吸收大量营养,影响猪的肥育。驱虫药物可选用兽药敌百虫,每千克体重60~80毫克,拌入饲料中一次服完。在驱虫后3~5天,用大黄苏打片拌入饲料中饲喂,即按每10千克体重2片的标准,将大黄苏打片研成粉末,均分三餐拌入饲料,这样可增强胃肠蠕动,有助于消化。健胃后便增加饲粮营养,开始催肥。催肥前一个月,饲料力求多样化,逐渐减少粗饲料的喂量,加喂含碳水化合物多的精饲料如玉米、糠麸、薯类等,并适当控制运动,以减少能量的消耗,利于脂肪的沉积。这时猪食欲旺盛,对饲料的利用率高,增重迅速,日增重一般达0.5千克以上。到了后一个月,因体内已沉积了较多的脂肪,胃肠容积缩小,采食量日渐减少,食欲下降,这时应调整饲粮配合,进一步增加精料用量,降低饲粮中青、粗饲料比例,并尽量选用适口性好、易消化的饲料(催肥猪日粮配方参见表5-1);适当增加饲喂次数,少喂勤添,供给充足饮水,保持环境安静,注意冬季舍内保温,夏季通风凉爽,使其给食后充分休息,以利于脂肪沉积,达到催肥的目的。

表 5-1 催肥猪饲粮配方

饲料种类	豆饼	麦麸	大麦	玉米	骨粉	食盐
混合精料比例(%)	10.0	10.0	50.0	28.6	0.7	0.7

151. 猪快速肥育需要哪些环境条件?

猪的快速肥育,圈养密度大,饲养周期短,因而对环境条件的要求比较严格。只有创造适宜的小气候环境,才能保证生长肥育猪食欲旺盛,增重快,耗料少,发病率和死亡率低,从而获得较高的经济效益。

(1)温度 猪是恒温动物,在一般情况下,如气温不适,猪体可通过自身的调节来保持体温的基本恒定,但这时需要消耗许多体力和能量,从而影响猪的生长速度。生长肥育猪的适宜气温是:体重60千克以前为16~22℃;体重60~90千克为14~20℃;体重90千克以上为12~16℃。

(2)湿度 湿度对生长肥育猪的影响小于温度。但湿度过高或过低于对生长肥育猪也是不利的。当高温高湿时,猪体散热困难,猪感到更加闷热;当低温高湿时,猪体散热量显著增加,猪感到更冷,而且高湿环境有利于病原微生物的繁殖,使猪易患疥癣、湿疹等皮肤病。反之,空气干燥,湿度低,容易诱发猪的呼吸道疾病,猪舍适宜的相对湿度为60%~80%,如果猪舍内启用采暖设备,相对湿度应降低5%~8%。

(3)光照 在一般情况下,光照对猪的肥育影响不大。肥育猪舍的光线只要不影响猪的采食和便于饲养管理操作即可,强烈的光照会影响猪休息和睡眠。建造生长肥育猪舍以保温为主,不必强调采光。

(4)有害气体 猪舍内由于粪便、饲料、垫草的发酵或腐败,经常分解出氨气、硫化氢等有毒气体,而且猪的呼吸又会排出大量的二氧化碳。如果猪舍内二氧化碳的浓度过高,会使猪的食欲减退,体质下降,增重缓慢。氨气和硫化氢对人和猪都有害,严重刺激和破坏黏膜、结膜,会诱发多种疾病。因此,猪舍内要经常注意通风,及时处理猪粪尿和脏物,注意合适的圈养密度。

(5)噪声 噪声对生长肥育猪的采食、休息和增重都有不良影响。如果经常受到噪声的干扰,猪的活动量大增,一部分能量用于猪的活动而不能增重,噪声还会引起猪惊恐,降低食欲。

(6)圈养密度 如果圈养密度过高,群体过大,可导致猪群居环境变劣,猪间冲突增加,食欲下降,采食减少,生长缓慢,猪群发育不整齐,易患各种疾病。在一般情况下,圈养密度以每头生长肥育猪占0.8~1.0平方米为宜;猪群规模以每群10~20头为宜。

(7)组群　不同猪种的生活习性不同,对饲养管理条件的要求也不同。因此,组群时应按猪种分圈饲养,以便为其提供适宜的环境条件。另外,组群时还要考虑猪的个体状况,不能把体重、体质参差不齐的仔猪混群饲养,以免强夺弱食,使猪群不整齐。组群后要保持猪群的相对稳定,在饲养期内尽量不再并群,否则不同群的猪相互咬斗,影响其生长和肥育。

152．怎样给生长肥育猪配合饲粮？

饲粮构成是否合理是猪生长肥育速度和经济效益的关键性因素。一个好的饲粮必须达到以下要求:饲粮在能量、蛋白质和氨基酸、矿物质及维生素营养上要能满足生长肥育猪的需要;饲粮适口性要好,粗纤维水平适当,保证消化良好,不拉稀,不便秘;饲粮要保证生长肥育猪能生产出优质的肉脂;饲粮的成本要低。

若采用分期饲养方式,体重60千克以前为饲养前期,体重60千克以后为饲养后期。饲养前期的饲粮中的消化能含量为12.55~13.39兆焦/千克,粗蛋白质含量为16%~17%;饲养后期的饲粮中的消化能含量为12.97~13.81兆焦/千克,粗蛋白质含量为12%~14%。

生长肥育猪的饲粮应以精饲料为主,适当搭配青、粗饲料,使饲粮中粗纤维含量控制在6%~8%以内。生长肥育猪的饲粮配方可参见表5-2。

表5-2　生长肥育猪饲粮配方(%)

猪种	兼用型杂交猪				瘦肉型杂交猪			
饲粮编号	1		2		1		2	
	前期	后期	前期	后期	前期	后期	前期	后期
玉米	45.0	50.0	50.0	47.0	35.0	37.0	45.0	48.0
高粱	10.0	10.0	15.0	10.0			10.0	10.0

续表

猪种	兼用型杂交猪				瘦肉型杂交猪			
饲粮编号	1		2		1		2	
	前期	后期	前期	后期	前期	后期	前期	后期
大麦					30.0	35.0		
麦麸	10.0	10.0	6.0	6.0	11.0	14.5	10.0	8.0
花生饼			5.0	5.0				
豆饼	12.0	8.0	9.0	7.0	7.0	5.0	12.0	10.0
菜籽饼	3.0	3.0	5.0	4.0				
葵籽饼	5.0	7.0	5.0	4.0			5.0	5.0
棉籽饼					7.0	5.0	8.0	8.0
米糠	5.0	5.0		10.0			5.0	5.0
鱼粉	3.0				8.5	2.0	3.5	
草粉	5.5	5.5	3.5	5.5				4.5
贝粉	0.7	0.7	0.6	0.8	1.2	1.3	1.0	1.0
骨粉	0.5	0.5	0.5	0.3			0.2	0.2
食盐	0.3	0.3	0.4	0.4	0.3	0.3	0.3	0.3

注：可另加20%~30%的青饲料，多种维生素、微量元素及促长添加剂等按药品说明书添加。

153．猪快速肥育的管理要点有哪些？

(1)定时定量　喂猪规定一定的次数、时间和数量，使猪养成良好的生活习惯，吃得饱，睡得好，长得快。一般在饲养前期每天喂5~6顿，在饲养后期每天喂3~4顿，每次喂食时间的间隔应大致相同，每天最后一顿要先安排在晚上9点钟左右。每头猪每天喂量，一般体重15~25千克的猪喂1.5千克，25~40千克的猪喂1.5~2千克，40千克以上的猪喂2.5千克以上。每顿喂量要基本保持均衡，可喂九分饱，使猪保持良好的食欲。饲料增减或换品种,要逐渐进行,以使猪的消化机能逐渐适应变化。

(2)先精后青　喂食时,就先喂精饲料,后喂青饲料,并做到少喂勤添,一般每顿食分3次投料,让猪在半小时内吃完,饲槽不剩料,然后每头猪喂青饲料0.5~1.0千克。青饲料洗干净不切碎,让猪咬吃咀嚼,把更多的唾液带入胃内,以利于饲料的消化。

(3)喂湿拌生料　生喂既能保证饲料营养成分不受损失,又能节省人工和燃料。除马铃薯、芋头、南瓜、木薯、大豆、棉籽饼等含有害物质需要熟喂外,其他大部分植物性饲料均应生喂。精饲料喂前最好制成湿拌料,即先把一定量的配合精料放进桶(缸、池)内,然后按1:1~1.3的料水比例加水,加水后不要搅动,让其自然浸没,夏、秋季浸3小时,冬、春季浸4~5小时,用浸泡后湿拌料喂猪,促进饲料软化,有利于猪胃肠消化吸收。

(4)及时供水　水分对猪体内养分的运输、体液分泌、体温调节、废物排除都有重要作用,因此必须让猪喝足水,如采用湿拌料,在吃完食之后,要给猪喝清水。冬季供给温水,夏、秋季为冷清水。

(5)注意防病　在进猪之前,圈舍就要进行彻底清扫和消毒。准备肥育的幼猪应做好各种疫苗接种,在肥育期间要注意环境卫生,制订严密的防病措施,为肥育猪创造舒适的小气候环境,确保肥育猪健康无病。

(6)适时出栏　猪的一生是前期长肉,后期长膘,生长肥育猪达到一定年龄后,随着体重增长,料肉比逐渐增大,瘦肉率逐渐降低,因此存栏时间不宜过长,出栏体重不宜过大;反之,存栏时间短,出栏体重小,虽然能降低料肉比,提高瘦肉率,但每头猪的产肉量减少,又提高了肉猪成本,对养猪生产也是不利的。考虑肥育猪的胴体品质和养猪的经济效益,出栏时期应安排在6~7月龄、体重90~110千克为宜。

154. 快速肥育瘦肉型猪要注意哪些问题?

(1)猪的品种 要求肥育的猪应是瘦肉型品种,或者是瘦肉率较高的杂交种。

(2)初生重与断奶体重 仔猪初生重愈大,生活力、抗病力愈强,生长速度愈快。断奶体重愈大,在肥育期增重快,死亡少,饲料利用率高。

(3)营养水平 营养水平直接关系到猪的生长速度,用单一饲料喂猪,生长速度慢,饲养期长达半年以上,出栏料肉比常在5∶1左右;而用配合饲料喂猪,生长速度明显加快,饲养期大为缩短,出栏料肉比可降至3.5∶1左右。一般要求猪饲料蛋白质含量,前期为16%~18%,后期为14%左右。

(4)饲料品质 饲料的品质也会影响到猪的肥育,如饲料结构、调制方式、适口性等。饲料品种要多样化,一般宜采用稠粥料或生湿拌料。

(5)去势与驱虫时间 去势时间宜安排在仔猪1月龄左右。及时驱除猪体内外寄生虫,如蛔虫、猪体虱等,一般宜安排在肥育前进行。

(6)环境条件 如温度、湿度、饲养密度、猪舍的卫生状况等都应根据猪的需要调整到比较好的范围。一般温度控制在15~20℃,相对湿度宜控制在55%~75%,饲养密度应在0.8~1.0头/平方米。

155. 怎样提高出栏猪的瘦肉率?

(1)饲养瘦肉型品种 猪出栏屠宰后胴体瘦肉率与饲养品种有很大关系,瘦肉型品种遗传品质好,胴体瘦肉率高。因此,生产中要选择瘦肉率高的猪种来进行肥育,如长白猪、杜洛克猪、汉普夏猪等引进的国外品种以及由这些品种猪作父本的杂交猪,它们的屠宰率和胴体瘦肉率都比较高。

(2)科学提供饲粮营养　实践证明,瘦肉猪的配合饲料,需含中等能量和较多的蛋白质。猪的生长发育过程,大体可分为"小猪长骨,中猪长肉,大猪长膘"三个阶段。就是说,猪年龄愈小,体重愈轻,骨骼生长愈快。随年龄、体重的增加,肌肉长势加强,一般体重15～60千克时肌肉充分生长,60千克以后则加快了脂肪的沉积。因此,瘦肉型猪的配合饲料每千克只需含12.55兆焦左右的消化能。蛋白质的含量需分前期、后期两个标准,前期(体重15～60千克)饲料中含粗蛋白质17%左右,后期(体重60～90千克)含16%左右。

(3)改善饲喂技术　在饲养方式上,应采用"前催后控"的肥育方法。营养水平由高到低,有利于瘦肉的生长。据试验,猪生长前期脂肪沉积平均每天增长速度为29～120克,而体重60千克以后高达120～378克。因此,前期让猪吃饱(不限量),充分发育肌肉;后期适当控制喂量(喂到八九成饱),以减少脂肪沉积。

瘦肉型猪要喂湿拌料。实验证明,湿拌料比汤料容易被猪消化吸收,符合生理要求,也便于饲喂。湿拌料,料与水的比例为1∶1.25～1.5,以手握指缝不滴水为宜。日喂次数,小猪阶段4次,体重50千克后3次。饮水不限。

(4)创造良好的环境条件　良好的环境条件有利于蛋白质的沉积,提高瘦肉率。

(5)适时出栏屠宰　尽量缩短肥育期,降低出栏体重,一般在猪养到5～6月龄体重达90～100千克时出栏屠宰,较为适宜。超过6月龄,胴体中脂肪含量明显增多。

156．不同季节养猪应注意什么?

春夏秋冬,气候变化很大,只有掌握客观规律,加强季节性饲养管理,才能有利于猪的生长发育。

(1)春季防病　春季气候温暖,青饲料幼嫩可口,是养猪的好季节。但春季空气湿度大,温暖潮湿的环境给病菌创造了大量繁殖的条件,加上早春气温忽高忽低,而猪刚刚越过冬季,体质较差,抵抗力较弱,容易感染疾病。因此,春季也是猪疾病多发季节,必须做好防病工作。

在冬末春初,对猪舍要进行一次清理消毒,搞好猪舍的卫生并保持猪舍通风透光,干燥舒适。寒潮来临时,要堵洞防风,避免猪受寒感冒。

消毒时可用新鲜生石灰按 1:10~15 的比例加水,搅拌成石灰乳,然后将石灰乳刷在猪舍的墙壁、地面、过道上即可。

春季还要注意给猪注射猪瘟、猪肺疫、猪丹毒等各种疫苗,以预防各种传染病的发生。

(2)夏季防暑　夏季天气炎热,而猪汗腺不发达,尤其肥育猪皮下脂肪较厚,体内热量散发困难,使其耐热能力很差。到了盛夏,猪表现出焦躁不安,食量减少,生长缓慢,容易发病。因此,在夏季要注重做好防暑降温工作。降温措施可采取让猪舍通风、遮荫;在猪舍地面撒水降温;在饲喂前给猪身上冲水降温;在猪舍一角设浅水池让猪自动到水池内纳凉。另外,还应该保证供给足够的凉水供猪饮用,并注意猪舍内驱蝇灭蚊,使猪能安静睡觉。

(3)秋季肥育　秋季气温适宜,饲料充足、品质好,是猪生长发育的好季节。因此,应充分利用这个大好时机,做好饲料的储备和猪肥育催肥工作。

(4)冬季防寒　冬季寒冷,为维持体温恒定,猪体将消耗大量的能量。如果猪舍保暖,就会减少这个不必要的能量消耗,有利于生长肥育猪的生长和肥育,提高饲料报酬。

在寒冬到来之前,要认真修缮猪舍,用草帘、塑料薄膜等把漏风的地方遮挡堵严,防止冷风侵入。在猪舍内勤清粪便,勤换垫草,并适当增加饲养密度,保证猪舍干燥、温暖。

六、养猪常见病及防治

157. 猪的传染病是怎样发生的?

凡是由病原微生物引起、具有一定的潜伏期和临床症状、并具有传染性的疾病称为传染病。各种传染病的发生,虽然各具特点,但也有共性规律,均包括传播、感染、发病三个阶段。

(1)传染病的传播　猪传染病的传播扩散,必须具备传染源、传染途径和易感猪群三个基本环节,如果打破、切断和消除这三个环节中的任何一个环节,这些传染病就会停止流行。

①传染源:即病原微生物的来源,是携带并排出病原体的猪只,包括病猪和病原携带猪。对于人畜共患传染病,还包括人和其他携带病原体的动物。

病猪能够向外界排出大量的病原体,所以对病猪要严格隔离、消毒。死亡的病猪在一定时间里尸体内仍有大量的病原体存在,处理不当可造成病原体散播。

病原携带猪指外表无症状,但能够携带和排出病原体的个体。一般来说,它排出病原体的数量少于病猪。有少数传染病在潜伏期能排出病原体,如狂犬病和猪瘟等;也有的传染病处在恢复期时仍能排出病原体,如猪气喘病;有时健康无病的猪也可携带、排出某种病原体,这是隐性感染的缘故,如健康猪可分离到巴氏杆菌、沙门菌等。因此,在生产中,引入新的携带病原的猪常常会给猪群带来新的疾病,并在全群中迅速传播。由于病原携带猪可以间歇地排出病原体,所以引进猪时要经过多次病原学检查诊断为阴性后才能确定为非病原携带者,并在与原有猪群混群前,经过一定时间隔离观察。

②传播途径:是指病原体由一个传染源传播到另一个易感体所经由的途径。按病原体更迭宿主的方式,可分为垂直传播和水平传播。

a. 垂直传播:垂直传播是指病原体由母猪卵巢、子宫内感染或通过初乳传播给仔猪的传播方式,常见的传染病包括猪瘟、猪细小病毒感染、先天性震颤、脑心肌炎病毒感染等。

b. 水平传播:是指猪与猪之间的横向传播。几乎所有的传染病均可以经水平传播方式传播。根据参与传播的媒介可分为直接接触传播如舔咬、交配等;空气传播,即以空气中的飞沫、飞沫核以及尘埃作为媒介物而传播,所有的呼吸道传染病都可以这种方式传播;污染的饲料、饮水传播,以消化道为传入门户的传染病均能以此种方式传播,如猪大肠杆菌病、沙门菌病、猪瘟、口蹄疫等;土壤传播,如魏氏梭菌、猪丹毒等;媒介传播,指除猪以外的其他动物和人作为媒介来传播的方式。起传播作用的媒介主要包括节肢动物、人类、野生动物和其他畜禽。

③猪的易感性:病原微生物仅是引起传染病的外因,它通过一定的传播途径侵入猪体后,是否导致发病,还要取决于猪的内因,也就是猪的易感性和抵抗力。猪由于品种、年龄、免疫状况及体质强弱等性况不同,对各种传染病的易感性有很大差别。例如,在年龄方面,仔猪对白痢、红痢、大肠杆菌病等易感性高,成年猪则稍差一些;在免疫状况方面,猪群接种过某种传染病的疫苗或菌苗后,产生了对该病的免疫力,易感性即大大降低。当猪群对某种传染病处于易感状态时,如果体质健壮,也有一定的抵抗力。

(2)传染病的感染与发病

①感染的类型:某种病原微生物侵入猪体后,必然引起猪体防卫系统的抵抗,其结果必然出现以下三种情况:一是病原微生物被

消灭,没有形成感染;二是病原微生物在猪体内的一定部位定居并大量繁殖,引起病理变化和症状,也就是引起发病,称为显性感染;三是病原微生物与猪体内防卫力量处于相对平衡状态,病原微生物能够在猪体某些部位定居,进行少量繁殖,有时也引起比较轻微的病理变化,但没有引起症状,也就是没有引起发病,称为隐性感染。有些隐性感染的猪是健康带菌、带毒者,会较长期地排出病菌、病毒,成为易被忽视的传染源。

②发病过程:显性感染的过程,可分为以下四个阶段。

a. 潜伏期:病原微生物侵入猪体后,必须繁殖到一定数量才能引起症状,这段时间称为潜伏期。潜伏期的长短,与入侵的病原微生物毒力、数量及猪体抵抗力强弱等因素有关。例如猪瘟的潜伏期,一般为5～7天,最大范围为2～21天。

b. 前驱期:此时是猪发病的征兆期,表现出精神不振、食欲减退、体温升高等一般症状,尚未表现出该病特征性症状。前驱期一般在1～2天。

c. 明显期:此时猪的病情发展到高峰阶段,表现出病的特征性症状。前驱期与明显期合称为病程。急性传染病的病程一般为数天至2～5周,慢性传染病则可达数月。

d. 转归期:即疾病发展到结局阶段,病猪有的死亡,有的恢复健康。康复猪在一定时期内对该病具有免疫力,但体内仍残存并向外排放该病的病原微生物,成为健康带菌或带毒猪。

158. 预防猪病应采取哪些措施?

在养猪过程中,常常会发生各种疾病,特别是某些烈性传染病,严重影响着猪体健康和生长。因此在发展养猪生产的同时,猪场必须首先做好猪病的预防工作。

(1)猪场选址要符合防疫要求　猪场的场址应背风向阳,地势高燥,水源充足,排水方便。猪场的位置要远离村镇、学校、工厂和居民区,与铁路、公路干线、运输河道也要有一定距离。

(2)制定合理的传染病免疫程序 传染病的发病率和带来的损失在整个猪病中占有很高比例,它不仅会造成猪群的大批死亡和畜产品的损失,而且直接影响人民的生活健康和对外贸易。预防猪传染病最有效的方法之一就是预防注射疫苗及特定的抗原,按照传染病发生的规律,合理制定免疫接种程序,减少猪群发病,提高保护率。

(3)加强猪群的饲养管理 加强饲养管理,是搞好猪病防治的基础,是增强猪体抗病能力的根本措施。

①选择优质的仔猪:从无疫地区和无病猪群购进种猪或仔猪,确保无病猪进入猪场,并建立健全隔离制度,保证必要的隔离条件。

②供给全价饲粮:饲粮的营养水平不仅影响猪群的生产能力,而且缺乏某些成分可发生相应的缺乏症。所以要从正规的饲料厂购买饲料,贮存时注意时间不要过长,并防止霉变和结块。在自配饲粮时,要注意原料的质量,避免饲粮配方与实际应用相脱节。

③给予适宜的环境温度:适宜的环境温度有利于提高猪群的生产能力。如果温度过高或过低,都会影响猪群的健康,冷热不定容易导致猪体感冒及其他疾病。

(4)坚持严格的卫生和消毒制度 坚持定期清理猪舍内外,保持环境清洁卫生,定期对猪舍进行消毒。饲养人员进猪舍前,坚持洗手,外来人员一律禁止进入猪场。饲养人员进舍要更换工作服,喷洒药物或紫外线消毒,饲养用具固定使用,不得串换。

(5)进行必要的药物预防

①传染病、寄生虫病:根据疫病易发的季节和猪易发的月龄,可提前给予有效的药物,并定期给猪驱虫,达到以防为主、防重于治的目的。

②营养代谢病:按足够的比例添加饲料中的微量元素、维生

素、矿物质。

159. 怎样诊断猪病？

通过对病猪的临床检查、病理解剖、实验室检查等，把搜集到的资料进行判断，对疾病作出实事求是、合乎客观实际的结论，即诊断。猪病诊断的主要内容及常用方法如下：

(1)健康猪的生理常数与表现　猪的正常体温一般在 28.0～39.5 ℃(仔猪在 40 ℃以内)。脉搏每分钟 60～80 次，呼吸每分钟 12～20 次。猪对食物的选择性不大，正常猪食欲旺盛，精神活泼，睡眠安静，鼻端经常湿润，眼有神，眼角无分泌物，尾摇摆或上卷，被毛有光泽。

上述各项常数表现，在运动或惊恐、精神紧张状态下，可能发生变化，而经过一段时间的安静和休息，即可恢复正常。若在不明原因的情况下，生理常数的变化、外观表现的异常，都可能是某些疾病的相应变化和表现，诊断猪病时应予注意。

(2)病猪登记及病史调查

①病猪登记：登记的项目包括畜主姓名和地址，猪的品种、性别、年龄、毛色特征、体重、编号等。

②病史调查：也叫问诊，它是认识疾病的第一步，通过病史调查，可以了解到病猪以往的饲养管理和就诊前的外观表现变化等情况。认真细致的病史调查，往往能获得有价值的诊断，从而确定疾病的原因和性质。

(3)临床诊断　临床诊断病猪常用的方法，包括视诊、触诊、叩诊、听诊和嗅诊。临床检查，通常按一般检查和系统检查的顺序进行。

①一般检查

a. 外观检查：主要观察猪的外部表现。病猪一般是精神委顿，行动迟缓，常离群独居，走路摇摆，头、尾下垂，眼睛无神，有分泌物,被毛粗糙无光泽,腹部不饱满等。此外,还应注意观察有无神经症状。如猪食盐中毒时,会出现兴奋或抑制,全身发抖,转圈,四肢划动,有时倒地等;患破伤风时,竖耳举尾,四肢僵硬,牙关紧闭。眼结膜的变化,是疾病的重要表现。如眼结膜苍白,多为贫血及寄生虫病的症状;发红、充血或紫红色,是脑充血、中暑、肺炎、热性传染病及肠炎等疾病的一种症状。皮肤检查在临床诊断上也有重要意义,如皮肤苍白,是贫血的现象;发红,尤其是发生红斑点,就有发生传染病的可能,如猪丹毒的斑点(块)指压褪色,猪瘟的皮肤出血点指压不褪色等。皮肤检查时,还应注意观察有无水疱、脓疱。鼻镜及蹄部检查,尤其应注意水疱的有无。

b. 体温检查:体温检查不仅能判定疾病的程度,而且可借以判定疾病的性质,如急性传染病常发高热,普通病往往无热或微热。体温还可鉴别疾病的种类,如消化不良一般无热,而胃肠炎则常常有热。此外,根据体温的变化,还可以观察疗效和推断疾病的预后,如体温的下降若与症状的减轻或脉搏数的减少不相一致,常表明疾病趋于恶化或预后不良。

②系统检查

a. 循环系统检查:主要检查心跳和脉搏。

心跳检查:利用听诊器,听诊心脏变化,如果出现忽高忽低、间隔忽长忽短等异常心音,就是疾病的征象。

脉搏检查:小猪可在后腿内侧股动脉处检查,大猪可在尾根下尾动脉处检查,也可用听诊器听诊心脏或用手掌触摸心脏部位的方法,根据心跳次数来确定脉搏数。猪的脉搏数增加,主要见于重度的普通病、急性热性传染病等;脉搏数减少,一般见于慢性脑水肿等疾病。

b. 呼吸系统检查

呼吸运动:通常是观察猪的胸部起伏或腹壁的运动,也可用手在猪的鼻孔前,感知呼出气流的情况,健康猪一般为胸腹式呼吸,即吸气和呼气时胸廓和腹壁都以同等的强度进行,如果呼吸时胸部活动明显称为胸式呼吸;腹部活动明显称为腹式呼吸,两者都是病理表现。例如,当发生胸膜炎、胸腔积液、肺气肿时,常表现为腹式呼吸;当发生腹腔积水、积食、腹膜炎时,常出现胸式呼吸。

鼻液:健康猪一般无鼻液,有鼻液流出常是病理状态。例如,有泡沫样或混血样鼻液流出时,可能是肺水肿或肺出血的结果。

咳嗽:除因采食饮水不当引起的一时性咳嗽外,其他咳嗽可视为某种疾病的症状,如咳嗽有痛感,病猪表现伸颈、摇头、咀嚼、吞咽,尽力抑制咳嗽,见于胸膜炎等。

胸部听诊:用听诊器在猪的胸部可以听到肺泡音,根据肺泡音的变化,对确定某种相应的疾病有一定意义,如肺泡音普遍增强时,常见于热性疾病。

c. 消化系统检查

食欲及饮水:除饲料和环境变化的暂时原因外,采食和饮水的减少是猪病首先表现出来的重要症状之一,应特别注意。

呕吐:一时性呕吐,可能是进食而引起。其他各种呕吐,则是某种疾病的征象,如大肠阻塞时,呕吐物类似粪便。

口腔检查:口腔检查对诊断猪瘟、口蹄疫、口炎、咽炎、破伤风等疾病有重要价值,如唇或口腔内发现水泡,可能是口蹄疫;口腔黏膜有出血点或发生溃疡,常见于猪瘟;口腔干燥见于热性病及长期腹泻等。

腹腔检查:猪腹部容积、腹壁紧张程度、叩诊声音的异常,可为消化系统疾病的诊断提供依据。如患腹膜炎时,触诊腹壁紧张程度增强、疼痛敏感。

粪便检查:粪便性状的异常是某些疾病的症状之一,如粪便干燥硬固,通常见于便秘和猪瘟等急性热性传染病。

d. 泌尿生殖系统检查

泌尿系统检查:猪的泌尿器官疾病较少见,多发于一些传染病。排尿量和尿液理化性状的变化,可供某些疾病诊断时参考。如尿频、量少,可能是阴道炎、膀胱炎。当泌尿系统发炎时,或给予某些药物时,尿液均会发生相应的物理化学变化。

生殖系统检查:公猪睾丸肿大,见于睾丸炎;母猪患阴道炎或子宫内膜炎时,阴户常流出稀薄污秽的液体;母猪乳房肿大,见于乳房炎;乳房出现水泡,可能是口蹄疫的症状之一。

e. 神经系统检查

精神状态:脑炎初期,往往出现精神异常兴奋、狂躁不安、惊恐、鸣叫等症状;出现嗜眠、昏迷症状时见于脑部重伤或各种疾病的危险期。

感觉:皮肤感觉减退或消失,多见于外周感觉神经受压迫和脑病等。

运动:麻痹、瘫痪、肌肉痉挛,是运动机能失调和丧失的表现,常见于脑炎、脑膜炎等脑病。

自主神经系统:自主神经系统由交感神经和副交感神经组成,健康状况下,二者处于平衡状态。一旦发生疾病,则平衡状态被破坏,并表现出一系列症状。例如交感神经兴奋,一般表现为瞳孔扩大、唾液分泌抑制、血管收缩、支气管弛缓及胃肠蠕动减退等;相反则为副交感神经兴奋。

(4)尸体剖检诊断 临床诊断,有些疾病症状很不明显,有些发病突然死亡,来不及临床检查,或者临床检查没有发现任何病症。这些可通过病猪死后尸体剖检,做全面、系统的观察,检查组织器官的病理变化,结合生前症状,作出正确的诊断。

(5)实验室诊断 经过临床和剖检诊断,积累大量资料,但还不能最后确诊,有些疾病还存在疑问,需要进一步深入研究,往往需配合实验室检查,进一步收集材料,弄清一些问题,给最后确诊提供依据。

(6)药物诊断 使用药品治疗疾病,有的效果很好,非常理想;

有的疗效不明显;有的无疗效,病情愈来愈重。如用青霉素治疗猪瘟,完全无效,而青霉素治疗猪丹毒却有特效。这也给诊断提供了依据。

(7)综合诊断 同一种猪病,由于病猪个体、环境条件、饲养管理等因素及临庆症状、器官组织变化方面的差异,因而在诊断某一个猪病时,尽可能索取更多的资料,进行系统地、综合分析,才能做出全面、正确的判断,提出切实可行的防治措施。

160. 猪主要有哪些保定方法?

在一般情况下,对病猪的诊断、投药、注射、手术等,都要采取适当的保定措施。对性情温驯的猪,可采取立于墙根、墙角,用手轻搔猪的背部、腹部、腹侧或耳根的方法,使猪安静,接受检查和治疗。而对性情凶暴、躁动不安的猪,可采取下列保定方法:

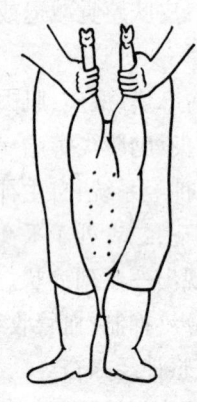

图 6-1 仔猪倒立提举保定

(1)仔猪保定法 一手将仔猪抱于怀中,托住颈部,另一手轻按后躯即可;也可将仔猪侧卧于操作台或平地上,一手按住头部,另一手握住下侧前肢;还可由畜主握住仔猪两后肢,将猪倒提起,使猪腹部朝前,用两腿夹住猪的头部,以防骚动(见图 6-1)。

(2)网架保定法 此法适用幼猪和中猪,将猪放置在用绳织成的网上,使猪的四肢悬空,起到保定作用(见图 6-2)。

(3)握耳提举法 此法适用于中等体格猪的灌药或口腔检查。保定者两腿夹住猪的胸侧,双手紧握猪的两耳,用力将头和前躯一并提起。

图 6-2　猪网架保定法

（4）鼻捻绳保定法　适用于成猪和性情凶暴的猪,由助手紧握猪两耳,保定者用一根粗细适中的绳索做成活套,套在猪的上颌部,然后用手拉住或拴绕在单柱上,借猪向后退的力量拉紧绳结,起到保定作用(见图6-3)。

图 6-3　猪鼻捻绳保定法

（5）横卧保定　用于中猪和大猪。一人握住猪一条后腿,另一人握住猪的耳朵,两人同时向同一侧用力将猪放倒,一人按压猪头颈部,用绳拴住四脚加以固定。

161．怎样测量猪的体温?

猪的正常体温在 38.0～39.5 ℃,在天热时直射日光下可达 40 ℃左右。一般用兽用体温表或人用肛表插入猪的肛门中测温。

（1）测量猪体温的方法

①先将体温计的水银柱甩至 35 ℃以下。

②用酒精或新洁尔灭棉球擦拭温度计,涂上润滑剂或唾些口水。

③测温人的一手将猪的尾根部提起,另一手持体温计徐徐插入肛门中,放下尾巴,用附在体温计上的夹子,夹在尾部的毛上以固定之,无夹子时可用手抵住。

④按体温计的规格的要求,使温度计在肛门内放置一定时间(如温度计为3分计,则需放置3分钟),取出后读取水银柱上端的度数即可。

⑤测好后,应将温度计用消毒棉球擦拭,以备再用。

(2)测量猪的体温时应注意的问题 当直肠、肛门内有粪球时,应让粪球排出后再测温,否则测得的温度不准确。另外若肛门括约肌很紧,用体温表在肛门中轻轻地转动几下,使局部放松后再插入,不然易损伤直肠黏膜。

162. 怎样剖检病猪?

使病猪尸体仰卧,可先切断肩胛骨内侧和髋关节周围的肌肉,使四肢摊开。然后,沿两侧肋骨后缘,连皮带肉作一弧形切开,切开部往后拉,使腹腔脏器全部暴露,观察腹腔脏器有无异常。在横膈膜处切断食管,骨盆腔内切断直肠,将胃、肠、肝、胰、脾一并拉出分别检查;先看外观,后切开胃、肠与切割肝、脾,进行内部观察。从腰椎两旁摘出肾脏,骨盆腔内取出膀胱予以检查。

用刀或剪刀切(剪)断两侧的肋软骨与肋骨结合部。在切割处,两手各向外用力,折断肋骨与胸椎的连接,使胸腔敞开。用刀切断喉头部附着物,用手握住气管,将心脏、肺脏一并拉出,逐一检查。

检查脑部应先用刀或斧在颅顶的中央劈成裂缝,用凿子在颅顶边缘凿成骨裂,再用凿子或刀背伸入颅顶中央,仔细地撬去骨片,直至脑部全部暴露。

163. 怎样给猪打针、投药?

给猪打针常用以下四种方法,即肌肉注射、皮下注射、静脉注射和腹腔注射。

①肌肉注射:是最常用的方法,注射部位一般选择在肌肉丰

满,神经干和大血管少的颈部和臀部。注射时,针头直刺入肌肉2~4厘米深,注入药液(见图6-4),注毕拔出针头。注射前后均应消毒,刺入时用力要猛,注药的速度要快,用力的方向应与针头一致,以防折断针头。

图6-4 肌肉注射法

②皮下注射:将药液注入到皮肤与肌肉之间的组织内。注射部位可选择在皮薄而容易移动的部位,如大腿内侧、耳根后方等。注射时,左手捏起局部的皮肤,成为皱褶,右手持注射器,由皱褶的基部刺入,进针2~3厘米,注毕拔出针头,注射前后均应消毒。当药液量大时,要分点注射。

③静脉注射:将药液注入静脉内,使之迅速发挥作用。注射部位常选择在耳部大静脉。注射时,先用手指捏压耳部静脉管,使静脉充盈、怒张,然后手持连接针头的注射器,沿静脉管使针头与皮肤呈10°~15°角刺入皮肤及血管,松开耳根部压力,见回血后左手固定针头刺入的部位,右手拇指徐徐推动活塞,注入药液(见图6-5)。注射完后,左手持棉球压针孔处,右手迅速拔针,防止血肿发生。

④腹腔注射:即把药液注入腹腔,仔猪常用这种方法。注射时,用手提起猪的两后腿,形成倒立,在耻骨缘中线旁约3~5厘米处,针头垂地直刺入2~3厘米,药液注射后拔出针头(见图6-6)。

猪的投药方法主要有注射法、混饲法、口投法和胃管投药法。

①混饲法:对于还能吃食的病猪,而且药量少,又没有特殊的气味,可将药物均匀地混合在少量的饲料或水中,让猪自由采食。

②口投法:一人握住猪的两耳或前肢,并提起前肢和前躯,另一人用木棍将猪嘴撬开,把药片、药丸或舐剂置于舌根背面处。或用长嘴瓶子、汤匙伸入口角内,缓慢地倒入药液,咽下后,再灌第二

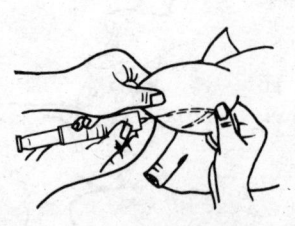 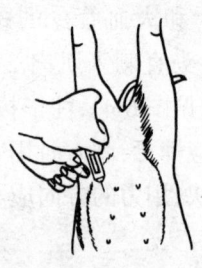

图 6-5　静脉注射法　　　图 6-6　腹腔注射法

次。要注意防止连续大量灌入或在猪叫唤时投给,以防药液进入气管。

③胃管投药法:用绳套套住猪的上腭,用力拉紧,猪自然向后退。这时用开口器的两端绳勒紧两嘴角。用胃管从开口器中央插入,胃管前端至咽部时,轻轻刺激,引起吞咽动作,便插入食道。判断方法是将橡皮球捏扁,橡皮球上端捏紧,当手松开橡皮球后,不再鼓起,证明橡皮管在食道内,再送胃管至食道深部,从漏斗进行灌药。

164.利用注射法给猪投药时应注意哪些问题?

(1)注射器应坚固无损坏,注射针头应锐利无损。

(2)注射器必须清洗、消毒(煮沸消毒或蒸汽消毒)后,方可使用。消毒金属注射器时,应松动螺旋部位。

(3)吸取药液前,先用酒精棉球消毒安瓿的颈部、药瓶的瓶盖,并仔细查看药品说明书,与处方要求是否相符,检查药液是否变质、是否过期失效等。

(4)用过的注射器,仍应清洗、消毒,然后妥善保管。

(5)注入大量药液时,需将药液调温到与体温相近后,再行注射。

(6)腹腔注射时,注射部位、深度一定要准确,否则容易伤及胃、肝脏、膀胱等脏器。

165. 怎样做药物敏感试验?

测定细菌对抗菌药物敏感性的试验称为药物敏感试验或简称药敏试验。由于养猪生产中抗菌药物的广泛使用,导致抗药菌株愈来愈多,盲目用药往往效果不佳。因此,进行药物敏感试验已成为正确使用抗菌药物的必要手段。药物敏感试验的方法有多种,如纸片扩散法、试管法、挖洞法等。其中纸片扩散法简便易行,出结果快,是目前生产中最常见的方法。

(1)干燥药敏纸片的制备 用新华1号定性滤纸制成直径为6毫米的圆形纸片,每50片分装在一个干净的青霉素瓶内,以单层牛皮纸包扎封口,通过高压蒸汽灭菌30分钟,取出后放入60～100℃烘箱中,使其完全干燥。于每瓶中放入配制好的抗菌药溶液0.25毫升,并使纸片均匀浸吸药液,置4℃冰箱中浸泡30～60分钟,然后放入37℃温箱中烘干。干燥后加盖密封,低温保存备用。若不受潮,有效期3～6个月。

(2)药物稀释液的配制

①pH 3.0枸橼酸缓冲液:取枸橼酸7克、磷酸氢二钠(Na_2HPO_4)3克、蒸馏水1 000毫升,加热溶解,测其pH值,符合要求时高压蒸汽灭菌备用。

②pH 6.0磷酸盐缓冲液(PBS):取磷酸氢二钾(K_2HPO_4)2克、磷酸二氢钾(KH_2PO_4)8克、蒸馏水1 000毫升,加热溶解,测pH值,符合要求时高压蒸汽灭菌备用。

③pH 7.8～8.0磷酸盐缓冲液(PBS):取磷酸氢二钾(K_2HPO_4)16.73克、磷酸二氢钾(KH_2PO_4)0.523克、蒸馏水1 000毫升,加热溶解,测pH值,符合要求时高压蒸汽灭菌备用。

④0.1毫升/升盐酸盐溶液:先配制5毫升/升盐酸溶液,在500毫升蒸馏水中缓慢加入盐酸(36% HCl)420毫升,然后用蒸馏

水加至 1 000 毫升。使用时将 5 毫升/升盐酸溶液稀释 50 倍,即为 0.1 毫升/升盐酸溶液。

(3)药敏培养基的制备

①普通肉汤琼脂:又称营养琼脂,蛋白胨 10 克、氯化钠(NaCl)15 克、磷酸氢二钾(K_2HPO_4)1 克、琼脂 20 克,牛肉浸出液 1 000 毫升(可用牛肉浸膏 10 克溶于 1 000 毫升蒸馏水中代替)。

牛肉浸出液的配制方法:取瘦牛肉去掉脂肪、腱膜等,绞碎或切碎,按 500 克牛肉加 1 000 毫升蒸馏水混合,置 4 ℃ 冰箱中过夜,取出后加热 80～90 ℃,1 小时后以数层纱布滤除肉渣并挤出肉水,再用脱脂棉过滤,量其体积并用蒸馏水补足 1 000 毫升,分装后 20 分钟高压蒸汽灭菌,即制成牛肉浸出液。

将以上其他成分加入到牛肉浸出液中,加热溶解,冷却后调 pH 值至 7.6,煮沸 10 分钟,用滤纸过滤后分装,再以 10.4 万帕高压蒸汽灭菌 25 分钟,取出后冷却至 55 ℃ 左右,在 90 毫米直径灭菌的平皿上倾注成 4 毫米厚的平板。做好的平板,密封包装后可在冰箱中保存 2～3 周。使用前应将平皿置 37 ℃ 温箱中培养 24 小时,确认无菌后再用于试验。

②鲜血琼脂:将灭菌的营养琼脂加热融化,至 45～50 ℃ 时加入无菌鲜血 5%(每 100 毫升营养琼脂中加入鲜血 5～6 毫升)倾入平皿。无菌鲜血,用无菌手术取健康动物(绵羊或家兔等)的血液,加入盛有无菌 5% 柠檬酸钠溶液的容器中(血与柠檬酸钠的比例为 9:1)混匀,置冰箱中保存备用。

(4)试验方法 取临床上分离到的细菌进行培养。用灭菌的接种环挑取被检菌的纯培养物划线或涂布于平板上,并尽可能使其密而均匀。用灭菌镊子将药敏纸片平放于平板上并轻压使其紧贴平板。直径 9.0 厘米的平皿可贴 7 张纸片,纸片间距不少于 24 毫米,纸片与平皿边缘距离不少于 15 毫米。贴好后将平板底部朝上置于 37 ℃ 温箱中培养 24 小时,取出观察结果。

(5)结果判定 凡对被检菌有抑制力的抗菌药物,由于向周围扩散,抑制细菌的生长,故在纸片周围出现一个无细菌生长的圆圈,称为抑菌圈。抑菌圈愈大,说明该菌对此种药物敏感度愈高;反之愈低。如果无抑菌圈,则说明该菌对此种药物具有耐药性。因此,判定结果时,以抑菌圈直径的大小来作为细菌对该药物敏感度的标准。

一般来说,抑菌圈直径20毫米以上为极度敏感,15~20毫米为高度敏感,10~15毫米为中度敏感,10毫米以下为低敏感,无抑菌圈为不敏感。对多菌素的作用,抑菌圈在10毫米以上者为高度敏感,6~9毫米为低度敏感。

药敏试验后,应选择极度敏感或高度敏感的药物进行治疗。

166. 制定猪群免疫程序应注意哪些问题?

有些传染病需要多次免疫接种,在猪的多大日龄接种第一次,什么时候再接种第二次、第三次,称为免疫程序。单独一种传染病的免疫程序,见于后面关于该病的叙述;在群猪饲养期内的综合免疫程序,要根据具体情况先确定对哪几种病进行免疫,然后合理安排。制定免疫程序时,应主要考虑以下几个方面的因素:本地区疫病的流行状况及严重程度;猪群类型;母源抗体的水平;猪体免疫应答能力;疫苗的种类;免疫接种的方法;各种疫苗接种的配合;免疫对猪体健康及生产能力的影响等。

167. 怎样制定中、小型猪场主要传染病的免疫程序?

在生产中,一般情况下,中、小型猪场可参考下列免疫程序:
(1)猪瘟
①种公猪:每年春、秋季用猪瘟兔化弱毒疫苗各免疫接种1次。
②种母猪:于产前30天免疫接种1次;或春、秋两季各接种1

次。

③仔猪：20日龄、70日龄各免疫接种1次；或仔猪出生后未吃初乳前立即用猪瘟兔化弱毒疫苗免疫接种1次，接种2小时后可哺乳。

④后备猪：产前1个月免疫接种1次；选留作种用时立即免疫接种1次。

(2)猪丹毒、猪肺疫

①种猪：春、秋两季分别用猪丹毒和猪肺疫菌苗各免疫接种1次。

②仔猪：断奶后分别用猪丹毒和猪肺疫菌苗免疫接种1次。70日龄分别用猪丹毒、猪肺疫菌苗免疫接种1次。

(3)仔猪副伤寒　仔猪断奶后(30～35日龄)口服或注射1头份仔猪副寒菌苗。

(4)仔猪大肠菌病(黄痢)　妊娠母猪于产前40～42天和15～20天分别用大肠杆菌腹泻菌苗(K_{88}、K_{99}、987P)免疫接种1次。

(5)仔猪红痢　妊娠母猪于产前30天和产前15天分别用红痢菌苗免疫接种1次。

(6)猪气喘病

①种猪：成年猪每年用猪气喘病弱毒菌苗免疫接种1次。

②仔猪：7～15日龄免疫接种1次。

③后备种猪：配种前再免疫接种1次。

(7)猪乙型脑炎　种猪、后备母猪在蚊蝇季节到来前(4～5月份)，用乙型脑炎弱毒疫苗免疫接种1次。

(8)猪传染性萎缩性鼻炎

①公猪、母猪：春秋季各注射1次。

②仔猪：70日龄注射1次。

168. 怎样制定中、小型猪场寄生虫病控制程序?

在生产中,一般情况下,中、小型猪场控制寄生虫病可参考以下程序:

(1)药物选择　应选择高效、安全、广谱的抗寄生虫药。

(2)常见蠕虫和外寄生虫控制程序

①首次执行本寄生虫病控制程序的猪场,应首先对全场猪只进行彻底驱虫。

②对妊娠母猪,于产前1~4周内用抗寄生虫药驱虫1次。

③对公猪每年至少用药2次;但对外寄生感染严重的猪场,每年应用药4~6次。

④所有仔猪在转群时用药1次。

⑤后备母猪在配种前用药1次。

⑥新购进的猪只用伊维菌素治疗2次(每次间隔10~14天)后,并隔离饲养至少30天才能和其他猪只并群饲养。

169. 养猪常用的疫(菌)苗有哪些? 怎样合理使用?

(1)干燥猪瘟兔化弱毒疫苗(猪瘟冻干菌)

【性状】　淡黄或淡红色海绵状疏松团块,易与瓶脱离,加稀释液后迅速溶解。

【用途】　预防猪瘟。

【用法与用量】　临用前,按瓶签说明头份加灭菌生理盐水稀释。不论大小猪一律肌肉或皮下注射1毫升,注射后4天产生免疫力。

【免疫期】　6个月至1年。

【注意事项】

①断奶后无母源抗体的仔猪注射一次即可。

②有疫情威胁时,仔猪可于生后21~30日龄和65日龄各注

射一次。

③已稀释的疫苗限当日用完。

【有效期】 -15℃保存1年;0~8℃保存6个月;25℃保存10天。

(2)猪丹毒氢氧化铝甲醛菌苗

【性状】 灰白色均匀混悬液,久置后发生灰白色沉淀,上层为橙黄色透明液体,振摇后能均匀分散。

【用途】 预防猪丹毒。

【用法与用量】 皮下或肌肉注射,体重10千克以上5毫升,未断奶仔猪3毫升(间隔30天再注射3毫升),注射后7天产生免疫力。

【免疫期】 6个月。

【注意事项】 用时用力振荡均匀。

【有效期】 2~15℃保存18个月;16~18℃保存1年。

(3)猪肺疫氢氧化铝菌苗

【性状】 用力振摇后为均匀混浊液。

【用途】 预防猪肺疫。

【用法与用量】 不论大小猪一律皮下注射5毫升。

【免疫期】 9个月。

【注意事项】 用时用力振摇均匀。

【有效期】 -15℃保存1年;0~8℃保存6个月,20~25℃保存10天。

(4)猪瘟、猪丹毒二联冻干苗

【性状】 微黄或淡褐色海绵状疏松团块,易与瓶脱离,加水稀释后迅速溶解。

【用途】 预防猪瘟、猪丹毒。

【用法与用量】 按瓶签标明头份数,加入生理盐水或铝胶生理盐水稀释,每头肌肉注射1毫升。

【免疫期】 猪瘟1年,猪丹毒6个月。

【有效期】 -15℃保存1年;0~8℃保存6个月;20~25℃保存10天。

(5)猪瘟、猪丹毒、猪肺疫三联冻干苗

【性状】 微黄或淡褐色海绵状疏松团块,易与瓶脱离,加水稀释后迅速溶解。

【用途】 预防猪瘟、猪丹毒、猪肺疫。

【用法与用量】 临用前,按瓶签标明头份数用20%铝胶生理盐水稀释,不论大小猪一律肌肉或皮下注射1毫升。

【免疫期】 猪瘟1年,猪丹毒和猪肺疫6个月。

【有效期】 -15℃保存1年;0~8℃保存6个月;20~25℃保存10天。

(6)猪水疱病活疫苗

【性状】 淡粉红色混悬液。

【用途】 预防猪水疱病。

【用法与用量】 肌肉注射2毫升。

【免疫期】 6个月。

【注意事项】 用时用力振荡均匀。

【有效期】 -15℃保存1年;4~10℃保存3个月,20~25℃保存7天。

(7)仔猪副伤寒弱毒冻干苗

【性状】 灰白色海绵疏松团块,易与瓶脱离,加稀释液后迅速溶解。

【用途】 预防仔猪副伤寒病。

【用法与用量】 临用前,用20%氢氧化铝胶生理盐水稀释,肌肉注射(耳后浅层),仔猪1毫升。

【免疫期】 6个月。

【注意事项】

①注射猪可能出现过敏反应,1~2天即可自行恢复。

②本疫苗亦可口服,但注明口服者不能注射用。

【有效期】 -15 ℃保存1年;2~8 ℃保存9个月;25~30 ℃保存10天。

(8)仔猪红痢菌苗

【性状】 灰白色均匀混悬液,久置后,发生灰白色沉淀,上层为橙色透明液体,经振摇后能均匀分散。

【用途】 预防仔猪红痢。

【用法与用量】 初产母猪在分娩前30天和15天各分别注射5~10毫升。经产母猪如前胎已注射过本品,可在分娩前15天肌肉注射3~5毫升。

【免疫期】 1年。

【有效期】 2~15 ℃冷暗处保存18个月。

(9)破伤风抗毒素

【性状】 橙黄色澄明液体,在冷暗处久置后,瓶底有微量灰白色沉淀。

【用途】 用于预防或治疗各种家畜破伤风。

【用法与用量】 皮下、肌肉或静脉注射。预防用量1 200~3 000 AE(抗毒素单位);治疗用量5 000~20 000 AE。

【有效期】 2~15 ℃保存2年。

170. 保管和使用疫(菌)苗应注意什么?

疫(菌)苗是利用病毒或细菌本身除去或减弱它对动物的致病作用而制成的。分灭活苗和弱毒苗两类。

要使疫(菌)苗接种到猪体后产生确实的免疫力,必须合理保存、运输和使用。一般情况下,保存液体的疫(菌)苗,要避免高温、结冻和阳光直射,保存温度在2~15 ℃。保存冻干菌一般在零下低温贮藏,如猪温、猪丹毒弱毒冻干菌,应在-15 ℃条件下保存,如在0~4℃或0~8℃条件下保存时,保存时间将缩短1/2~1/4。凡需低温保存的疫(菌)苗,在运输中,应采取冷藏措施,使温度不高于10℃。

使用疫(菌)苗时应注意以下几个方面:

(1)使用前要了解当地是否有疫情,决定是否用或用何种疫(菌)苗。并对自家猪群进行一次健康检查,对患病、瘦弱、妊娠后期的猪作好登记,暂不接种。

(2)要认真阅读疫(菌)苗使用说明书。

(3)在使用前仔细检查瓶口、胶盖是否密封,对瓶签上的名称、批号、有效期等做好记录。对不同温度条件下贮存的疫苗要进行有效期的换算。对过期的、冻干苗失空的、瓶内有异物等异常变化的疫苗不能使用。

(4)稀释疫(菌)苗的用具及接种疫(菌)苗时使用的器械在接种前后均必须洗净消毒。

(5)疫(菌)苗稀释后要充分振荡药瓶,吸药时在瓶塞上固定一个专用针头,并放在冷暗处。

(6)在接种疫(菌)苗的过程中,要使疫(菌)苗避光避热,开瓶后按规定时间用完。如用注射法,每注射一头猪,必须换一个消毒过的针头。

(7)在接种工作进行中或完毕后(一般在24小时内),观察是否有严重接种反应的猪。如果有应及时治疗。

(8)用猪丹毒、猪肺疫、仔猪副伤寒等弱毒菌苗的前后10天,禁用各种抗生素类药物。

(9)口服菌苗所用的拌苗饲料禁忌酸败发酵等偏酸性饲料,禁忌热水、热食。

171. 猪群用过疫苗后为什么还会发病?

(1)疫苗不可能提供绝对的保护　因为猪用过疫苗后体内发

生的免疫反应是一个生物学过程,不可能提供绝对的保护。在免疫接种群体的所有成员中,免疫水平不是相等的。免疫反应受到遗传因素和环境的影响。

(2)由于正常免疫反应受到抑制 如严重的寄生虫感染、营养不良和各种应激反应等。特别注意的是幼畜体内有母源抗体,一定水平的母源抗体抑制弱毒疫苗的作用,从而导致免疫失败。

(3)由于疫苗使用不当所致 如在疫区进行紧急接种或在未暴露疫情的地区免疫,常有一部分动物在接种时已处于潜伏期,它们往往在接种后的短期内发病。

(4)疫苗失效 如活毒苗贮存不当,使用期已灭活;活菌苗与抗生素并用;用化学消毒剂消毒注射器;接种时皮肤涂擦酒精过多导致疫苗被灭活等,也都可以导致免疫失败。

172. 猪群一旦发生传染病怎么办?

猪群一旦发生传染病后,应采取以下措施:

(1)疫情报告 当发生传染病时,应向有关领导和有关部门报告,按兽医法规的要求,采取措施,迅速扑灭。

(2)检疫隔离 许多传染病在流行初期传染性强,传播速度快,应尽快开展检疫,将病猪和可疑病猪隔离。隔离舍应离健康猪舍远一些,设专人管理,用具严格分开,非有关人员禁止出入。

(3)封锁疫区 传染病一经发生,即应迅速划定疫区,采取严密的封锁措施,以防止传染病向安全区散播。同时,要严防易感动物误入疫区,把疫情就地扑灭。封锁后,严禁猪及产品、饲料等向外流动。封锁及解除封锁的有关事宜,应由有关领导和有关部门按有关规定执行。

(4)紧急预防接种 在疫区周围的邻近地区,可用疫苗紧急预防注射。最好使用相应的弱毒疫(菌)苗,如猪瘟兔化弱毒疫苗、猪丹毒弱毒菌苗等。在猪瘟流行地区,对没有症状、体温正常的猪,也可进行紧急预防注射。注射针头应每猪一换,不得重复使用。

(5)病死猪处理 病猪尸体的妥善处理,对消灭传染源有重要意义。处理方法,一是挖2米以上深坑掩埋,被污染的地面泥土、垫草、饲料等也要一同深埋。二是火化或高温处理。

(6)消毒 封锁期间和解除封锁时,都要进行大消毒。

①猪舍消毒:先清除剩余的饲料、粪便、垫草及围栏、墙壁等处的污物,再根据条件任选5%～20%漂白粉、10%～20%石灰乳、1%～3%火碱水、20%～30%草木灰水等,进行消毒。对圈舍及运动场地面,也可用上述药品消毒。

②工具消毒:运输车辆和饲养管理工具、容器等,可用5%～10%漂白粉或2%～3%火碱水消毒,经2～3小时,用清水冲洗干净。

③粪便污水消毒:少量粪便、垫草等可以烧毁或深埋。数量多时,可用堆积发酵法进行消毒。

173.养猪常用的消毒类药物有哪些?怎样合理使用?

(1)酒精(乙醇)

【性状】 无色透明液体,易挥发、燃烧,能与水、有机溶剂任意配合。

【作用与用途】 为常用的消毒防腐药。能使蛋白质变性或沉淀,因而具有杀菌作用。可杀死繁殖型细菌,但对细菌芽孢无效。

【免疫期】 6个月。

【用法与用量】 常用70%或75%浓度消毒器械或皮肤,30分钟可起消毒作用。以70%的酒精杀菌作用最强,浓度低于70%或高于75%时杀菌作用均降低。

(2)碘

【性状】 灰黑色或蓝黑色,有金属光泽的片状结晶或块状物,在常温中能挥发,易溶于酒精和碘化钾的水溶液,难溶于水。

【作用与用途】 具有较强的杀菌作用,也可杀灭细菌芽孢、真菌、病毒及某些原虫和蠕虫。常用碘酊进行皮肤消毒;碘甘油用于患部涂擦;碘还可作饮水消毒剂。

【用法与用量】 3%～5%碘酊,用于术部皮肤消毒;碘甘油,用于口腔膜消毒;5～10毫克/升的碘,用于饮水消毒。

(3)威力碘

【性状】 有特异碘气味,无毒,无刺激性、腐蚀性,性能稳定。

【作用与用途】 对细菌繁殖体、芽孢和病毒均有杀灭作用。可用于猪舍、体表、创伤及手术器械消毒。

【用法与用量】 按1:60～100倍稀释,用于猪舍与猪体喷雾消毒;按1:200～400倍稀释,用于饮水器和饮用水的消毒;外伤、注射和手术部位消毒,可按1:20倍稀释或以原液直接涂擦。

(4)高锰酸钾

【性状】 深紫色结晶,无臭,易溶于水(1:15)。溶液应现配现用,久贮后变至棕色而失效,为强氧化剂。禁忌与某些有机物或易氧化物接触,以免发生爆炸。

【作用与用途】 具有杀菌解毒作用。外用于皮肤创伤及腔道的冲洗消毒,也用于内服有机毒物中毒时的洗胃。

【用法与用量】 腔道冲洗与洗胃0.05%～0.1%溶液;创伤冲洗0.1%～0.2%溶液。

(5)甲醛溶液(福尔马林)

【性状】 无色澄明液体,有强烈的刺激性气味,置于冷处(9℃以下)或存放过久,易凝聚成白色的多聚甲醛沉淀,溶于水。

【作用与用途】 具有广谱杀菌作用,对细菌、芽孢、病毒、霉菌均有效。常用于污染的猪舍、用具、排泄物及室内空气消毒。此外还可用于保存标本和生物制品。

【用法与用量】 5%甲醛酒精溶液用于术部消毒;4%甲醛配合溶液用于固定和保存标本;1%甲醛溶液用于器械消毒(浸泡1

~2小时)。

(6)双氧水(过氧化氢溶液)

【性状】 无色透明液体。性质不稳定,遇光、热、振摇或存放过久,均易分解失效。

【作用与用途】 具有消毒防腐作用。主要用于清洗化脓创伤、瘘管、窦道或去除痂皮等,尤其适用于厌氧菌感染的防治。

【用法与用量】 3%溶液清洗创伤和冲洗去除痂皮;0.3%~1%溶液冲洗口腔或阴道。

(7)过氧乙酸(过醋酸)

【性状】 纯品为无色透明液体,易溶于水及有机溶剂。易挥发,有刺激性气味,醋酸味,高浓度加热(70℃以上)易发生爆炸。市售20%的水溶液,性质不稳定,必须密闭避光贮存在低温(3~4℃)处。有效期半年,一般临用时现配。

【作用与用途】 可杀灭细菌、病毒和真菌,其0.3%~0.5%溶液1分钟杀死芽孢,0.005%~0.05%溶液1分钟可杀死细菌。用于地面、物品及空气消毒。

【用法与用量】 0.2%溶液浸泡严重污染的地面和耐腐蚀物品;0.5%溶液喷洒猪舍、饲槽、车辆等;5%溶液(2.5毫升/立方米)喷雾密闭的实验室、无菌室及仓库等。

【注意事项】 稀释后不能久贮,以免失效。蒸汽有刺激性,消毒房舍时人、猪不能留在室内;浓溶液可烧伤黏膜,对眼、鼻等黏膜也有刺激性。

(8)新洁尔灭

【性状】 无色或淡黄色胶状液体,易溶于水,无挥发性,耐光耐热。

【作用与用途】 有较强的杀菌作用,用于术部皮肤、器械消毒及黏膜冲洗。

【用法与用量】 1%溶液用于术部皮肤消毒;0.1%溶液用于

术前器械消毒;0.01%～0.05%溶液用于黏膜冲洗。

【注意事项】 禁忌与碘、碘化钾、过氧化物、肥皂等配伍应用,不适用于粪池、污水等消毒。

(9)煤酚(甲酚)

【性状】 为稠棕色液体,加水稀释后成乳白色液体。

【作用与用途】 对大多数繁殖型细菌有强烈杀菌作用。

【用法与用量】 煤酚皂溶液(由煤酚 500 毫升与植物油 300 克,氢氧化钠 43 克配成),10%溶液可消毒排泄物及废弃的染菌材料;3%～5%溶液消毒器械、猪舍及其他物品;2%溶液可洗手和消毒皮肤。

(10)复合酚(毒菌净)

【性状】 为深红或深褐色稠液体,稍有异味,易溶于水。

【作用与用途】 复合酚对多种细菌和病毒均有杀灭作用,是较理想的猪舍、场所、笼具消毒药。本品不能与碱性消毒药配伍,以免降低其作用。

【用法与用量】 复合酚 3.3%溶液用于常规消毒及细菌性疾病的猪舍、笼具消毒;1%溶液用于病毒性疾病的猪舍、笼具消毒。

(11)农福

【性状】 深褐色,有醋酸和煤焦油气味,易溶于水。

【作用与用途】 有抗菌、抗病毒作用。用于猪舍及器具的消毒。

【用法与用量】 农福 1%～1.3%溶液用于猪舍及喷洒消毒;1.7%用于器具、车辆洗涤消毒。

(12)消毒净

【性状】 类似白色晶体,易溶于水和乙醇,易受潮,但受潮后杀菌效力不变。

【作用与用途】 杀灭革兰氏阳性菌及阴性菌的作用比新洁尔灭强,用于皮肤、器械消毒。

【用法与用量】 0.1%酒精溶液涂擦术部皮肤消毒;0.05%～0.1%溶液用于器械、用具消毒;0.02%以下水溶液冲洗腔道黏膜。

(13)百毒杀

【性状】 无色无味液体,能与水互溶,性质稳定。

【作用与用途】 对各种细菌、病毒、霉菌、某些虫卵均有一定的作用。可用于猪体、饮水和传染病发生时的紧急消毒。

【用法与用量】 本品有含量50%和10%的百毒杀。两剂型适应范围相同,但后者剂量是前者的5倍。

50%百毒杀,带猪消毒(猪舍、环境、饮水器具、笼栏),3毫升加入10千克水中喷雾或冲刷;饮水消毒,0.5～1.5毫升加入10千克饮水中;传染病发生时紧急消毒(猪舍、笼具、器具等),10毫升加入10千克水中浸泡或冲洗。

(14)火碱(氢氧化钠)

【性状】 白色块状、棒状或片状固体。易溶于水及乙醇,极易潮解,水溶液呈强碱性反应,易吸收空气中的二氧化碳而生成碳酸盐。

【作用与用途】 对细菌繁殖体和部分病毒及细菌芽孢有较强的杀灭作用,但对机体有腐蚀性。

【用法与用量】 2%热水溶液喷洒被病毒(口蹄疫、猪瘟等)或细菌(沙门菌)等污染的猪舍、饲槽、车辆等;3%～5%热水溶液喷洒炭疽芽孢污染的地面等。

(15)生石灰(氧化钙)

【性状】 白色硬块或粉末。无臭,易吸收水分,在空气中吸收二氧化碳,逐渐变成碳酸钙而失效。

【作用与用途】 本品与水作用生成氢氧化钙,后解离出氢氧根离子具有杀菌作用。对多数繁殖型细菌有较强的杀灭作用,但对芽孢无效。

【用法与用量】 20%的石灰乳,涂刷猪舍墙壁、猪栏、地面、排水沟等,浸湿20%石灰乳的湿草包放置进出口处消毒鞋底、车轮等;每千克生石灰加水350毫升,可对阴湿地面、粪池周围及污水沟等处消毒。

174. 养猪常用的抗菌类药物有哪些？怎样合理使用？

(1)青霉素

【性状】 青霉素钠、钾盐溶于水,临用时溶于注射用水中,水溶液不稳定、不耐热,温室中24小时大半被分解失效,故随用随配。

【作用与用途】 主要对链球菌、葡萄球菌、猪丹毒杆菌、破伤风梭菌、炭疽杆菌等多种革兰氏阳性菌和少数革兰氏阴性菌有抑菌和杀菌作用。青霉素可治疗各种敏感菌所致的疾患。

【用法与用量】 肌肉注射一次量,每千克体重1~1.5万单位,每日2次。

【注意事项】 青霉素不宜与四环素、土霉素、卡那霉素、庆大霉素、多菌素E、磺胺药钠盐及碳酸氢钙、维生素C、去甲肾上腺素、阿托品、氯丙嗪等混合使用。

(2)氨苄青霉素

【性状】 白色结晶状粉末。内服片剂为氨苄青霉素的水合物。注射剂为钠盐,易溶于水,水溶液碱性强(pH值8~10),极不稳定,遇碱性物质能迅速分解失效。

【作用与用途】 对革兰氏阳性菌和阴性菌有抑菌作用。

【用法与用量】 内服一次量,每千克体重5~20毫克,每日2次。肌肉注射一次量,每千克体重2~7毫克,每日2次。

(3)先锋霉素(头孢菌素)

【性状】 白色结晶状粉末,能溶于水,水溶液低温时较稳定,遇冷可出现白色结晶,加温后即溶解。

【作用与用途】 对革兰氏阳性菌作用较强,而先锋霉素Ⅱ对革兰氏阳性菌及大肠杆菌的抗菌作用强于先锋霉素Ⅰ。主要用于耐青霉素的金黄色葡萄球菌及一些阴性杆菌所引起的各种严重感染。

【用法与用量】 肌肉注射一次量,每千克体重10～20毫克,每日1～2次。

(4)链霉素

【性状】 常用的硫酸链霉素,易溶于水,但遇氧化剂、还原剂、醇、酸等易失效。

【作用与用途】 主要对革兰氏阴性菌有效。用于治疗巴氏杆菌、痢疾杆菌、沙门杆菌、大肠杆菌引起的急性感染。

【用法与用量】 肌肉注射一次量,每千克体重10毫克,每日2次。

(5)卡那霉素

【性状】 常用其硫酸盐,溶于水,性质稳定。

【作用与用途】 对大肠杆菌、巴氏杆菌、沙门杆菌、变形杆菌等大多数革兰氏阴性菌有较强的抗菌作用。卡那霉素适用于敏感菌引起的败血症,呼吸道、泌尿道、肠道等感染。对猪气喘病和萎缩性鼻炎有一定疗效。

【用法与用量】 肌肉注射一次量,每千克体重5～15毫克,每日2次。

兽用硫酸卡那霉素注射液,肌肉注射一日量,每千克体重2万～4万单位(20～40毫克),5日为一疗程。

(6)庆大霉素

【性状】 硫酸庆大霉素为白色粉末,易溶于水,水溶液较稳定。

【作用与用途】 对金黄色葡萄球菌、炭疽杆菌、链球菌等多种革兰氏阳性菌和阴性菌有良好的抗菌作用。用于敏感菌引起的败血症,肠道、泌尿道、呼吸道等严重感染。

【用法与用量】 肌肉注射(或静脉注射)一次量,每千克体重1 000～1 500单位,每日2～3次。

(7)土霉素

【性状】 淡黄色至暗黄色的结晶性粉末或无定形粉末,无臭,易溶于稀盐酸,难溶于醇,极难溶于水。遇光、热氧化剂等稳定性降低。

【作用与用途】 具有广谱抗菌作用。除对革兰氏阳性菌和阴性菌有抑制生长繁殖作用外,对衣原体、支原体(如猪肺炎支原体)、立克次氏体、螺旋体也有一定程度的抑制作用。可用于防治猪巴氏杆菌病、大肠杆菌和沙门菌感染和猪支原体肺炎等。也可作为猪饲料药物添加剂,以改善饲料利用率和促进增重等,同时对一些疾病也有一定的防治作用。

【用法与用量】 粉剂内服一次量,每千克体重10～25毫克,每日2次。

土霉素片,用法用量同上。

注射用盐酸土霉素静脉注射或肌肉注射,一日量,每千克体重5～10毫克。静脉注射用5%葡萄糖注射液或灭菌生理盐水溶解,肌肉注射配成2.5%浓度。

(8)四环素

【性状】 灰黄色结晶状粉末,微溶于水,易溶于稀酸或稀碱液中。常用其盐酸盐,性质较稳定,易溶于水,水溶液性质不稳定,宜用时配制。

【作用与用途】 与土霉素相似,但对革兰氏阴性菌的作用较强。

【用法与用量】 内服和肌肉注射、静脉注射剂量同土霉素。

(9)强力霉素(脱氧土霉素)

【性状】 其盐酸盐易溶于水,水溶液较四环素、土霉素稳定。

【作用与用途】 临床用途同土霉素。本品不仅抗菌作用强,且半衰期长,静脉注射后还可通过血脑屏障。

【用法与用量】 内服一次量,每千克体重2~5毫克,每日1次。

注射用强力霉素,以15%葡萄糖注射液稀释成0.1%以下缓慢静脉注射,一次量,每千克体重1~3毫克,每日1次。

(10)红霉素

【性状】 白色碱性晶状物,与酸结合成盐后易溶于水,在酸性(pH4)溶液中很快被破坏。

【作用与用途】 抗菌谱与青霉素相似,对多种革兰氏阳性菌有较强的抑制作用,对阴性菌作用较弱。主要用于治疗耐青霉素的金黄色葡萄球菌感染。

【用法与用量】 静脉或肌肉注射一次量,每千克体重2~6毫克,每日2次。临用前先用注射用水配成5%溶液(不可与生理盐水等含无机盐类溶液配制,以免产生沉淀),然后用5%的葡萄糖注射液稀释成1%的溶液,缓慢静注或分点肌注。

红霉素片(肠溶片)内服用量为注射用量的2倍。

硫氰酸红霉素注射液,肌肉注射一次量,每千克体重1~2毫克。

(11)北里霉素

【性状】 难溶于水,在室温中稳定。其酒石酸盐微有吸湿性,易溶于水。

【作用与用途】 对革兰氏阳性菌、部分阴性菌、螺旋体、立克次体、大型病毒等有抗菌作用,对支原体作用较强。用于防治猪地方流行性肺炎及细菌性痢疾。也可作饲料添加剂,促进幼猪生长等。

【用法与用量】 酒石酸北里霉素,皮下或肌肉注射一次量,每千克体重20~55毫克,每日2次。

(12)泰乐菌素

【性状】 白色结晶,呈弱碱性,微溶于水,其盐类易溶于水。水溶液性质稳定。

【作用与用途】 对革兰氏阳性菌和一些阴性菌有抗菌作用。作为添加剂,促进幼猪生长。

【用法与用量】 内服一次量,每千克体重20~40毫克,分3~4次内服。

肌肉注射一日量,每千克体重2~8毫克,每日1次。

(13)氯霉素

【性状】 白色针状结晶,味极苦,性质稳定,微溶于水,易溶于醇等。水溶液呈中性,耐热,但遇碱类易失效。

【作用与用途】 对多数革兰氏阳性菌和阴性菌都有抑制作用,但对阴性菌的作用比阳性菌强。适用于防治仔猪副伤寒、白痢、肺炎及猪的肠道、呼吸道、泌尿道感染等。

【用法与用量】 内服一次量,每千克体重50毫克,每日2次。

肌肉注射或静脉注射,一次量,每千克体重10~30毫克,每日2次。

(14)洁霉素(林可霉素)

【性状】 为碱性物质,可溶于水及多种有机溶剂。其盐酸盐为白色结晶粉末,易溶于水。

【作用与用途】 抗菌作用与红霉素相似,但抗菌谱较红霉素窄。对革兰氏阳性菌如金黄色葡萄球菌(包括耐青霉素的金黄色葡萄球菌)、链球菌、肺炎球菌有较高的抗菌活性。炭疽杆菌、破伤风杆菌、多数产气荚膜杆菌对本品亦敏感。

【用法与用量】 肌肉注射或静脉注射,一日量,每千克体重10~30毫克,分2次注射。

(15)壮观霉素

【性状】 呈弱碱性,其盐酸盐呈碱性,易溶于水,在酸性水溶液中稳定,pH值超过8.0则易失效。

【作用与用途】 用于控制猪链球菌、葡萄球菌、大肠杆菌、巴氏杆菌和沙门菌感染。与洁霉素联合应用比单一药物有效。

【用法与用量】 肌肉注射一次量,每千克体重20~25毫克,每日2次,连用4天。

(16)泰牧霉素

【性状】 白色或淡黄色结晶粉末,可溶于水(6%)。

【作用与用途】 对革兰氏阳性菌、多数支原体和某些螺旋体均有较强的抗菌作用。常用以治疗猪支原体肺炎、嗜血杆菌胸膜炎和密螺旋体痢疾。本品不宜与聚醚类抗生素如盐霉素等混合应用。

【用法与用量】 猪地方性肺炎,饮水预防0.004%(连饮3天);治疗0.008%(连饮3天);猪密螺旋体痢疾,饮水0.004%(连饮5天)。

(17)磺胺嘧啶

【性状】 白色或类白色结晶粉末,遇光色渐变暗,易溶于碱性溶液,微溶于乙醇或丙酮,不溶于水。

【作用与用途】 抗菌作用较强。因其与血浆蛋白结合率较低(25%以下),故可通过血脑屏障。适用于治疗脑部细菌性感染、流行性乙型脑炎混合感染、出血性败血症、猪弓形体病及呼吸道、泌尿道、消化道和体表感染等。

【用法与用量】 内服一次量,每千克体重首次量0.1克,维持量0.05克,每日2次。

磺胺嘧啶钠注射液静脉或肌肉注射一次量,每千克体重0.05克,每日2次。

(18)磺胺二甲嘧啶

【性状】 白色或微黄色结晶粉末,味微苦,遇光色渐变深,在热乙醇中溶解,在水或乙醚中不溶,稀酸或稀碱溶液中易溶。

【作用与用途】 抗菌作用较磺胺嘧啶稍弱,用途同磺胺嘧啶。

【用法与用量】 内服一次量,每千克体重首次量0.1克,维持量0.05克,每日2次。

(19)新诺明(磺胺甲基异恶唑)

【性状】 白色结晶性粉末,味微苦。在水中不溶,在稀盐酸、氢氧化钠溶液中易溶。

【作用与用途】 抗菌谱与磺胺嘧啶相似,但抗菌作用较强。主要用于呼吸道和泌尿道感染。与甲氧苄氨嘧啶联合应用,可明显增强其抗菌作用,抗菌范围与用途也相应扩大。本品与血浆蛋白结合率高,溶解度较低,排泄较慢,容易出现结晶尿和血尿等。

【用法与用量】 内服一次量,每千克体重首次0.1克,维持量0.05克,每日1~2次。

(20)菌得清(磺胺异恶唑)

【性状】 白色或类白色结晶粉,其钠盐易溶于水,性质稳定。

【作用与用途】 抗菌作用较磺胺嘧啶强,乙酰化率低,可迅速经肾排泄,适用于泌尿道感染。

【用法与用量】 内服一次量,每千克体重首次量0.1克,维持量0.05克,每日2~3次。

(21)制菌磺(磺胺间甲氧嘧啶)

【性状】 白色或类白色结晶粉末,遇光色渐变暗。丙酮中略溶,乙醇中微溶,水中不溶,稀盐酸或氢氧化钠溶液中易溶。

【作用与用途】 是抗菌作用最强的磺胺药,对细菌感染效果较好,对猪弓形体病、仔猪水肿病疗效也较强,对猪萎缩性鼻炎亦有一定疗效,与甲氧苄氨嘧啶合用可增强疗效。

【用法与用量】 内服一次量,每千克体重首次0.05克,维持量0.025克,每日1~2次。静脉或肌肉注射一次量,每千克体重0.05克,每日1~2次。

(22)磺胺脒(磺胺胍)

【性状】 白色或类白色结晶。

【作用与用途】 其结构中有强碱性胍基,解离度大,脂溶性小,内服后吸收少(新生仔猪例外),故能在肠内维持较高浓度,适用于肠炎和菌痢的防治。

【用法与用量】 内服一次量,每千克体重0.12克,每日1次。

(23)氟哌酸(诺氟沙星)

【性状】 类白色粉末,味微苦,几乎不溶于水。

【作用与用途】 抗菌谱较广。对革兰氏阴性菌抗菌作用明显强于吡哌酸,但二者无交叉耐药性,对革兰氏阳性菌也有较强的抗菌作用,主要用于泌尿道、肠道、呼吸道和皮肤感染。对炎症细菌的清除率高于氨苄青霉素、红霉素、氯霉素、庆大霉素等。

【用法与用量】 内服一次量,每千克体重4～7毫克,每日2～3次。肌肉注射一次量,每千克体重2～4毫克,每日2～3次。

(24)环丙沙星

【性状】 类白色粉末,味苦。

【作用与用途】 用于革兰氏阴性菌和阳性菌引起的呼吸系统、泌尿系统、全身感染、仔猪白痢、猪肺疫等。

【用法与用量】 肌肉或静脉滴注一次量,每千克体重2.5毫克,每日2次。

(25)恩诺沙星

【性状】 为新型氟代喹诺酮类衍生物。

【作用与用途】 具有广谱和极高的抗菌作用。适用于仔猪白痢、黄痢、水肿型大肠杆菌、仔猪副伤寒、猪肺疫、猪丹毒、支原体肺炎、萎缩性鼻炎、地方性流行性肺炎、胸膜肺炎、肠炎、腹泻、子宫炎、链球菌病等。

【用法与用量】 肌肉注射或静脉滴注一次量,每千克体重2.5毫克,每日2次。

(26)痢特灵(呋喃唑酮)

【性状】 黄色结晶或结晶性粉末,几乎不溶于水和乙醇,遇光色渐变深,遇碱可分解。

【作用与用途】 具有广谱抗病原体作用。对大多数革兰氏阳性菌和阴性菌、某些真菌和原虫有杀灭作用。

【用法与用量】 内服一次量,每千克体重10~12毫克,每日2次。

(27)三甲氧苄嘧啶

【性状】 白色或类白色结晶性粉末,无臭,味苦,在氯仿中略溶,水中几乎不溶,冰醋酸中易溶。

【作用与用途】 抗菌谱与磺胺相似。单独应用时,细菌能迅速产生耐药性,若与磺胺药合用,由于对细菌、叶酸的双重阻断,可使抗菌效力提高数倍至数十倍。常以1:5与磺胺合用。复方制剂主要适用于链球菌、葡萄球菌及革兰氏阴性杆菌引起的呼吸道、泌尿道感染,以及败血症、腹膜炎、蜂窝组织炎,亦用于仔猪肠道感染及猪萎缩性鼻炎。

【用法与用量】 内服一次量,每千克体重10毫克,12小时一次。

复方磺胺嘧啶片,内服一日量,每千克体重30毫克(以磺胺嘧啶计),2次分服。

复方磺胺甲基异噁唑片(复方新诺明片),剂量同复方磺胺嘧啶磺啶片。

(28)敌菌净(二甲氧苄氨嘧啶)

【性状】 白色或微黄色粉末,几乎无臭,在水、乙醇、乙醚中不溶,盐酸中溶解。

【作用与用途】 抗菌作用比三甲氧苄氨嘧啶弱,内服吸收较少,在胃肠内浓度高,故适用于肠道细菌性感染。常与磺胺配合应用,对猪弓形体病亦有效。

【用法与用量】 磺胺对甲氧嘧啶、二甲氧苄氨嘧啶预混剂(磺胺对甲氧嘧啶200克,二甲氧苄氨嘧啶40克,基质加至1 000

克),混饲每 1 000 千克饲料添加 1 000 克。

(29)痢菌净(乙酰甲喹)

【性状】 鲜黄色微细结晶粉末,无嗅,味微苦,遇日光及高温色渐变深。微溶于水,易溶于氯仿、苯、丙酮。

【作用与用途】 具有广谱抗菌作用。对革兰氏阴性杆菌作用较强,对密螺旋体有特效。适用于治疗猪密螺旋体痢疾(猪血痢),且复发率低,对仔猪下痢(白痢、黄痢)、猪腹泻亦有较好的治疗效果。

【用法与用量】 痢菌净粉,内服一次量,每千克体重 5~10 毫克,每日 2 次。

痢菌净注射液,肌肉注射一次量,每千克体重 2~5 毫克,每日 2 次。

175. 养猪常用的抗寄生虫类药物有哪些?怎样合理使用?

(1)精制敌百虫

【性状】 白色晶粉或小粒,在空气中易潮,稀水溶液易水解,遇碱迅速变质。

【作用与用途】 为广谱抗寄生虫药,对消化道线虫如猪蛔虫、毛首线虫、食道口线虫等均有较好的作用,对某些吸虫如猪姜片吸虫等作用次之,对猪肾虫作用很弱。外用为杀虫药,可杀灭蝇、蛆、螨、蜱、蚤等。

【用法与用量】 内服一次量,每千克体重 80~100 毫克。外用 1%~2%溶液,局部涂擦或喷雾。

【注意事项】 用药前后,禁用胆碱酯酶抑制药,否则可加大敌百虫的毒性作用。敌百虫水溶液应现用现配,且不宜与碱性药物或碱性水质配伍,以免毒性增大。敌百虫中毒时可用阿托品和解磷定肌注或静注解救。

(2)左旋咪唑

【性状】 白色结晶或粉末,易溶于水、甲醇和甘油,粉末及酸性水溶液稳定,碱性水溶液易分解。

【作用与用途】 对猪蛔虫和线虫类寄生虫效果极佳,但对多数寄生虫未成熟虫体作用稍差,对猪肾虫作用不定。

【用法与用量】 内服一次量,每千克体重7.5毫克。皮下注射一次量,每千克体重7.5毫克。

左旋咪唑涂擦剂,100毫升含10克,耳根部皮肤涂敷,一次量每千克体重1~1.2毫升。

(3)抗蠕敏(丙硫苯咪唑)

【性状】 白色或类白色粉末,无臭,无味,不溶于水,微溶于氯仿、丙酮,几乎不溶于乙醇,在冰醋酸中溶解。

【作用与用途】 对猪蛔虫、线虫、中华枝睾吸虫等均有良好的驱虫效力。

【用法与用量】 内服一次量,每千克体重10~20毫克。

(4)驱虫灵(噻吩嘧啶)

【性状】 黄色粉末,不溶于水,宜避光保存。

【作用与用途】 适用于猪蛔虫、食道口线虫成虫,而且对猪蛔虫各期幼虫均有明显疗效。对猪红色舌圆线虫成虫和未成熟的幼虫亦有一定效果。

【用法与用量】 双羟萘酸噻吩嘧啶片,内服一次量,每千克体重(按噻吩嘧啶含量计)20毫克。

【注意事项】 禁忌与安定药、肌松药及抗胆碱酯酶药、杀虫药并用。

(5)别丁(硫双二氯酚)

【性状】 白色轻质粉末,略具氯嗅,难溶于水,可溶于有机溶剂。

【作用与用途】 本品有广谱驱吸虫和驱绦虫作用,对猪姜片吸虫有良好效果,对肝片吸虫效果很差。内服大部分未被吸收,所以对肠道绦虫也有一定作用。

【用法与用量】 硫双二氯酚片或粉剂,内服一次量,每千克体重80～100毫克。

(6)敌敌畏

【性状】 黄色油液体,有芳香味,微溶于水和多数有机溶剂,性质稳定,但加水稀释后即逐渐分解。

【作用与用途】 敌敌畏的杀虫效果比敌百虫强7～10倍,广泛用于杀灭猪舍及环境中的蚊蝇和体表虱、蜱、蚤等吸血昆虫。

【用法与用量】 喷淋,0.1%～0.5%溶液。

【注意事项】 本品对人、猪毒性较大,易被皮肤吸收而中毒,用时应注意。

(7)溴氰菊酯

【性状】 白色结晶粉末,无味,难溶于水,易溶于有机溶剂,遇碱分解,对塑料制品有腐蚀性。

【作用与用途】 是使用最广泛的拟菊酯类杀虫药。对蚊、蝇、虱等有良好的杀灭作用。一次用药能维持药效近1个月。

【用法与用量】 溴氰菊酯乳油(含溴氰菊酯5%)药浴或喷淋,每升加水1 000升(50毫克/升)。

(8)氰戊菊酯(速灭杀丁)

【性状】 浅黄色结晶,难溶于水,可溶于丙酮等有机溶剂。性质较稳定,碱性物质可影响其稳定性。

【作用与用途】 为国产高效、广谱拟菊酯类杀虫药。可用于猪蜱、螨、虱、蚤等体表寄生病。

【用法与用量】 氰戊菊酯乳油(含氰戊菊酯20%),喷淋,每升加水400～1 000升(200～500毫克/升)。

176.养猪常用的其他类药物有哪些?怎样合理使用?

(1)中毒解救药

①阿托品

【性状】 无色结晶或白色结晶性粉末,无臭,极易溶于水,易溶于乙醇。

【作用与用途】 具有解除平滑肌痉挛、抑制腺体分泌等作用,用于胃平滑肌痉挛和有机磷中毒的解救等。

【用法与用量】 皮下注射一次量,2~4毫克(严重中毒时可增至每千克体重1毫克)。

②解磷定

【性状】 黄色颗粒结晶或结晶粉末,无臭,味苦,遇光易变质,溶于水,不溶于乙醚。

【作用与用途】 能使胆碱酶重新活化。用于有机磷中毒的解救。

【用法与用量】 静脉注射,一次量,每千克体重15~30毫克。

③亚甲蓝(美蓝、甲烯蓝)

【性状】 深绿色有光泽的柱状晶粉,易溶于水和乙醇。

【作用与用途】 既有氧化作用,又有还原作用,其作用与剂量关系密切。小剂量用于解救亚硝酸盐中毒,大剂量用于解救氰化物中毒。

【用法与用量】 静脉注射,一次量,每千克体重1~2毫克(小剂量),可解救亚硝酸盐中毒。每千克体重2.5~10毫克(大剂量),可用于解救氰化物中毒。

④亚硝酸盐

【性状】 无色或白色、微黄色的晶粉,无臭、味微咸,有吸湿性,易溶于水,水溶液不稳定,呈碱性。

【作用与用途】 具有解除组织细胞缺氧的作用,因而可用于解救氰化物中毒。

【用法与用量】 静脉注射,一次量0.1~0.2克。

⑤硫代硫酸钠(大苏打)

【性状】 无色透明的结晶或晶粉,无臭,味咸,极易溶于水,水溶液呈微碱性,不溶于乙醇。

【作用与用途】 本品可在体内分解出硫离子,与体内氰离子结合形成无毒且较稳定的硫氰化物由尿排出。但作用较慢,常与亚硝酸盐或亚甲蓝配合,解救氰化物中毒。

【用法与用量】 静脉或肌肉注射,一次量1~3克。

⑥二巯基丙醇

【性状】 无色易流动的澄明液体,极易溶于乙醇,在水中溶解,不溶于脂肪。

【作用与用途】 能与金属或类金属离子结合,形成无毒、难以解离的结合物由尿排出。主要用于解救砷、汞、锑的中毒,也用于解救铋、锌、铜等中毒。

【用法与用量】 肌肉注射一次量,每千克体重2.5~5毫克,第1~2天每4~6小时一次,以后每日2次。

⑦二巯基丁二酸钠

【性状】 白色粉末,易吸水潮解,溶于水,水溶液无色或微红色,不稳定。放置后变浊或土黄色时则不宜使用。

【作用与用途】 作用同二巯基丙醇。主要用于锑、铅、汞、砷中毒的解救,也用于钡、银、铂、锌等中毒的解救。本品对锑的解毒作用最强。

【用法与用量】 静脉注射一次量,每千克体重20毫克。临用前用灭菌生理盐水稀释成5%~10%溶液。急性中毒,每日4次,连用3日;慢性中毒,每日1次,连用5~7日。

⑧依地酸钙钠

【性状】 白色晶粉,无臭,无味,易潮解,溶于水。

【作用与用途】 本品在体内能与铅形成稳定的可溶性络合物,由尿排出而产生解毒作用。主要用于解救铅中毒。也用于铜、锌、钴、锰等中毒的解救。

【用法与用量】 静脉注射,一次量1~2克,连用3日,以后酌情而定。

【注意事项】 肾脏病猪禁用。对慢性中毒,连用3天后,应停药3~4天方可继续使用。

⑨乙酰胺(解氟灵)

【性状】 白色结晶粉末,无臭,溶于水。

【作用与用途】 本品具有延长有机氟(氟乙酰胺)中毒的潜伏期,减轻氟中毒症或制止氟中毒的作用。用于有机氟中毒的解救。

【用法与用量】 肌肉注射一次量,每千克体重0.1克,每日2~4次。

【注意事项】 解毒时宜早期应用,严重中毒病例应配合使用镇静药。

(2)解热镇痛药

①安乃近

【性状】 白色(供注射用)或略带微黄色(供口服用)的结晶或结晶性粉末。无臭,味微苦,易溶于水。

【作用与用途】 解热镇痛作用较强,并有一定的消炎、抗风湿作用,用于肌肉痛、风湿症、发热性疾病。

【用法与用量】 内服,一次量2.5克。安乃近注射液,皮下或肌肉注射,一次量1~3克。

【注意事项】 不宜长期应用和穴位注射。

②氨基比林

【性状】 白色结晶或晶状粉末,无臭,味微苦,溶于水,水溶液呈碱性,易氧化变质,遇氧化剂易被氧化。

【作用与用途】 解热镇痛作用强而持久,尚有抗风湿和消炎作用。用于发热性疾病、关节痛、肌肉痛和风湿症等。

【用法与用量】 内服,一次量2~5克。皮下或肌肉注射,一次量50~200毫克。复方氨基比林注射液(含氨基比林7.15%,

巴比妥2.85%),皮下或肌肉注射,一次量5～10毫升。

③水杨酸钠

【性状】 无色、微红色结晶或片状粉末,易溶于水。光线、温热和金属均可促进氧化。

【作用与用途】 解热镇痛作用弱于氨基比林和安乃近,但有显著的抗风湿作用,常用于急性风湿性关节炎等风湿症。

【用法与用量】 内服,一次量2～5克。静脉注射,一次量2～5克。复方水杨酸钠注射液,含水杨酸钠10%、氨基比林1.43%、巴比妥0.57%、乙醇(95%)10%、葡萄糖10%,静脉注射,一次量20～50毫升。

(3)糖皮质激素

①氢化可的松

【性状】 白色或几乎白色的结晶性粉末,略溶于乙醇或丙酮。微溶于氯仿,不溶于水。

【作用与用途】 有影响糖代谢、非特异性抗炎和抗过敏等作用。用于发热性疾病、风湿症和过敏性疾病。

【用法与用量】 静脉注射,一次量20～80毫克。醋酸氢化可的松注射液,肌肉注射,一次量50～100毫克。

【注意事项】 急性细菌性感染时应与抗菌药并用,禁用于骨质疏松症和疫苗接种期。

②醋酸可的松

【性状】 白色或几乎白色的结晶性粉末,无臭,易溶于氯仿,微溶于乙醇,不溶于水。

【作用与用途】 同氢化可的松。

【用法与用量】 肌肉注射,一次量50～100毫克。

【注意事项】 同氢化可的松。

③地塞米松

【性状】 白色或类白色的结晶性粉末,无臭,易溶于丙酮,略溶于乙醇或氯仿,不溶于水。

【作用与用途】 抗炎作用与糖原异生作用约为氢化可的松的25倍,且水钠潴留作用较小。用途同其他糖皮质激素。

【用法与用量】 肌肉或静脉注射,一日量4～12毫克。严重病例可酌情增加剂量。醋酸地塞米松片,每片0.75毫克,内服,一日量2～5毫克。

【注意事项】 易引起孕猪早产,其他同氢化可的松。

④倍他米松

【性状】 白色或乳白色结晶性粉末,无臭,味苦,几乎不溶于水,略溶于乙醚。

【作用与用途】 抗炎作用与糖原异生作用较地塞米松强,为氢化可的松的30倍,钠潴留作用弱于地塞米松。应用同地塞米松。

【用法与用量】 内服,一日量5～8毫克。

【注意事项】 同其他皮质激素。

(4)中枢兴奋药

①咖啡因

【性状】 白色有丝光的针状结晶。无臭,味苦,有风化性。易溶于热水或氯仿,略溶于丙酮或乙醇,微溶于乙醚。

【作用与用途】 中枢兴奋药,能加强在脑皮层的兴奋过程,兴奋呼吸及血管中枢。用于中枢性的呼吸、循环抑制。

【用法与用量】 一次量,静脉注射0.5～1克,皮下或肌肉注射0.5～2克。

【注意事项】 忌与盐酸四环素、盐酸土霉素等酸性药物及鞣酸、碘化物等配伍,以免发生沉淀。

②尼可刹米(可拉明、二乙烟酰胺)

【性状】 无色或微黄色稠液体,能与水混合,制成澄明注射液,色泽变黄不应使用。

【作用与用途】 具有直接、反射性地兴奋呼吸中枢的作用。用于呼吸中枢抑制的解救。

【用法与用量】 皮下、肌肉或静脉注射,一次量0.25~1克。

③樟脑磺酸钠

【性状】 易溶于热水及热醇。

【作用与用途】 具有直接或间接兴奋延脑呼吸中枢、大脑皮层的作用,亦有强心作用。用于治疗急性心衰、中枢抑制药中毒及肺炎等引起的呼吸循环抑制。本品吸收迅速,适用于急救。

【用法与用量】 皮下、肌肉或静脉注射,一次量0.2~1克。

【注意事项】 猪临屠宰前不宜使用,以免影响肉质。

④士的宁

【性状】 其硝酸或盐酸盐为无色针状结晶。味极苦,略溶于水,微溶于氯仿或乙醇,在乙醚中几乎不溶。

【作用与用途】 具有选择性地兴奋脊髓的作用,能提高骨骼肌紧张度,用于脊髓性不全麻痹。

【用法与用量】 皮下注射,一次量2~4毫克。

(5)局部麻醉药

①普鲁卡因(奴佛卡因)

【性状】 其盐酸盐为白色、细微的针状结晶或结晶性粉末。无臭,易溶于水,溶于乙醇,微溶于氯仿。水溶液不稳定,易被氧化和水解,色逐渐变黄,局部麻醉作用随之减弱。

【作用与用途】 局部麻醉效果良好。毒性较低,应用最广泛。可用作浸润麻醉(0.25%~1%)、传导麻醉(2.5%~5%)、硬膜外麻醉(1%~3%),但穿透力较弱,一般不宜作表面麻醉。

【用法与用量】 浸润麻醉:一般用0.25%~1%,在100毫升普鲁卡因溶液中加入0.1%肾上腺素溶液1毫升,可延长局部麻醉时间约30分钟。

传导麻醉:一般用2%~5%溶液,小猪每点注射2~5毫升,大猪每点注射5~7毫升。

封闭疗法:用0.25%~0.5%溶液50~70毫升注射于患部周围。

【注意事项】 在应用磺胺药期间禁用普鲁卡因。

②利多卡因

【性状】 其盐酸盐为白色结晶性粉末,无臭,味极苦,易溶于水,水溶液较稳定。

【作用与用途】 局部麻醉作用略强于普鲁卡因,且有较强的组织穿透力和扩散性。所以可用作浸润麻醉、传导麻醉、表面麻醉,但不宜作蛛网膜下腔麻醉。

【用法与用量】 表面麻醉用2%~4%溶液;浸润麻醉用0.25%~0.5%溶液;传导麻醉用2%溶液。

(6)生殖系统用药

①己烯雌酚

【性状】 白色结晶性粉末,无臭,难溶于水,易溶于醇、醚或酯肪中。

【作用与用途】 具有促进生殖器官发育,提高子宫对催产素的敏感性,加强收缩力,促进母猪发情等作用。主要用于治疗子宫蓄脓、胎衣滞留、子宫炎,并配合催产素用于分娩时肌无力。

【用法与用量】 内服和肌肉注射,一次量3~10毫克。

②黄体酮(孕酮)

【性状】 白色或微黄色结晶性粉末,无臭,在空气中稳定,不溶于水。

【作用与用途】 具有抑制子宫收缩,降低子宫对催产素的敏感性(安胎),抑制发情和排卵等作用。主要用于母猪的同步发情和分娩,治疗习惯性流产和先兆性流产等(但必须是非感染性或非激素因素引起的流产)。

【用法与用量】 肌肉注射一次量,每千克体重15~25毫克。

必要时隔 5~10 天可重复注射。

③催产素

【性状】 白色粉末或结晶,能溶于水,水溶液呈酸性。

【作用与用途】 催产素具有选择性兴奋子宫平滑肌作用。小剂量较少引起子宫颈兴奋。适用于催产,剂量加大,使子宫出现强直收缩,适用于产后止血或产后子宫复原、胎衣不下。具有催乳作用。

【用法与用量】 静脉、皮下或肌肉注射一次量,子宫收缩用 30~50 单位。

【注意事项】 催产时,子宫颈口尚未开放,胎位不正、骨盆过窄及产道阻碍时忌用。

177. 怎样防治猪瘟?

猪瘟是由猪瘟病毒引起的急性、热性、高度接触性传染病。急性型以败血症及剖检所见内脏器官出血、坏死和梗死为特征;慢性型以纤维素坏死性肠炎为主要病理剖检特征。

【病原】 猪瘟病原为猪瘟病毒,存在于病猪的各组织器官、血液、尿液、泪液、鼻液及粪便中。当病猪发热体温达最高点时,病毒含量最多。病毒对低温和干燥的抵抗力很强,含病毒的血液在室温下 2~3 个月仍有毒力,在冻肉里能保持毒力 3~7 个月,在腌肉里能生存 3 个月。但怕高温,煮沸 5 分钟即死亡。

该病毒对消毒药的抵抗力较强,最常用也最有效的是 3%氢氧化钠溶液、含氯消毒剂、生石灰等,这些均可在较短的时间内使之灭活。

【流行特点】 本病在自然条件下只感染猪。不同品种、年龄、用途的家猪和野猪均易感染。本病的发生没有季节性,在新疫区常急性暴发,发病率、死亡率均很高。在常发地区,猪群有一定的免疫力,病情常呈亚急性型或慢性经过。本病的感染途径主要是消化道和呼吸道,病猪的尿、粪及各种分泌物(唾液、鼻液等)排出大量病毒,通过直接接触或间接接触如被病毒污染的饲料、饮水、场地、各种工具等均可传染。此外,其他动物(猫、狗)、昆虫、老鼠等是机械性传染媒介。

【临床症状】 潜伏期一般为5~10天。根据病程的长短和病状可分为急性型、慢性型和非典型猪瘟。

(1)急性型 患猪表现发病突然,症状急剧,体温升高到41~42℃,口渴,废食,嗜液,皮肤和黏膜紫绀和出血,多数病猪有明显的浓性结膜炎,有的病猪出现便秘,随后出现下痢,粪便恶臭。怀孕母猪可出现流产,仔猪出现神经症状,如磨牙、痉挛、转圈等。特急性型病例甚至症状尚不明显即因败血症而死亡,一般在出现症状后几小时或几天死亡。

(2)慢性型 多发于老疫区,也有的是由急性不死转为慢性。患猪病状不规则,体温时高时低,猪体消瘦,贫血,喜卧,行动迟缓,食欲不振,喜饮水,便秘和腹泻交替。有的病猪皮肤有紫斑或坏死痂,病程多在4周以上。

(3)非典型猪瘟 为近年来国内外发生较普遍的一种猪瘟病型,感染猪潜伏期长,症状轻微而且病变不典型,群众称无名高热。死亡率30%~50%,有的自愈后出现干耳和干尾,甚至皮肤出现干性坏疽并脱落。这种类型的猪瘟病程1~2个月不等,有的猪有肺炎感染和神经症状。新生猪常引起大量死亡,自愈猪变为侏儒或僵猪。

【病理变化】 典型猪瘟,全身淋巴结肿大,尤其是肠系膜淋巴结,外表呈暗红色,中间有出血条纹,切面呈红白相间的大理石样外观,扁桃体出血或坏死。胃和小肠呈出血性炎症。在大肠的回盲瓣段黏膜上形成特征性的钮扣状溃疡。肾呈土黄色,表面和切面有针尖大的出血点,膀胱黏膜层布满出血点。脾的边缘有时见到红黑色的坏死斑块,似米粒大小,质地较硬,突出被膜表面。妊娠母猪感染病毒后,可见流产的胎儿水肿,表皮出血和小脑发育不全。

非典型猪瘟病理变化轻微,如淋巴结呈现水肿状态,轻度出血,脾稍水肿,膀胱黏膜仅有少数出血点,回盲瓣可能有溃疡、坏死,但很少有钮扣状溃疡等典型病变。

【诊断】 根据流行特点、症状、病理剖检和猪群的免疫状态等作出初步诊断。对于非典型性猪瘟应通过实验室检查确认。在诊断中应注意与猪丹毒、猪肺疫、仔猪副伤寒、猪败血性链球菌病及猪弓形体病相区别。

【防治措施】

(1)及时进行疫苗接种 坚持定期春、秋两季注射猪瘟兔化弱毒疫苗,不要漏注,注射后4~6天产生免疫力,免疫期可达1年以上。为了避免哺乳仔猪感染猪瘟,最好能在20日龄左右和断乳时各注射一次疫苗。

(2)尽量做到自繁自养和圈养,严防从外地带入传染源。必须从外地购猪时,应先经预防注射后,再隔离饲养2周,方可混入猪群。

(3)改善饲养管理,搞好栏舍、环境、饲具的清洁卫生工作。泔水必须煮沸后利用。

(4)发生猪瘟时,应马上对全群健康猪只进行猪瘟疫苗接种,然后对可疑猪只接种,尽早确诊,及时采取措施,把损失减少到最低限度。目前尚无特效药物治疗此病,对可疑病猪隔离,病死猪进行无害化处理、深埋或焚烧均可,能利用的需经高温处理。发病猪舍、运动场及有关器械用2%~3%的火碱或其他强力消毒剂进行彻底消毒。粪尿及垫草、剩料等污物堆积发酵或烧毁。

178. 怎样防治猪口蹄疫?

猪口蹄疫是由病毒引起的偶蹄兽的一种急性、热性和高度接触性传染病。临床特征为病猪的口腔黏膜、蹄部和乳房皮肤出现水泡和溃疡。

【病原】 猪口蹄疫病原为猪口蹄疫病毒,分A、O、C等7个主要类型。该病毒对外界环境抵抗力很强,在猪体上可生存半个月,饲料中可生存4个月,土壤、饲养用具、粪及干草上可生存1个月以上。病毒耐低温能力强,在体外可耐寒冷几个月不死。高温和阳光易杀死病毒,在直射阳光下,病毒经60分钟即死亡;加热至70℃经30分钟死亡;煮沸即刻死亡。酸和碱对病毒的作用很强,所以常用2%~3%的火碱、1%~2%的甲醛溶液等进行消毒。

【流行特点】 本病潜伏期短,传染快,流行广,发病率高,在同一时间内,往往牛、羊、猪一起发病,而猪对口蹄疫病毒易感性强,愈年幼的仔猪,发病率及死亡率愈高,1月龄内的哺乳仔猪死亡率可达60%~80%左右。本病一年四季均可发生,但以寒冷冬春季节多发。

病畜是该病的主要传染源,一旦动物被感染,在症状出现之前,病畜体内开始排出大量致病力很强的病毒,症状严重期排毒量最多,症状恢复期排毒量逐渐减少。传染途径主要是消化道、损伤的黏膜(口、鼻、眼、乳腺)、皮肤等。传染的原因有直接的,如病猪与健康猪接触;有间接的,如病猪的唾液、乳、尿、粪、血液及病猪的肉、内脏污染了饲料、饮水及工具等。野生动物、鼠、狗、猫、鸟类、昆虫均是本病的重要传染媒介。

【临床症状】 本病潜伏期为2~7天,有时较长。患猪的主要症状表现在蹄部。病初体温升至40~41.5℃,经3天左右,在蹄叉、蹄冠、蹄踵等处出现水泡,不久破溃,表面出血、糜烂。患猪跛行,严重者不能站立,甚至蹄壳脱落。少数病例在口腔发生病变,流涎,咀嚼及吞咽困难。患猪鼻盘、齿龈、舌、额部等也可出现水泡,破溃后露出浅的溃疡面,不久可愈合。也有的病例,母猪的乳房和乳头的皮肤发生水泡,破溃后发生糜烂,不久结痂。哺乳仔猪常无口蹄疫症状,出现急性胃肠炎和心肌炎而死亡。

【病理变化】 病猪蹄部、口腔、乳房皮肤有水泡和糜烂病变,个别病猪局部感染化浓,有浓样渗出物。

死亡的哺乳仔猪,胃肠可发生出血性炎症,肺浆液性浸润,心包膜有点状出血,心包液混浊,心肌切面有灰白色或淡黄色斑或条纹,称为"虎斑心"。心肌变软,类似煮过的肉。由于心肌纤维变性、坏死、溶解,释放出有毒分解产物而使仔猪死亡。

【诊断】 根据流行特点、症状和病理剖检容易作出初步诊断。为确诊,可进行病毒分离鉴定或采用动物接种或血清学诊断方法。在诊断中应注意与猪水疱病、水疱性口炎、猪疱疹相区别。

【防治措施】 预防猪口蹄疫,除采取一般综合检疫措施外,主要是采取注射口蹄疫灭能苗进行预防接种,注射后14天产生免疫力,免疫期3个月。在牛、羊注射口蹄疫疫苗期间,邻近猪场应封锁,注射口蹄疫疫苗的器具再用于猪场时,必须严格消毒。

目前对本病尚无特效疗法,只能采取对症治疗。口腔可用清水、1%温食盐水、0.1%高锰酸钾水、2%硼酸洗漱,溃烂面涂以5%碘甘油;蹄部用绷带包扎;乳房使用0.1%高锰酸钾水冲洗干净后,用青霉素软膏或磺胺软膏涂于患部。

179.怎样防治猪传染性水疱病?

猪传染性水疱病是水疱病毒引起的一种极似口蹄疫的急性、热性、接触性传染病。其主要特征是患猪蹄、鼻、口腔、乳房及皮肤出现水疱。

【病原】 猪传染性水疱病病原为水疱病毒。该病毒对热有一定的抵抗力,在50℃ 30分钟内仍有传染力,56℃ 30分钟、85℃ 1分钟能使病毒灭活。耐低温能力强,1~2℃能存活10天,-18~-20℃低温保存可达2年以上。病毒在猪粪与圈内存活8周以上,在4℃脏泥中,68天仍有病毒存活。病毒耐酸、碱,在pH3

的环境中作用3小时,仍不能灭活,对碱和消毒药也有很强的抵抗力,在33℃3%烧碱中经24小时,或13～18℃2%甲醛经24小时方能灭活。

【流行特点】 本病自然流行只感染猪,其他动物不感染。发病无明显季节性,多发于猪高度集中、饲养密度大、且地面潮湿的地方,在分散饲养的情况下,极少引起流行。传染途径主要是消化道、呼吸道、皮肤和黏膜。发病后的患猪及其产品是主要传染源,病猪的新鲜粪、尿,以及被病毒污染后的运输工具、饲料和水均是传播媒介。

【临床症状】 潜伏期一般为2～5天,成年猪发病率高于仔猪。病初只有少数病猪可见体温升高,在蹄冠、蹄叉、蹄底或副蹄出现一个或几个黄豆至蚕豆大的水疱,随后融合在一起,充满透明的液体,1～2日后水疱破裂,形成溃疡面,病猪疼痛加剧,不易行走,严重者蹄壳脱落,卧地不起。少数病猪的鼻盘、口腔和乳头周围也会出现水疱。一般病程10天左右,然后自然康复。

【病理变化】 本病内脏器官无肉眼可见的病变。

【诊断】 根据只有猪发病,病少见于分散饲养的地方,且仔猪很少发病,内脏器官无肉眼病变等情况可做出初步诊断,但要进一步确诊,则需进行病毒分离培养、血清学检查和组织学检查。

【防治措施】

(1)不要从疫区调入猪只及其肉产品,用泔水和屠宰下脚料喂猪时,必须经过煮沸消毒。

(2)要加强检疫、隔离、封锁措施,收购和调运生猪时应逐头检查,如发现病猪,就地处理,不能调出。

要加强对市场的管理和检疫,严禁病猪和同群猪上市。猪群患病要严格封锁,封锁期一般以最后一头猪治愈后3周才能解除。病猪肉及其头、蹄不准鲜销上市,应作高温处理。

(3)要注意环境的卫生和消毒,消毒液应选用5%氨水、10%

漂白粉溶液、3%热火碱水,热溶液比冷溶液效果好。

(4)蹄部等病变治疗方法同口蹄疫。

180. 怎样防治猪水疱性口炎?

猪水疱性口炎是由水疱性病毒引起的一种极似口蹄疫、传染性水疱病的急性、热性、接触性传染病。其主要特征是患猪口腔、鼻盘及蹄部出现水疱。

【病原】 猪水疱性口炎病原为水疱病毒。该病毒在土壤中(4~6℃条件下)可存活数天,冻结可保存数年。阳光和紫外线能迅速杀死病毒;加热58℃ 30分钟可使其灭活;2%氢氧化钠或1%甲醛溶液能使病毒在数分钟内杀死,0.1%升汞或1%石炭酸需6小时以上。

【流行特点】 在自然环境条件下,以牛、马、猪较易感,羊、犬、兔不易得病。一般通过唾液和水疱液传播,但传染强度不如口蹄疫,传染途径主要是损伤黏膜和消化道。发病有明显的季节性,常在昆虫活跃的5~10月份,以8~9月为流行高峰。

【临床症状与病理变化】 潜伏期为1~9天,患猪体温升高,食欲不振。牛、马发病,主要病变在口腔,而猪发病常见在鼻盘与蹄部发生水疱,蹄部病变以蹄叉为主,蹄冠部次之。病程较短,3~4天即恢复食欲,症状比口蹄疫轻,很少出现并发症。人得病后很像流感,表现发热、恶心、肌肉酸痛等。

【诊断】 本病能使牛、马、猪都发病,病势较缓和,有明显季节性,病程较短,以此作为初步诊断。确诊可采用中和试验和补体结合试验。

【防治措施】 在疫区可使用当地病畜组织和血制备的结晶紫甘油疫苗或鸡胚结晶紫甘油疫苗,进行预防接种。病猪只要加强饲养管理,能很快地康复。疫区要严格封锁,用具与运输工具要彻底消毒,消毒液可用2%氢氧化钠等。

181. 怎样防治猪流行性乙型脑炎？

猪流行性乙型脑炎是由乙脑病毒引起的一种人畜共患的急性传染病。妊娠母猪感染后表现流产和死胎，公猪发生睾丸炎，肥育猪持续性高热，仔猪常呈脑炎症状。

【病原】 乙脑病毒为黄病毒科、黄病毒属成员，属B群虫媒病毒中较小的一种。病毒在感染动物的血液内存在的时间很短，主要存在于感染动物的中枢神经系统、肿胀的睾丸和死亡的脑组织内。病毒对热和日光的抵抗力不强，常用的消毒药可以很快将其杀死。

【流行特点】 本病可感染多种动物和人，主要通过蚊虫传播。由于蚊子感染乙脑可以终生带毒，并能在蚊子体内增殖病毒越冬，成为翌年传染源。因此，乙脑流行有明显的季节性，多发生于夏秋蚊子孳生季节。

【临床症状】 患病后肥育猪精神沉郁，食欲减退，饮欲增加，体温升高到41℃左右，嗜睡喜卧，强行赶起，则摇头甩尾，似正常样，但不久又卧下。结膜潮红，粪便干燥，尿呈深黄色。仔猪可发生神经症状，如磨牙、口吐白沫、转圈运动、视力障碍、盲目冲撞等，最后倒地不起而死亡。

成年猪或妊娠母猪自身在受乙型脑炎病毒感染后不一定表现临床症状，但妊娠母猪感染后，表现流产，胎儿多是死胎或木乃伊，也有发育正常的胎儿。

公猪感染后，睾丸发炎，常表现一侧性肿大，触摸有热感，体温升高，精神不振，食欲减退，性欲降低。经2~3天后炎症开始消失，但睾丸变硬或萎缩造成终生不育。

【病理变化】 脑、脑膜和脊髓膜充血，脑室和脑硬膜下腔积液增多。睾丸切面可见颗粒状小环死灶，最明显的变化是楔状或斑点状出血和坏死。间质结缔组织增生，常与阴囊粘连。

母猪子宫黏膜充血,黏膜表面有较多的黏液。死胎皮下水肿、肌肉褪色如水煮样。胸腔和心包腔积液,心、脾、肾、肝肿胀并有小点出血。

【诊断】 根据本病流行特点,结合临床症状和病理变化,不难作出初步诊断。确诊要依靠病毒分离、中和试验、血凝抑制试验或补体结合试验。在诊断上应注意与布氏杆菌病、猪细小病毒病和猪流行性感冒相区别。

【防治措施】

(1)采取综合性防疫卫生措施 要经常注意猪场周围的环境卫生,排除积水,消除蚊、蝇的孳生场所,同时也可使用驱虫药在猪舍内外经常喷洒消灭蚊、蝇。

(2)及时进行免疫 受本病威胁的地区可使用猪乙型脑炎弱毒疫苗,于流行前1个月进行免疫接种。

(3)本病目前尚无特效治疗药物,但可根据实际情况进行脱水、镇静、退热镇痛疗法对症和抗菌药物治疗,以便缩短病程和防止继发感染。

182.怎样防治猪传染性胃肠炎?

猪传染性胃肠炎是由冠状病毒引起的急性、高度接触性消化道传染病,其主要特征是多发生于寒冷季节,急性腹泻,同时出现呕吐。

【病原】 本病毒为冠状病毒,不耐热,加热56 ℃ 45分钟或65 ℃ 10分钟即全部灭活;对光敏感,在阳光下6小时即能灭活,置阴暗处7天仍有感染力;干冻的小肠病毒-10 ℃保存至875天,仍然使乳猪发病;对乙醚、氯仿敏感,在20%的乙醚中4 ℃放置24小时,在氯仿中于温室中置10分钟失去感染力,用0.05%甲醛在37 ℃处理20分钟,能使病毒灭活。

【流行特点】 本病除猪以外,其他动物不感染,发病有明显季节性,多发于冬、春寒冷季节(12月至翌年4月),具有高度接触传染性,常呈地方性流行。不同年龄、性别、品种的猪均能发病,但以仔猪发病严重,特别是10日龄以内的仔猪死亡率高。病猪粪便中排毒时间可达2月之久,传染途径主要是消化道,另外病毒也可由呼吸道传染。

【临床症状】 潜伏期一般为12~18小时,所以一个猪场刚开始发病,在1~3天内可使全群感染。仔猪发生呕吐、腹泻及口渴,粪便白色、黄色或绿色,内含有未消化母乳,后呈水样,甚至向外喷射,腹部、耳尖及肛门附近皮肤发紫,迅速脱水消瘦,多随继死亡,7日龄以内的仔猪死亡率可达100%。成年猪症状轻微,有的食欲不振、呕吐及腹泻,母猪泌乳停止,一般症状持续5~7天即停止,逐渐恢复食欲,很少出现死亡。

【病理变化】 病变主要在消化道,胃肠黏膜充血、点状出血,胃肠腔内充满稀薄的食糜呈灰黄色。肠系膜血管、肝、脾、肾、淋巴结均表现明显的瘀血,心肌因衰竭而扩张。左心室内膜和冠状沟有明显的出血点和出血斑。

【诊断】 若猪群出现大群性腹泻,根据临床症状、病理变化和流行特点可作出诊断,特别是仔猪日龄和死亡率的关系是很重要的参考资料。在诊断上应注意与猪流行性腹泻、仔猪红痢、仔猪黄痢、仔猪白痢、猪一般性胃肠炎等相区别。

【防治措施】

(1)加强饲养管理,做好产房和保育舍的保温工作。如果产房和保育舍温度维持在25~26℃,基本上可以控制本病的发生,即使个别发生,症状也比较轻。

(2)做好卫生消毒工作。本病主要在冬季严寒时期发生,饲养员必须坚守工作岗位,对舍内门窗早晚应及时关好。舍内粪便及时清除,出入口设有消毒池,经常进行消毒。

(3)在本病多发地区,每年入冬前(8~9月份)对全场仔猪进行疫苗预防接种。

（4）本病目前没有特效的治疗药物，为了防止其严重脱水而死亡，在仔猪发病期可用盐水补液（葡萄糖20克、氯化钠3.4克、氯化钾1.5克、碳酸氢钠2.5克，温水1000毫升）。

183. 怎样防治猪流行性感冒？

猪流行性感冒是由猪A型流感病毒引起的急性、高度接触性传染病，其主要特征是发病突然，传播迅速，具有高热、肌肉疼痛和呼吸道炎等症状。

【病原】 猪A型流感病毒为正粘朊病毒成员。该病毒既可感染猪也可感染人，主要存在于病猪的鼻涕、气管和支气管的渗出物中、肺和肺部淋巴结中。病毒对干燥和冷冻的抵抗力强，在干燥的灰尘口中保持14天仍有活力，冻干后在-70℃可存活多年，在56℃经30分钟灭活，也有某些毒株需要50分钟才能灭活，肥皂、去污剂及碘蒸气、碘溶液等均能破坏其活力。

【流行特点】 本病流行具有季节性，多发于气候骤变的晚秋和早冬，炎热季节很少发生，不同品种、年龄的猪均可感染，常呈地方性流行。传播方式主要是病猪和带毒猪（痊愈后带毒6周）的飞沫，经呼吸道而传染。

【临床症状】 潜伏期为5~7天。病来得突然，常见猪群同时发病，体温升高，有时高达42℃，精神萎靡，结膜发红，不愿起立行走，经常伏卧在垫草上，食欲减退或废绝，呼吸急促，急剧咳嗽，并间有喷嚏，先流清鼻水，后流黏性鼻涕，粪便干硬，尿呈茶红色，病程5~7天，妊娠母猪发病常易引起流产。一般病例，若无并发症，经1周左右，可以恢复健康，个别猪转为慢性，出现持续咳嗽、消化不良等。本病一般能拖延一个月以上，如并发肺炎，则易死亡。

【病理变化】 呼吸道病变最为显著，鼻腔潮红；咽喉、气管和支气管黏膜充血，并附有大量泡沫，有时混有血液；喉头及气管内有泡沫性黏液;肺部呈紫色病变,严重的呈鲜牛肉状,病区呈膨胀不全,其周围肺组织呈气肿和苍白色,胃肠内浆液增多,并有充血。

【诊断】 通过对本病流行特点、临床症状及病理变化全面分析后,可作出初步诊断。在诊断上应注意与地方流行性肺炎和其他急性、慢性呼吸道病相区别。

【防治措施】

(1)在阴雨潮湿和气候变化急剧时,应加强猪群的饲养管理,要勤换垫草,保证舍内通风、干燥。

(2)发现疫情后应立即隔离病猪,供给富含维生素的饲料。用10%～20%石灰乳和30%漂白粉溶液消毒猪舍和用具等,制止本病蔓延。由于流感病毒抗原经常发生变异,故目前还没有疫苗。

(3)治疗无特效药,一般采用抗生素与磺胺类药控制其继发症。

184.怎样防治猪传染性脑脊髓炎?

猪传染性脑脊髓炎是由脑脊炎髓病毒引起的中枢神经系统传染病,其主要特征是四肢麻痹和脑、脊髓炎。

【病原】 本病毒为肠道病毒属成员,主要存在于病猪脑和脊髓内,有时排泄物中也出现。病毒对干燥的抵抗力很强,在低温下很稳定,但加热到60℃20分钟或在0.15%福尔马林中可使其灭活。

【流行特点】 本病在自然条件下,可能由于直接接触病猪而感染,传播不快,常呈散发,偶尔席卷全群。主要通过消化道感染。

【临床症状】 潜伏期为10～20天,病初体温升高30～41℃左右,厌食、疲倦,像狗一样蹲在一边。随后出现神经症状,如肌肉痉挛,有磨牙、咂嘴之状。四脚麻痹,尤其是后肢麻痹,角弓反张,前肢作奔跑状,有时尖叫,死亡率约70%,自然康复的猪恢复较慢。

【病理变化】 脑及脊髓可见严重充血和水肿,脑膜有时出血,四肢肌肉有萎缩现象。

【诊断】 根据本病发生仅限于猪,用药物治疗无效及临床症状所表现的高温、先兴奋、后麻痹等,可作出初步诊断,但也有个别病例,很难只凭病状来判断,因易与其他疾病(如猪瘟、狂犬病、李氏杆菌病等)相混淆,因而最好做脑切片检查。

【防治措施】 本病无治疗措施,致弱的疫苗或福尔马林灭活疫苗,可产生80%~90%保护率,已有一些国家采用。控制本病应采取隔离、消毒、急宰等综合措施。

185.怎样防治猪丹毒?

猪丹毒是由猪丹毒菌引起的一种急性、热性传染病,其主要特征是:急性型呈败血症经过,亚急性型在皮肤上出现特异性疹块,慢性病例则多表现为非化脓性关节炎或疣状的心内膜炎。

【病原】 猪丹毒杆菌是一种纤细的小杆菌,形状为直形或稍弯,革兰氏染色为阳性(染成紫色),菌体着色均匀。但在陈旧的培养物中所生长的细菌,则染成革兰氏阴性(红色),且菌体内有深紫的颗粒。猪丹毒杆菌抗原的血清型很多,目前公认的已有22个。从琼脂培养基的菌落看,有光滑型(S型)和粗糙型(R型)两种,前者毒力强,后者毒力较弱。本菌的抵抗力较强,病猪的肝、脾经4℃159天仍有毒力。病肝放在露天77天,尸体深埋231天,病猪肉经盐渍处理并冷藏于4℃经184天,仍能分离到猪丹毒杆菌,不过毒力显著减弱。病菌对热的抵抗力较弱,在肉汤培养物于50℃经15分钟,70℃经5分钟即死。病菌对某些消毒药很敏感,如1%的漂白粉、1%氢氧化钠、10%石灰乳可在5~15分钟内杀死本菌。

【流行特点】 猪丹毒杆菌广泛流行于世界各地,对养猪业危害很大,一般多为散发和地方性流行,常发生在夏、秋炎热季节,冬、春寒冷季节很少发生。因夏、秋雨水多，湿热适合细菌繁殖，加之蚊蝇等昆虫多，极易传播，一旦有了疫情，很容易扩散，发生流行。

【临床症状】 潜伏期为1~8天。临床上可分为急性型（败血型）、亚急性型（疹块型）和慢性型3种。

(1)急性型（败血型） 此型最为常见，以发病突然、且死亡率高为特征。初期以一头或数头无明显症状而突然死亡，其他猪只相继发病。病猪体温升高达42~43℃，食欲废绝，呼吸急促，嗜睡，运动失调。先便秘并有脓性黏液附着，后拉稀并带血。结膜充血，有浆液性分泌物。不死或病的后期耳、颈、背、胸、腹部、四脚内侧等处可出现大小不等的红斑，用手指按压红色暂时可消退，后红斑变为暗红色。死前体温降至正常以下，不死的转为亚急性型或慢性型。

(2)亚急性型（疹块型） 此型症状较轻，主要以出现疹块为特征，患猪体温在41℃以上，精神不振，食欲减退，多于背、胸、腹部及四肢皮肤上出现扁平凸起的紫红色疹块（打火印），呈方形或菱形。白猪易观察，黑色或棕色猪种不易观察，但若用力贴平皮肤触摸，可感觉有疹块凸起，有的不明显，急宰刮毛后才能发现上述症状。疹块发生后，体温逐渐下降至正常，脱痂好转，病势减轻，数日后痊愈。病程一般在10天左右，死亡率不高。个别转为败血型或继发感染的可引起死亡，妊娠母猪有的发生流产。

(3)慢性型 多由急性型或亚急性型转变而来。主要患有心内膜炎和四肢关节炎，或两者并发。发生心内膜炎时，呼吸困难、消瘦、贫血、喜卧、举步缓慢、行走无力。此类型病猪很难治愈，最终多因麻痹而死亡。发生关节炎时表现为四肢关节炎性肿胀，僵硬疼痛。一肢或两肢跛行卧地不起，食欲较差，生长缓慢，消瘦。

【病理变化】 急性型表现皮肤上有大小不一形状不同的红斑，呈弥漫性红色，脾肿大，呈樱桃红色，肾瘀血肿大，呈暗红色，皮质部有出血点,肺淤血、水肿,胃、十二指肠发炎、有出血点,关节液增多。亚急性型特征为皮肤上有方形或菱形红色疹块,内脏的变化比急性型轻。慢性型特征是心脏房室瓣常有疣状心内膜炎,瓣膜上有灰白色增生物,呈菜花状,其次是关节肿大,有炎症,在关节腔内有纤维素性渗出物。

【诊断】 根据本病流行特点、临床症状和病理变化可做出初步诊断,确诊需进行细菌学检查。在诊断上应注意与猪链球菌病、猪肺疫、猪温、猪副伤寒、弓浆虫病等相区别。

【防治措施】

(1)加强猪群的饲养管理,做好卫生防疫工作,提高猪群的自然抵抗力。

(2)保持环境和使用器具的清洁及定期用消毒剂消毒;食堂下脚料及泔水必须煮沸后才能喂猪;粪便垫料堆积发酵处理后方可使用。

(3)按时接种猪丹毒菌苗。

(4)治疗 青霉素为本病的特效药。治疗时不宜过早停药(应在体温和食欲恢复正常后24小时),以防止疾病复发或转为慢性。四环素、土霉素、林肯霉素、泰乐菌素也是治疗本病的有效药物。

①青霉素,每千克体重1万~1.5万单位,肌肉注射,每天2次。

②四环素、土霉素,每天每千克体重为7~15毫克,肌肉注射。

③洁霉素,每次每千克体重11毫克,每天1次。

④泰乐菌素,每次每克体重2~10毫克,肌肉注射,每日2次。

186.怎样防治猪肺疫?

猪肺疫又称猪巴氏杆菌病,是由多杀性巴杆菌引起的急性、热性传染病,以急性败血及组织器官出血性炎症为主要特征。

【病原】 巴氏杆菌为短小杆菌,两端钝圆,中央稍凸,形似椭圆，也有少数类似球状。在猪体内常单个存在，长期人工培养后，有的菌体变成长杆状，不运动，有荚膜，无芽孢，无鞭毛，革兰氏染色为阴性。一般采自患猪尸体的病料涂片镜检时，菌体两端着色深，中央稍淡，所以又叫两极杆菌。

病原菌存在于病猪全身各组织和体液、分泌物及排泄物里，部分健康猪的上呼吸道中也有巴氏杆菌，其形态及生理特性完全具有多杀性巴氏杆菌的特点，仅是毒力较弱。

猪多杀性巴氏杆菌对外界环境的抵抗力不强，直射阳光经 10~15 分钟死亡；在表层土壤中仅能存活 7~8 天，在疏松的粪便中 14 天死亡，如堆积发酵则 2 天内死亡；60℃ 加热 1 分钟死亡，加热 100℃ 立即死亡。常用的消毒药，均可以在数分钟杀死本菌。

在健康猪的上呼吸道也存在该菌，只不过毒力较低，致病性弱。如果猪群拥挤、圈舍潮湿、卫生条件差、长期营养不良，处于半饥饿、寄生虫病、长途运输及气候骤变等不良因素，降低了猪的抵抗力，或发生某种传染病时，病菌乘机侵入机体繁殖而毒力增强，可引起发病。这种内源性感染为主的猪肺疫，多为散发性发生。当然，由于细菌通过发病猪体毒力增强后，仍可传染其他健康猪，因此不能忽视健康带菌猪在传染源上的作用。

【流行特点】 本病一年四季均可以发生，但以秋末春初气候骤变时发病较多，在南方多发生在潮湿闷热多雨季节，中小猪多发，成年猪患病症状较轻。特别是圈舍寒冷潮湿、卫生条件差、饲喂不当、猪只比较消瘦等均可发生本病。病猪的排泄物、分泌物不断排出有毒力的细菌，污染饲料、饮水、用具和外界环境，通过消化道传染给健康猪，或通过飞沫经呼吸道感染。根据猪体的抵抗力和细菌的毒力，本病的流行类型可分为地方流行和散发两种，一般后者更为多见。

【临床症状】 本病潜伏期 1~5 天，临床上根据病程长短可分为最急性、急性和慢性 3 个类型。

(1)最急性型 临床表现突然发病,迅速死亡。病程稍长、症状明显者可表现体温升高(41~42℃),颈部高热红肿,食欲废绝,卧地不起,呼吸极度困难,口鼻流出泡沫,可视黏膜发绀,病程1~2天,死亡率几乎100%。

(2)急性型 为本病主要的和常见类型。患猪体温升高(40~41℃),病初发生痉挛性干咳,后变为湿咳,呼吸困难,鼻流黏稠液体,常伴有脓性结膜炎,触诊胸部有剧烈疼痛。精神不振,步态不稳,拒食呆立,心跳加速,结膜发绀。病初便秘,后期出现腹泻,多因窒息而死亡。病程5~8天,不死者转为慢性。

(3)慢性型 主要表现出慢性肺炎和慢性胃肠炎症状。患猪有时表现持续性咳嗽与呼吸困难,食欲不振,进行性营养不良,极度消瘦,行动不稳或作犬坐状。口、鼻、肛门黏膜发绀,有的因体质极度衰弱而死。

【病理变化】 最急性型猪肺疫病理变化常不明显,急性型猪肺疫病理变化较为明显,咽喉肿胀、潮红、周围结缔组织有炎性浸润。喉头腔、气管、支气管腔内有带泡沫的黏液,黏膜暗红色,有的表面有纤维素附着。两侧肺膨隆,呈暗红色,肺膜上有小出血点,肺小叶间质增宽,肺的质地变硬。心包液增多呈橘红色,心外膜可见点状出血。全身淋巴结呈暗红色,切面平整。胃与小肠前段有卡他性炎症。慢性猪肺疫肺的变化较为突出,肺间质水肿,两侧肺心叶、尖叶、主叶前下部可见肺膜有纤维素膜附着,小叶呈暗红与灰红色大理石样变化。有明显心包炎变化,脾和淋巴结明显肿大。

【诊断】 根据本病流行特点、临床症状和病理变化可作出初步诊断,确诊可进行病料涂片染色镜检,检出多杀性巴氏杆菌。在诊断上应注意与猪瘟、猪丹毒、猪副伤寒、猪弓浆虫病、猪链球菌病、猪流行性感冒、传染性胸膜炎等相区别。

【防治措施】
(1)加强猪群的饲养管理,提高猪群的自然抵抗力。合理配合饲料,保持猪舍内干燥、清洁和良好的通风,定期进行药物消毒。

(2)定期接种猪肺疫菌苗。

(3)治疗　对本病敏感的药物有青霉素、链霉素、四环素、土霉素、洁霉素、泰乐霉素等,首选药物以青霉素为最好。

①青霉素,每千克体重8 000~10 000单位,肌肉注射,每天2次(间隔12小时)。

②链霉素,每千克体重50毫克(1克相当于100万单位),肌肉注射,每天1~2次。

③四环素、土霉素,每天每千克体重为7~15毫克,肌肉注射。

④洁霉素,每次每千克体重11毫克,每天1次。

⑤泰乐霉素,每次每千克体重2~10毫克,肌肉注射,每日2次。

187.怎样防治猪气喘病?

猪气喘病是由肺炎霉形体引起的一种慢性接触性传染病,主要以患猪咳嗽、气喘为特征。

【病原】　病原体为猪肺炎霉形体,具有多形性,其中常见的有球状、杆状、环状、两极状等,对姬姆萨或瑞氏染色液着色不良,革兰氏染色阴性。

病原体对外界抵抗力不强,在室温条件下不超过36小时即失去致病力。病料保存在1~4℃环境中可存活4~7天,冷冻保存可达1年以上。一般常用的化学消毒药和消毒方法及日光、干燥等均可在短时间内杀死病原。

【流行特点】　本病一年四季均可发生,以冬、春寒冷季节多见,各种年龄、性别、品种的猪均可感染,但多见于断奶前后的仔猪。气候突变,饲养管理不善,都能促使本病的发生和加重病情。本病主要通过呼吸道感染,呈散发或地方性流行,传染源是病猪和隐性病猪,在其咳嗽、气喘喷嚏时,健康猪吸入含病原体的飞沫而感染。本病只感染猪,不感染其他动物和人。

【临床症状】 本病潜伏期一般为11~16天,最短3~5天,最长可达1个月以上。主要症状是咳嗽、气喘,尤其是早晚吃食或运动时,常发生短声连咳。随病程发展,呼吸加快,每分钟达50~60次,甚至100次以上。腹式呼吸明显,呼吸快而浅,到后期呼吸慢而深,甚至张口喘气。病初有少量浆液鼻汁,病重时,流出液性或脓性鼻汁。食欲和体温一般正常,仅在患病后期继发其他传染病时,出现体温升高、食欲减退等症状。患病小猪消瘦衰弱,被毛粗乱,生长发育停滞。隐性感染猪无明显症状,仅偶尔出现轻咳。

【病理变化】 主要病变在肺、肺门淋巴结和纵隔淋巴结。肺有不同程度的水肿和气肿。在心叶、尖叶、中间叶及部分膈叶下方呈小叶融合性支气管肺炎变化。肺呈淡灰色或灰红色半透明状,病变界限明显,似鲜嫩肌肉样。当病程延长,病情加重时,病变部呈淡紫色或深紫色、灰黄色,坚韧度增加。病变部切面湿润致密,常从小支气管流出浑浊灰白色泡沫状浆液或黏液。肺门和纵隔淋巴结显著增大,切面外翻、湿润,呈黄白色。

【诊断】 可根据本病流行特点、临床症状和病理变化作出初步诊断。咳嗽、喘气、呼吸次数增加和腹式呼吸是本病的主要特征,一般多为慢性经过。另外,使用药物治疗后,症状可暂时消退,以后又能复发。食欲随病情的改变时轻时重,排粪排尿正常。在诊断上应注意与猪流感、猪肺疫、猪肺丝虫病和猪蛔虫病等相区别。

【防治措施】

(1)在未发病地区或猪场,坚持自繁自养,尽量不从外地引入猪只,若必须引入时,一定要严格隔离观察,防止猪气喘病及其他传染病传入,并定期做好消毒工作。

(2)受气喘病威胁的猪群可用猪气喘病灭活苗进行免疫接种。

(3)对发病的猪群,要做到早发现、早隔离、早治疗,尽早淘汰,逐步更新猪群,做好饲养管理工作。

(4) 药物预防 可在每吨饲料中加入 300 克的土霉素粉定期饲喂,连用 2～3 周,或在饲料内加北里霉素饲喂(按使用说明添加),对气喘病的预防和治疗均有相当效果。

(5) 治疗 一般早期用药效果比较好。

①土霉素,每天每千克体重为 25～40 毫克,肌肉注射。

②卡那霉素、猪喘平,每天每千克体重为 4 万～8 万单位,肌肉注射。

③特效米先,每千克体重 0.1～0.3 毫升,肌肉注射,每 3 天注射一次,连用 2～3 次。

此外,喹诺酮类药物如环丙沙星、恩诺沙星等对本病也有良好疗效。

188. 怎样防治仔猪副伤寒?

仔猪副伤寒是由沙门菌引起的仔猪热性传染病。主要表现为败血症和坏死性肠炎,有时发生脑炎、脑膜炎、卡他性或干酪性肺炎。

【病原】 沙门菌为一大属血清学相关的革兰氏阴性杆菌,无荚膜,不产生芽孢,大多数菌株有鞭毛,能运动。细菌在普通培养基上生长良好,形成圆形透明菌落,在麦康凯琼脂上长成无色菌落。引起猪副伤寒的病原菌主要是猪伤寒沙门菌和猪霍乱沙门菌。本病原菌对干燥、腐败、日光、冰冻等外界因素具有较强的抵抗力,在外界环境中可存活数周。但对化学消毒剂抵抗力不强,常用的消毒药和消毒方法均能达到消毒目的。

【流行特点】 本病主要发生于 4 月龄以内的断乳仔猪,成年猪和哺乳母猪很少发病。细菌可通过病猪或带菌猪的粪便、污染的水源和饲料等经消化道感染健康猪。健康猪的消肠道内也常有沙门菌存在,当饲养管理不良、卫生条件差、气候骤变等因素使猪体抵抗力降低时诱发本病。本病一年四季均可发生,但春初、秋末气候多变季节常发,且常与猪瘟、猪气喘病并发或继发,猪群中一般呈散发或地方性流行。

【临床症状】 本病的潜伏期为3～30天,按其病程可分为急性型、亚急性型和慢性型。

(1)急性型 多见于断奶后不久的仔猪和地方性流行的初期。其特征是急性败血症症状,体温升高到41～42℃,精神沉郁、伏卧、食欲废绝、呼吸困难、步行摇晃、呕吐和腹泻,有时表现腹痛症状。白皮猪可看到耳、四蹄尖、嘴尖、尾尖等猪体远端呈蓝紫色。当本病开始暴发时,常出现有1～2头死亡不呈现任何症状。2～3日后,体温稍有下降。肛门、尾巴、后腿等部位污染混合血液的黏稠粪便,有时伴有呼吸困难。病程多为病后2～4天死亡,不死的转为亚急性或慢性,很少自愈。

(2)亚急性型 基本与急性型相同,仅症状明显。患猪呈间歇性发热,初便秘,后下痢,食欲不振,爱喝水,猪体逐渐消瘦,一般经7天左右,因极度衰竭继发肺炎而死,不死的转为慢性,自然康复者少。

(3)慢性型 此型最为多见,开始发病不易观察,以后猪体逐渐消瘦,食欲减退,呈周期性恶性下痢,皮肤呈污红色。体温有时上升继而又降到常温,有的表现肺炎症状,一般数星期后死亡。也有恢复健康的,但康复猪生长缓慢,多数成为带菌的僵猪。

【病理变化】 急性病例的脾脏明显肿大,以中部1/3处更严重,边缘钝圆,触及感觉绵软,类似橡皮,呈暗蓝色,切面外翻,呈蓝红色;肿大的淋巴滤泡呈颗粒状,脾髓质部不软化。肾皮质部出血。有时心外膜下、肺膜下也有出血,肺有小叶性肺炎灶,肝脏被膜下有针尖大小的、先为灰红色后转为白色的小坏死灶。有时胆囊黏膜出现粟粒大的结节。胃及十二指肠黏膜高度充血和点状出血,肠系膜淋巴结高度肿大,切面外翻,呈红色。

亚急性和慢性病变主要表现在胃肠道。胃黏膜潮红,特别在胃底部,出现坏死灶,盲肠黏膜增厚,有浅平溃疡和坏死,肠道表面附着灰黄色或暗褐色假膜,用刀刮去溃疡,溃疡底呈污灰色,溃疡周围平滑,中央稍下凹,有的形如糠麸,肠系膜淋巴肿大,肝、脾、肾及肺均有干酪样坏死灶。

【诊断】 慢性仔猪副伤寒病例的临床症状及病理变化极为典型,不难作出初步诊断。但急性型和亚急性型病例则很像猪瘟、猪肺疫,诊断较为困难,必须结合其流行特点、临床症状、病理变化及细菌学检查,进行综合诊断。

【防治措施】

(1)加强饲养管理,改善环境条件,消除各种不良因素对猪群的影响。

(2)在常发本病的地区,按时对猪群进行仔猪副伤寒菌苗接种。

(3)药物预防 在仔猪多发日龄阶段,选择敏感药物添加于饲料或饮水中,进行药物预防。

(4)治疗 治疗应在隔离消毒、改善饲养管理的基础上,以足够的剂量及早进行,同时要有一个较长的疗程。因为坏死性肠炎需要很长时间才能修复,若中途停药,往往会复发而引起死亡。常用的抗生素类药物有氯霉素、土霉素、卡那霉素等。此外,喹诺酮类药物如氟哌酸、恩诺沙星,呋喃类药物如痢特灵及磺胺类药物治疗本病也可取得满意效果。

①氯霉素,每天每千克体重为50~100毫克,分2~3次口服;或每天每千克体重30~50毫克,分2~3次肌肉注射。

②卡那霉素,每天每千克体重6~12毫克,肌肉注射;精神、食欲明显好转后,剂量减半,继续用3~5日。

③强力霉素,每次每千克体重1~1.5毫克,口服,每天1次。

④呋喃唑酮,每天每千克体重20~40毫克,分2次口服,连用

2~3天后,剂量减半,继续服用3~5天。

189.怎样防治猪链球菌病?

猪链球菌病是由链球菌属中某些血清群引起的一些疾病的总称。猪常发生的有出血性败血症、急性脑膜炎、急性胸膜炎、化脓性关节炎、淋巴结脓肿等病状。

【病原】 链球菌是一种圆形或卵圆形的球状细菌,形成不等的链状排列,长的呈串珠状。本菌无芽孢,无鞭毛,革兰氏染色阳性。不同症状的链球菌病,是由不同的血清型群所引起的,如C群可引起猪急性败血症、脑膜炎、关节炎、心内膜炎、心包炎、肺炎及其他化脓性炎症;D群可引起仔猪败血症和化脓性关节炎、心内膜炎、脑膜炎;E群可引起猪颈部淋巴结脓肿、化脓性支气管炎、脑膜炎、关节炎;L群和R群可引起仔猪败血症、脑膜炎和关节炎。链球菌对一些消毒药抵抗力不强,常用的消毒药均可杀死本菌。

【流行特点】 病猪及带菌猪是本病的主要传染源,经呼吸道和伤口感染。不同年龄、性别、品种的猪都有易感性,但仔猪和体重50千克左右的肥育猪发病较多,发病的哺乳仔猪死亡率高。

本病一年四季均可发生,春季和夏季发生较多,其他季节常见局部流行或散发;在新疫区常呈地方性流行,在老疫区多呈散发。

【临床症状】 本病潜伏期1~3天,最短4小时,长者可达6天以上。根据临床症状和病理变化可分为败血型、急性脑膜炎型、胸膜肺炎型、关节炎型和淋巴结脓肿型。

(1)败血型 流行初期常有最急性病例,多不见症状而突然死亡,多数病例常见精神沉郁,喜卧,厌食,体温升高至41℃以上,呼吸急促,流浆液性鼻汁,少数患猪在病的后期,耳尖、四肢下端、腹下呈紫红色,并有出血斑点,可发生多发性关节炎,导致跛行。病程2~4天,多数死亡。

(2)急性脑膜炎型 大多数病例病初表现精神沉郁,食欲废绝,体温升高,便秘,而后出现共济失调、磨牙、转圈等神经症状,后躯麻痹,前肢爬行,四肢作游泳状,最后因衰竭或麻痹而死亡,病程1~2天。

(3)急性胸膜炎 少数病例表现肺炎或胸膜肺炎型。病猪呼吸急促、咳嗽,呈犬坐姿势,最后窒息死亡。

(4)关节炎型 多由前三型转来,也可从发病之初即呈现关节炎症状。病猪单肢或多肢关节肿痛、跛行,行走困难或卧地不起,病程2~3周。

(5)淋巴结脓肿型 主要发生于刚断乳至出栏的肥育猪,以颌下淋巴结脓肿最为多见,咽部、耳下及颌部淋巴结也可受侵害,或有双侧的。受害淋巴结呈现肿胀、硬而有热痛(炎症初期),采食、咀嚼、吞咽呈困难状,但一旦肿胀变软时(此时化脓成熟),上述症状消失,不久脓肿破溃,流出绿色或乳白色的浓汁。病程3~5周,一般不引起死亡。

【病理变化】

(1)急性败血症型 皮肤上有生前样的红斑,尸僵不全,血液凝固不良,口、鼻流出血样泡沫状的液体,淋巴结发黑,气管内充满泡沫,肺充血或有出血斑,心内膜出血,胆囊壁肿大,有时有出血块,肾呈紫色,皮质上密密麻麻地出现出血斑点,膀胱发黑,有出血病变,胃底部出血,脾脏肿大。

(2)急性脑炎型 脑脊髓液显著增多,脑部血管充血,脑膜有轻度化脓性炎症,软脑膜下及脑室周围组织液化坏死,脑沟变浅。部分病例具有上述败血症的内脏病变。

(3)急性胸膜肺炎型 肺呈化脓性支气管炎,多见于尖叶、心叶和膈叶前下部。病变部坚实,灰白、灰红和暗红的肺组织相互间杂,切面有脓样病灶,挤压后从细支气管内流出浓性分泌物。肺膜粗糙、增厚,与胸壁粘连。

(4)慢性关节炎型 受害关节肿胀,严重者关节周围化脓,关节软骨坏死,关节皮下有胶样水肿,关节面粗糙,滑液混浊,呈淡黄色,有的形成干酪样黄白色块状物。

(5)慢性淋巴结炎型　常发生于下颌淋巴结,淋巴结红肿发热,切面有脓汁或坏死。少数病例出现内脏病变。

【诊断】　本病的临床症状及病理变化比较复杂,需与病料抹片检查相结合才能作出初步诊断。确诊需进行细菌的分离培养、鉴定。在诊断上注意败血型球菌病与猪瘟、猪丹毒、猪肺疫、仔猪副伤寒、弓浆虫病相区别;脑炎型链球菌病与伪狂犬病、脑脊髓炎、李氏杆菌病、神经型猪瘟相区别。

【防治措施】

(1)彻底清除本病传染源　发现病猪,及时隔离治疗,带菌母猪尽可能淘汰,污染的环境和各种用具彻底消毒,急宰猪屠宰后发现可疑病变的猪尸体,要经高温消毒后方可食用。

(2)消除本病感染因素　猪舍内不能有尖锐易引起猪伤害的物体,如食槽破损尖锐物、碎玻璃、尖石头等易引起外伤的物体,应彻底清除;注意阉割、注射和新生仔猪的断脐消毒,防止通过伤口感染。

(3)在疫区或疫地合理使用菌苗进行预防接种。

(4)治疗　猪链球菌病多为急性型,而且对药物特别是抗生素容易产生耐药性。因此,必须早期用药,药量要足,最好通过药敏试验选用最有效的抗菌药物。若未进行药敏试验,可选用对革兰氏阳性菌敏感的药物,如青霉素、氯霉素、四环素、洁霉素、磺胺嘧啶、环丙沙星等。

①青霉素,每头每次 40 万～80 万单位,肌肉注射,每天 2～4 次。

②洁霉素,每千克体重 5 毫克,肌肉注射。

③氯霉素,每千克体重 10～30 毫克,肌肉注射,每天 2 次。

④磺胺嘧啶钠注射液,每千克体重 0.07 克,肌肉注射。

对已出现脓肿的病猪,待脓肿成熟后,及时切开,排出脓汁,用3%双氧水或0.1%高锰酸钾液冲洗后,涂敷碘酊。

190.怎样防治猪传染性萎缩性鼻炎?

猪传染性萎缩性鼻炎是由支气管败血波氏杆菌引起的慢性传染病。其主要特征为患猪鼻炎,鼻甲骨下陷萎缩,颜面部变形及生长迟缓。

【病原】 支气管败血波氏杆菌是引起本病的主要病原。该菌为革兰氏染色阴性,球状,呈两极染色,散在或成对排列,偶见短链,不产生芽孢,有的有荚膜,有鞭毛,能运动;需氧兼性厌氧,鲜血琼脂培养基上产生β溶血;在马铃薯培养基上呈黄棕色伴有微绿色菌落,并使马铃薯培养基变黑,生长旺盛。

本菌对外界抵抗力不强,常用消毒药均可杀死。

本病原对哺乳动物、禽类等,均能引起慢性鼻炎和支气管肺炎。

【流行特点】 任何年龄的猪均可感染,但哺乳仔猪,特别是6～8周龄的仔猪最易感,多引起鼻甲骨萎缩。随着年龄增长,发病率有所下降,病症减轻,3月龄以后的猪感染,症状不明显,一般成为带菌猪。病猪和带菌猪是本病的主要传染源,传播方式主要通过飞沫感染易感猪。不同品种猪易感性有所差异,如长白猪易感,国内地方品种猪较少发病。本病多为散发,但也可成为地方性流行。饲养管理条件的好坏对本病的发生起重要作用,如饲养管理不良、猪舍拥挤、卫生条件差、营养缺乏等因素可促进本病的发生。

【临床症状】 最早一周龄仔猪可见鼻炎症状,一般2～3月龄最显著。病初打喷嚏,鼻孔流出血样分泌物,逐渐形成黏液性、脓性鼻汁,特别在吃食时流出较多。因鼻泪管堵塞而变黑,并常伴发结膜炎。由于鼻黏膜受到刺激,病猪表现不安,经常拱地、摇头,向墙壁、食桶、地面摩擦鼻子。重病猪呼吸困难,发生鼾声。接着鼻甲骨开始萎缩,并延及鼻中膈和筛骨等,颜面呈现畸形,膨隆短缩,鼻弯曲歪斜。这时呼吸更加困难,由鼻孔流出更多黏液或脓性鼻汁,鼻常出血。有时病变由鼻腔蔓延到脑或肺,从而伴发脑炎或肺炎。病猪死亡率不高,但生长停滞,成为僵猪。

【病理变化】 病变局限于鼻腔和临近组织。特征性变化为鼻甲骨萎缩,尤其是鼻甲骨的下卷曲最常见,严重时鼻甲骨消失,鼻中膈弯曲,导致鼻腔成为一个鼻道,有的下鼻骨消失,只剩下小块黏膜皱褶附在鼻腔外侧壁上。鼻腔黏膜常附有脓性渗出物。

【诊断】 根据本病的流行特点、临床症状及典型病变,不难作出诊断。临床症状不明显时,可通过剖检鼻腔进行诊断。

【防治措施】

(1)不从疫区引进种猪,确需引进时,必须隔离观察1个月以上,证明无本病方可合群。

(2)加强猪群的饲养管理 仔猪饲料中应配合适量的矿物质和维生素,哺乳母猪与其他猪分开饲养,断乳仔猪实行"全进全出"的饲养方式,避免新断乳仔猪与年龄较大的仔猪接触。

(3)在本病流行严重的地区或猪场进行菌苗免疫接种。

(4)治疗 治疗时采用全身与局部相结合的治疗方案,疗效较好。

①全身疗法可用链霉素肌肉注射,连用3~5天,疗效较好,另外,还可选用青霉素、土霉素、磺胺类药等。

②对鼻甲骨萎缩的病猪,可用苯丙酸诺龙0.05~0.1克肌肉注射。隔14天注射一次,重症猪隔3~4天注射一次,本药只能短期使用。鼻腔可用复方碘溶液、1%~2%硼酸水、0.1%高锰酸钾、链霉素溶液,滴鼻或冲洗鼻腔。

191.怎样防治猪坏死杆菌病?

坏死杆菌病是一种哺乳动物及禽类共患的慢性传染病。其主要特征是患病畜禽受损伤的皮肤和皮下组织、口腔黏膜或胃肠黏膜发生坏死。

【病原】 本病由坏死杆菌引起。该菌在自然界中普遍存在,为多型性革兰氏阴性菌,小者呈球杆状,大者呈长丝状,无鞭毛,不形成芽孢和荚膜。

该菌对温热的抵抗力不强,加热60℃ 30分钟及100℃ 1分钟即可杀死。但在污染的土壤中生活力较强。直射阳光8～10小时即杀死。

该菌对一些消毒药抵抗力不强,常用的消毒药均可杀死本菌。

【流行特点】 本病在家畜中以猪、绵羊、牛、马最易感染,常呈散发或地方性流行。在多雨季节、低温地带常发本病,在水灾地区常呈地方性流行,如饲养管理不当,猪舍脏污潮湿、密度大、拥挤,母猪喂奶时仔猪争乳头造成创伤等情况,均可造成感染发病。仔猪生齿时也可感染。本病常为其他传染病继发感染,如猪瘟、副伤寒、口蹄疫等。

【临床症状】 本病潜伏期为1～3天,按发病部位不同分为4种类型。

(1) 坏死性皮炎 发病以成年猪为主,一般无全身症状,常在皮下脂肪较多部位,如颈部、臀部、胸腹侧等处发生坏死性溃疡。病初创口较小,并附有少量脓汁,以后坏死向深处发展,并迅速扩大,形成创口小而囊腔深大的坏死灶,流出少量黄色、稀薄、臭味的液体。少数病猪坏死深达肌层,有时可看到腹膜。母猪的坏死区常在乳房附近,一般只有1～2处溃疡。

(2) 坏死性口炎 多发于仔猪群。患猪食欲减退,逐渐消瘦,检查中可发现其口腔、唇、舌、齿龈等黏膜或扁桃体有明显溃疡,并附有伪膜和痂皮。刮去伪膜后,可见浅黄色干酪样渗出物和坏死组织,有恶臭。

(3) 坏死性鼻炎 患猪鼻部软组织坏死,严重者波及鼻和脸部骨组织,影响吃食和呼吸。有时坏死可蔓延到气管和肺。

(4)坏死性肠炎 多发于仔猪群。刚断乳不久的仔猪,若饲喂粗糙饲料,如草粉、粗糠等,易发生本病。一般无特殊症状,只见猪体逐渐消瘦。

【病理变化】 病程短与病势轻的患猪,内脏器官没有明显病变,但病程长与病势重的患猪可见肝硬变,肾包膜不易剥离,膀胱黏膜肥厚,口腔及胃黏膜有纤维素坏死性炎症,肠黏膜上更为严重。

【诊断】 根据发病部位及所呈现的溃疡、化脓等特殊坏死症状及病变不难作出初步诊断,确诊需通过实验室进行细菌学检查。

【防治措施】

(1)猪舍应建在高燥、向阳的地方,注意保持舍内干燥,粪便进行发酵后应用。

(2)加强猪群的饲养管理 猪群不宜过大,群内个体重及年龄应相近,按时喂料,喂料量要适中,以免争食斗咬。哺乳仔猪应剪短犬齿,以免争乳而咬伤颊部,损伤母猪乳头。要消灭舍内蚊、蝇,避免蚊蝇刺螫而感染坏死杆菌,隔离病猪,受病灶传染的用具,垫草、饲料等要进行消毒或烧毁。

(3)要注意猪舍环境的卫生和消毒,以清除病源。

(4)治疗

①处理坏死性皮炎,可先用0.1%高锰酸钾或2%煤酚皂或3%双氧水洗净病灶,彻底清除坏死组织,直至露出创面为止。然后撒消炎粉于创面或涂擦10%甲醛溶液直至创面呈黄白色为止,或用木焦油涂擦患部,或用5%碘酊涂抹。

②处理坏死性口炎,用0.1%高锰酸钾洗涤口腔,然后选用碘甘油或10%氯霉素酒精溶液或5%龙胆紫涂擦口腔,每天2次,直至痊愈。

③对于坏死性肠炎,宜口服磺胺类药物。

192. 怎样防治仔猪白痢？

仔猪白痢又称迟发性大杆菌病，是一种由大肠杆菌引起的哺乳仔猪急性肠道传染病。以下痢、排出乳白色、淡黄色或灰白色黏稠的、并有特异腥臭味的糊状粪便为特征，发病率高，而死亡率不高。

【病原】 为某些血清型埃希氏大肠杆菌。该菌为革兰氏阴性，无芽孢、无荚膜，两端钝圆，有鞭毛，也有无鞭毛的。

该菌对外界抵抗力不强，50 ℃加热 30 分钟、60 ℃ 15 分钟即可死亡。普通浓度的常用消毒药均能迅速杀死本菌。

【流行特点】 本病主要发生于 5～25 日龄的哺乳仔猪。一年四季均可发生，但冬季、早春、炎热季节发病较多，一般在气候突然转变时，如寒流、下雪或下雨等，发病的仔猪突然增多，当气候转暖后，病猪不治逐渐而愈。特别是冬季产房寒冷，病猪数量增多，几乎遍及每窝仔猪。实践证明，母猪的饲养管理较差，猪舍环境不好，都是引起本病的重要原因。

大肠杆菌在自然界分布广泛，在猪消化道内也普遍存在，其中有些大肠杆菌只有微小致病力，有的则有明显的致病力，只有在某些诱因下（如饲料突变、乳汁缺乏等）使得肠道内乳酸杆菌比例大减，而致病大肠杆菌占有优势，大量繁殖，产生毒素引起发病。

【临床症状】 患猪拉稀，排出白色、灰色以至黄色糊状有特殊腥臭味的稀便，肛门周围被稀便污染，精神不振，四肢无力。病情严重时，背拱起，毛粗乱。食欲减退或废绝，喜欢钻进垫草里卧睡，慢慢消瘦而死亡。病程一般 3～4 天，长的可达 1～2 周，病死率的高低与饲养管理及治疗情况有直接关系，一般情况下，死亡率不高。

【病理变化】 病死猪外观苍白、消瘦，肛门和尾部附着污秽的带有特殊腥臭味的粪便。小肠呈现肠炎变化，整个肠管松弛，肠管浆膜呈灰红色,肠系膜血管呈树枝状,肠淋巴结轻度肿大,呈橘红色;肠管充满灰白色稀便,黏膜潮红。

【诊断】 根据发病日龄、排出物的特征、病理变化及死亡率不高,通常可以作出初步诊断,确诊需进行实验室检查,检测大肠杆菌血清型。

【防治措施】 预防本病的主要措施是消除本病的各种诱因,增强仔猪消化道的抗菌机能,加强母猪的饲养管理,搞好圈舍的卫生和消毒,给仔猪及早补料,用土霉素、痢特灵等抗菌添加剂预防具有一定效果。对发病仔猪应及时治疗,可选用氯霉素、土霉素、痢特灵、磺胺脒等药物。

(1)氯霉素,肌肉注射,每千克体重 10～30 毫克,每日 1～2 次;内服,每千克体重 50 毫克,每日 2 次。

(2)土霉素,每千克体重 50 毫克,内服,每日 2 次。

(3)痢特灵,每日每头 0.2～0.4 克,分 2 次内服。

193.怎样防治仔猪黄痢?

仔猪黄痢又称早性大肠杆菌病,是一种由大肠杆菌引起的仔猪急性、高度致死性肠道传染病,以剧烈腹泻、呈黄色稀便、迅速死亡为特征。

【病原】 为某些致病性的溶血性大肠杆菌。该菌为两端钝圆、革兰氏阴性短杆菌,多数有鞭毛能运动,不形成芽孢,部分有荚膜,在普通培养基上生长良好,对外界环境抵抗力不强,一般消毒药均可杀死。

该菌抗原型较多,血清型也不一致。病菌多存在于被污染的地面、产床、饲槽等处,仔猪出生后通过吃乳进入胃肠道开始大量繁殖。

【流行特点】 本病多发于 1～3 日龄仔猪,多集中在产仔旺季,其死亡率随日龄增长而降低。生后 24 小时左右发病的仔猪,如不及时治疗,死亡率可达100%。本病的传染源是带菌母猪尤其是引进种母猪。

【临床症状】 本病潜伏期最短不到8～10小时,一般为1天左右。临床表现为,刚出生的仔猪尚健康,数小时后突然下痢,粪便呈水样,黄色或灰黄色,有气泡并带腥臭味。病初肛门周围多不留便迹,易被忽视。由于不断拉稀以致肛门松弛失禁,粪水顺流而下,在尾端和后躯附着粪便。捕捉时由于挣扎,常由肛门冒出黄色粪水。重者尾部脱毛或表皮脱落,肛门周围及小母猪阴户尖端皮肤发红。患猪精神沉郁,衰弱。停止吃奶,眼窝下陷,很快出现脱水、昏迷而死亡。

【病理变化】 病死猪消瘦、脱水,被黄色稀便污染。肠黏膜有急性、卡他性炎症,肠腔内有多量黄色液状内容物和气体,肠腔扩张,肠壁变薄,肠黏膜呈红色,病变以十二指肠最为严重,空肠和回肠次之,结肠较轻。肠系膜淋巴结充血、出血、肿胀。

【诊断】 根据本病发病日龄、临床症状、病理变化不难作出初步诊断,确诊需进行实验室检查,检测大肠杆菌血清型。在诊断上应注意与仔猪红痢和传染性胃肠炎相区别。

【防治措施】 预防本病必须严格采取综合卫生防疫措施,加强母猪的饲养管理,搞好圈舍及用具的卫生和消毒,让仔猪及早吃到初乳,增强自身免疫力。在经常发生本病的猪场,可对预产母猪进行大肠杆菌病菌苗接种,对初生仔猪可进行预防性投药。对发病的仔猪及时治疗,可选用氯霉素、土霉素、链霉素、痢特灵、磺胺脒、恩诺沙星、诺氟沙星、氟哌酸等药物。

(1)氯霉素,肌肉注射,每千克体重10～30毫克;内服,每千克体重50毫克,每日2次。

(2)链霉素,每头20万单位,内服,每日2次。

(3)痢特灵,每日每头0.2～0.4克,分2次内服。

194.怎样防治仔猪红痢?

仔猪红痢又称仔猪出血性肠炎,是由C型魏氏梭菌引起的仔猪急性肠道传染病。其临床特征为患病仔猪出血性下痢,病程短,死亡率高。

【病原】 为C型产气荚膜杆菌(魏氏梭菌),是一种革兰氏阳性有荚膜、不运动的厌氧大杆菌。菌体两端稍钝圆,芽孢卵圆形,位于菌体的中央近端。

该菌对外界环境抵抗力不强,一般消毒药均可杀死。

【流行特点】 本病常发于1~3日龄的哺乳仔猪,7日龄以上很少发病。本病发病季节不明显,任何产仔季节均可发病,任何品种的猪均可感染,带菌母猪和病猪是主要的传染源。病菌随粪便排出体外,污染猪舍和哺乳母猪的乳头、皮肤,初生仔猪通过吮吸母猪乳头或舔食污染地面而感染。病菌侵入空肠中,在肠壁内繁殖,产生强烈的外毒素,使受害肠壁充血、出血和坏死。

该菌在自然界分布很广,如人、畜肠道、土壤、粪便及污水中均含有,其芽孢对外界抵抗力很强。病菌一旦传入猪场,病原就会长期存在,如不采取有效的预防措施,以后出生的仔猪将会继续发生本病。

【临床症状】 本病的潜伏期很短,一般可分为急性型、亚急性型和慢性型3种。

(1)急性型 此型最为常见,仔猪初生后3小时左右或当日即可发病,表现突然下痢,排出血样稀便,随之虚弱、衰竭,拒绝吮乳,数小时内死亡。也有少数病猪未见下痢,有的本次吮乳时正常,下次吮乳时死于一旁。

(2)亚急性型 病程在2天左右。病猪下痢,食欲不振,消瘦,脱水,其后躯沾满血样或稍带黄色稀便,并常混有坏死组织碎片和小气泡。一窝仔猪往往所剩无几或全部死亡,其死亡日龄常在5

日龄左右。

(3)慢性型　此种类型除有急性或亚急性不死转为慢性型外，也有个别的于生后就以慢性经过。病猪呈现持续性、出血性腹泻，粪便黄灰色糊状，或稍带红色，肛门周围附有粪痂，生长停滞，于10日龄左右死亡或成为僵猪。

【病理变化】　病变主要在空肠，有时还扩展到整个回肠，一般十二指肠不受损害。急性的为出血性肠炎，亚急性或慢性的可见肠坏死，而出血性病变不太严重，坏死的肠段呈浅黄色或土黄色，其浆膜下层及充血的肠系膜淋巴结中有小气泡。心肌苍白，心外膜有出血点。肾呈灰白色，皮质部小点出血。膀胱黏膜也有小点出血。

【诊断】　根据本病流行特点、临床症状和病理变化，可以作出初步诊断，确诊需进行实验室检查，检测病原菌。在诊断上应注意与仔猪黄痢相区别。

【防治措施】

(1)搞好猪舍和环境的卫生消毒工作，在接生前母猪的乳头和周围皮肤要进行清洗和消毒，以减少本病的发生和传播。

(2)在本病多发地区或猪场，母猪分别于产前1个月和半个月注射仔猪红痢灭活菌苗，使新生仔猪通过吸吮母猪乳汁获得被动免疫。

(3)对正在发生本病的猪场，仔猪一出生就口服青霉素、链霉素等抗菌类药物，连用2~3天。

(4)由于本病病程短促，发病后用药治疗往往疗效不佳，病畜一般预后不良。

195.怎样防治猪李氏杆菌病？

猪李氏杆菌病是由李氏杆菌引起的一种散发性传染病，其特征为病猪表现脑膜脑炎，有时可出现败血症和流产。

【病原】 为单核细胞李氏杆菌。该菌革兰氏染色阳性,菌体周围有鞭毛,能运动,外形类似猪丹毒杆菌,但比猪丹毒杆菌略粗,显微镜下菌体呈单个球状小杆菌或两个排列成 V 形,有时呈短链(液体培养)或丝状(固体培养物)。该菌兼性厌氧,在 22~37 ℃生长很好,4 ℃中也能缓慢生长。普通培养基均可生长,加入少许葡萄糖、血液或肝浸液则生长更好,血液琼脂上长出表面光滑、蓝白色、透明的圆形菌落。

该菌在青贮饲料、干草、干燥土壤和粪便中能长期存活。对碱和盐耐受性较大,可在 pH9.6 的 10% 食盐溶液内生长,对温度和一般消毒药抵抗力不强,85 ℃经 40 秒、55 ℃经 30 分钟死亡;3% 石炭酸、70% 酒精以及其他常用消毒药的一般浓度均能很快杀死。对青霉素有抵抗力;对链霉素敏感,但易形成抗药性;对四环素和磺胺类药也敏感。现已知该菌有 7 个血清型和 11 个亚型,对猪致病的以 2 型多见。

【流行特点】 本病多为散发,发病率低,但致死率高,各种年龄的猪均可感染发病,幼龄猪(2 月龄以内)比成年猪易感性高,发病也较急,治愈率很低。

患病或带菌动物是本病的传染源。由患病动物的粪、尿、乳汁、精液以及眼、鼻、生殖道的分泌物都能分离出本菌,鼠是本菌的贮存所,被鼠粪、尿污染的饲料、饮水是本病发生的重要传染媒介。尤其冬春季节,鼠患比较严重的猪场,本病发生率较高,往往是一窝发生一头,接连出现 3~4 头,多为体质较弱的仔猪。

【临床症状】 潜伏期一般为 2~3 周,临床上以神经型多见。一般体温正常,病的后期可降至常温以下。病初运动失常,作同方向的圆圈运动,或前冲后撞,或以头抵地而不动,有的头颈部后仰,前肢或四肢张开。肌肉震颤、强硬,特别在颈部和颊部更为明显。出现阵性痉挛,口吐白沫,横卧在地,四肢乱爬,也有的病例病初就发生两前肢或四肢麻痹,不能站立,病程可达 1 个月以上。妊娠母猪，无明显症状而发生流产。幼龄猪常发生败血症，可见体温高，拒食，口渴，有的出现咳嗽、腹泻、皮疹及呼吸困难，病程1~3天即死。

【病理变化】 病理剖检不见明显的特殊病变。伴有明显神经症状而死亡的患猪，脑膜和脑可见充血和水肿变化，脑脊液增加稍混浊。脑干变软，有细小脓灶，病理组织学观察可见脑脊髓血管充血，周围主要由单核细胞构成管套，血管周围腔隙扩大。有时可见肝脏内有小坏死灶。伴有呼吸困难而死亡的猪只，可见卡他性支气管炎变化，心外膜点状出血，心包液增加，呈黄红色。

【诊断】 本病仅根据临床症状和病理变化很难作出明确诊断，因为其他一些疫病也有类似症状和病变，必须通过实验室检查，检出李氏杆菌，才能确诊。在诊断上应注意与伪狂犬病、脑脊髓炎相区别。

【防治措施】 目前尚无本病菌苗用于预防接种，其预防措施主要是开展灭鼠工作，驱除体内、外寄生虫，发现病猪及时隔离，对被污染的环境进行彻底消毒，尸体要深埋。

本病在治疗上无良好效果，如早期发现，用磺胺-5甲氧嘧啶和链霉素及时治疗，可有一定疗效。最好对同窝无症状猪只给予同样的预防治疗，可控制本病继续蔓延。

196.怎样防治猪炭疽病？

炭疽病是由炭疽杆菌引起的人、畜共患的急性败血性传染病。猪对本病也可感染，但不像牛、羊那样易感。

【病原】 为炭疽杆菌。该菌是一种革兰氏大杆菌，无鞭毛，不能运动，在动物体内或单个或3~5个菌体相连成短链，两菌体相接处菌端平截，相连呈竹结状，菌体可形成荚膜。在体外菌体接触空气后会形成芽孢，芽孢为卵圆形或圆形，位于菌体中央或偏于一端。菌体（繁殖体）抵抗力不强，在未经解剖的尸体中，夏天经1~

4天即可完全死亡；煮沸即死。易被普通消毒液杀死。形成芽孢后，抵抗力特别强，附在皮毛上的芽孢，在干燥中保存10年不死，在泥土中能生存30年以上。因此，牧场一旦污染，其传染性可延续20～30年之久。芽孢对热的抵抗力也很强，煮沸1小时尚能检出少量活芽孢，加热2小时才能全部杀死。各类消毒药对芽孢的作用不同，0.1%升汞溶液里加入0.5%盐酸可在1～5分钟内杀死芽孢，20%漂白粉和10%氢氧化钠溶液消毒作用显著，但是5%石炭酸经1～3天，3%～5%煤酚皂液经12～24小时才能杀死芽孢。

【流行特点】 本病常以散发形式出现，其传染程度与气候、雨量有密切关系。气候温暖、雨量较多时多发，特别是大雨以后或洪水泛滥，会扩大传染力。其主要传染源是病畜，新鲜尸体的血液、组织和脏器中含有多量病菌，若尸体处理不当，如解剖、乱扔或掩埋太浅等，易引起病原体散布，变为长久的疫源地。本病主要经消化道感染，也可由呼吸道、皮肤创伤和吸血昆虫刺螫而感染。

【临床症状】 猪炭疽病常因病原体的数量、毒力及侵害部位不同而表现不同类型，大体上可分为咽型、肠型、败血型和隐性型。

(1)咽型　因病菌侵入颈部淋巴结，引起淋巴结及邻近组织炎症，发生水肿。病初体温升高，咽喉及耳下腺显著肿胀，并逐渐波及到颈部和胸前，影响呼吸和采食，口、鼻黏膜呈蓝紫色水肿，出现水肿后很快窒息而死。有时舌、硬腭和唇处发生痈性肿胀。

(2)肠型　出现呕吐，拒食，便秘或腹泻，粪便夹杂血液，重病死亡，轻症自愈。

(3)败血症　常呈急性经过，发病时体温升高至42℃以上，拒食，临死前皮肤发绀，天然孔流出紫色带泡沫的血液，病程1～2天，此型很少见。

(4)隐性型　无临床症状，常在屠宰后才发现病变。

【病理变化】 急性败血型炭疽血液凝固不良，呈黑红色，脾脏特别肿大,身体各部有出血;咽型炭疽咽部淋巴肿大几倍,坚硬、出血、切面干燥,并有坏死灶,扁桃腺肿胀,周围有严重的胶样浸润;肠型炭疽病变主要限于小肠,小肠呈弥漫性或局限性出血性肠炎,肠黏膜可见大小不等的坏死和溃疡。淋巴结最急性的仅有肿胀、充血或弥漫性出血。严重的有坏死呈砖红色。慢性病例可见有形成包囊的坏死灶,呈干酪样。腹腔有浅红色腹水,脾脏质软、肿大。肝脏肿胀,有坏死灶。肾暗红色,实质有出血。

【诊断】 炭疽病不可单从病状及剖检而草率诊断,炭疽杆菌暴露于空气以后常形成芽孢,不易消灭。故疑似咽型炭疽病时,应实行局部解剖,摘出颌下淋巴结。疑似败血型炭疽病时,取耳血作成抹片,送实验室做细菌学检查。采取病料时必须严密防止病菌的传播。在诊断上应注意与恶性水肿、巴氏杆菌病、败血性链球菌病相区别。

【防治措施】

(1)在发病地区,每年要接种炭疽病菌苗。猪在接种前后半个月,不能去势与进行其他外科手术。

(2)发现病猪要尽快做出诊断,病死猪不能解剖,必须深埋。要严格执行封锁、隔离,对病猪立即给予治疗,圈内、外及用具等必须用0.1%升汞溶液加0.5%盐酸或其他有效的消毒液进行消毒。

(3)治疗

①抗炭疽血清,大猪50~100毫升,小猪30~80毫升,静脉或皮下注射,在病的紧急期使用,必要时12小时后再注射一次。

②青霉素,每千克体重0.8万~1万单位,肌肉注射,每隔12小时注射一次,连续3天。

③链霉素,每千克体重0.01~0.02克,肌肉注射,每天一次。

另外,用金霉素、土霉素、氯霉素,每千克体重0.04克,疗效也很好。

197. 怎样防治猪破伤风？

猪破伤风是由破伤风梭菌引起的一种人畜共患的创伤性传染病，其特征为患畜对外界刺激的反射兴奋性增高，肌肉持续性痉挛。

【病原】 为破伤风梭菌。该菌为细长杆菌，常单独存在，有时呈短链状，能形成芽孢，有鞭毛，能运动，无荚膜，革兰氏染色阳性。该菌为厌氧菌，只有在缺氧条件下生长良好，广泛存在于肥沃的土壤和潮湿的淤泥中，在健康的家畜和人的粪便中也含有。该菌繁殖体抵抗力不强，煮沸3分钟即死，一般消毒药能在短时间内杀死，但芽孢具有很大的抵抗力，10%碘酊10分钟、5%石炭酸13小时、3%福尔马林24小时才能杀死，煮沸10~90分钟方可杀死。芽孢在阴暗干燥处能存活10年以上，在土壤表层能活几年。

【流行特点】 各种家畜均可感染，马、驴、骡最易感，猪、羊、牛次之。在自然感染时，通常是小而深的创伤侵入病原体，产生毒素而引起发病。本病多为散发，常见于猪阉割、外伤及仔猪脐部感染之后。如果该菌芽孢侵入伤口，而伤口又被泥土、粪便、痂皮封盖造成缺氧条件，这样对芽孢增殖更为有利，加速本病的发生或加重症状。

【临床症状】 本病潜伏期最短1天，最长可达90天以上。病初只见患猪行动迟缓，吃食较慢，易被疏忽。随着病情的发展，可见四肢僵硬，腰部不灵活，两耳竖立，尾部不活动，瞬膜露出，牙关紧闭，流口水，肌肉发生痉挛。当强行驱赶时，痉挛加剧，并嘶叫，卧地后不能起立，出现角弓反张或偏侧反张，角弓反张出现后很快死亡。

【病理变化】 患猪死后血液凝结不全，呈黑红色，没有明显的肉眼可见病变，肺有充血和水肿，浆膜有时有出血点和斑。

【诊断】 根据患猪临床表现的肌肉强直性收缩、牙关紧闭、行动时四肢僵硬、对刺激及声音反应敏感等症状不难作出诊断。

【防治措施】

(1)在对猪实施阉割术时,所用器械和术部均应消毒,手术后猪不要接触泥土,圈舍保持清洁、干燥。

(2)圈舍内不应有尖锐物品,修理圈门时应注意,不要使钉子与铁丝露头。

(3)治疗 当患猪出现牙关紧闭、四肢强直等症状时很难治愈,只有在病初时治疗才有希望。当怀疑本病时,应及时将患猪移至暗室,使之安静,避免光线和声音刺激,彻底清除伤口内的坏死组织和分泌物,用3%双氧水、2%高锰酸钾冲洗消毒,然后可采取下列治疗措施。

①破伤风抗毒素1万~2万单位,肌肉或静脉注射,以中和游离毒素,为缓解肌肉痉挛,可用氯丙嗪25~50毫升,肌肉注射。不能采食和饮水时,应静脉注射10%葡萄糖,每次10~50毫升。为防止继发症,也可肌肉注射青霉素,每千克体重1万单位,24小时一次,链霉素肌肉注射,每天每千克体重0.01~0.02克。

②大蒜疗法:以体重25千克的患猪为例,其他患猪按体重大小适当增减用蒜量。治疗时,取约30克的紫皮大蒜,去根去皮,捣细成泥,然后迅速加入100℃的开水10毫升,待凉时用注射器抽取蒜汁20毫升,注入患猪后腿内侧皮下,每腿注射10毫升。发病3天内有效,一次不愈者,间隔5小时后重做一次。

198.怎样防治猪痢疾?

猪痢疾是由痢疾密螺旋体引起的一种肠道传染病,其特征为严重的胃肠道黏膜出血下痢,粪便中混有大量黏液和血液。

【病原】 为猪痢疾密螺旋体。该螺旋体革兰氏染色阳性,弯曲呈双雁翼状,厌氧,能自由运动并能产生溶血素,结晶紫或瑞氏染色呈蓝紫色。该螺旋体在猪大肠内需要原有的厌氧菌协同作用下才能定居并发挥致病力。

该螺旋体对外界的抵抗力不强,对热、氧、干燥均很敏感,一般消毒药均可将其很快杀死。其中臭氧水和过氧乙酸效果最佳。

【流行特点】 在自然条件下,本病只感染猪,不分品种、年龄,一年四季均可发生,尤其是刚断乳的仔猪在秋末季节容易发生。主要通过消化道感染,健康猪吃入污染的饲料、饮水而感染。病猪是主要的传染源,也可通过猫、鼠、狗、鸟类、苍蝇等传播媒介引起间接传染。在发病的猪场中常年不断,时好时坏,流行经过缓慢,持续时间较长,不会造成暴发。

【临床症状】 潜伏期长短不一,自然感染多为7～14天。腹泻是最常见的症状,但严重程度不同。最初1～2周多为急性经过,死亡较多,3～4周后逐渐转为亚急性或慢性,病程长,但很少死亡。急性病例患猪精神沉郁,食欲减退,体温升高(40～40.5℃),开始水样下痢或黄色软便,之后充满血液、黏液,有腥臭味。腹泻导致脱水,渴欲增加,逐渐消瘦,最终因极度衰竭而死亡或转为慢性,病程7～10天。慢性病例症状较轻,病程较长,约2～6周,反复下痢,时轻时重,排出灰白色带黏液的稀便,并常带有暗褐色血液。病猪进行性消瘦,生长滞迟,虽多数能自然康复,但对养猪生产影响很大。

【诊断】 根据本病特征性流行规律、临床症状和病理变化,可对本病作出初步诊断。确诊时,取大肠黏膜或新鲜粪便抹片,结晶紫或瑞氏染色光镜检查,在一个视野中发现3～5条以上的螺旋体可以作为定性诊断依据。对慢性病猪或隐性带菌猪以及病猪使用抗菌药物后,其粪便中病原体数量大大减少,对这些病例,此诊断方法常失去其诊断价值。病原体的分离培养和鉴定是确诊本病最可靠的方法。在诊断上应注意与仔猪副伤寒相区别。

【防治措施】

(1)坚持自繁自养的原则,如需引进种猪,应从无本病病史的猪场引种,并实行严格隔离检疫,观察 1~2 个月,确实健康方可入群。

(2)加强猪场的卫生管理和防疫消毒工作　目前国内尚无预防本病的有效疫苗。一旦发现病猪应及时淘汰或隔离治疗,同群未发病的猪只,可立即用药物预防,同时进行环境清扫和消毒工作,并减少各种应激因素的刺激。

(3)治疗

①痢菌净,治疗量,每千克体重 5 毫克,内服,每天 2 次,连用 3~5 天;预防量,每吨饲料添加 50 克,可连续使用。

②吡哌酸,每千克体重 50~100 毫克,内服,每天 1 次,连用 3~5 天。

③洁霉素,治疗量,每吨饲料添加 100 克,连用 3 周;预防量,每吨饲料添加 40 克。

④氯霉素,治疗量,每千克体重 30~60 毫克,内服,每天 2 次。5~7 天为一个疗程,连用 3~5 个疗程。预防药量减半。

⑤链霉素,治疗量,每千克体重 30~50 毫克,内服,每天 2 次。5 天为一个疗程,连用 2~3 个疗程。

⑥呋喃唑酮,治疗量,每吨饲料添加 300 克,连用 14 天;预防量,每吨饲料添加 100 克。

199. 怎样防治仔猪水肿病?

仔猪水肿病是由致病性大肠杆菌引起的一种仔猪传染病,其特征为患猪全身或局部麻痹,共济失调,眼睑部水肿。

【病原】　为某些血清型致病性大肠杆菌,常见的血清型为 O_{88}、O_{138}、O_{139}、O_{141} 等,一般无吸着因子,具有溶血性。此类大肠杆菌在仔猪吮乳期间仅少量存在于肠道内,在适当的诱因(应激)存在时会大量繁殖到致病水平。该菌产生神经毒素和致水肿毒素两种毒素。

【流行特点】 本病主要发生于断乳前后的小仔猪,多发于春、秋两季,特别是气候突变和阴雨季节多发。一般呈散发,有时呈地方性流行。促使本病发生的主要诱因是:卫生条件差,仔猪断乳前后饲喂富含蛋白质饲料,引起胃肠机能紊乱,促进了病原菌繁殖、产生毒素而导致发病。

【临床症状】 本病表现为患猪突然发病,有些病例前一天晚上未见异常,第二天早上却死在圈舍内。发病稍慢的病例,表现精神委顿,食欲减退或废绝,反应过敏,兴奋不安,盲目行走,转圈,震颤,口吐白沫,叫声嘶哑,眼睑、面部、头部、颈部及胸腹水肿,最后倒地侧卧,四脚划动,呈游泳状,在昏迷中和体温下降时死去。一般病程为数小时或2天左右,最长为1周,很少能耐过而自愈。

【病理变化】 主要病变为全身多处组织水肿,特别是胃壁黏膜显著水肿,并多见于胃大弯部和贲门部。切开水肿部位,常有大量透明或微带黄色液体流出。胃底有弥漫性出血性变化。胆囊和喉头也常有水肿。小肠黏膜有弥漫性出血变化,肠系膜有胶胨样水肿。心肌松弛而软,冠状沟常见有水肿。肺水肿或气肿,有的个别小叶有出血性炎症。胸腔、腹腔及胸包腔常积有较多的淡黄色液体,见空气后即变成胶胨样凝固块。此外,脊髓、大脑皮层及脑干部也有非炎性水肿。

【诊断】 本病根据流行特点、临床症状、病理变化不难作出诊断,必要时可于肠系膜淋巴结、肠内容物中分离病原菌及进行动物试验。

【防治措施】 预防要本病主要是对断乳前后仔猪加强饲养管理,多喂营养丰富易消化的青绿饲料,增加矿物质、维生素的供给,尤其是微量元素硒和维生素 E、维生素 B_1、维生素 B_2 的给量。为抑制大肠杆菌的作用,在饲料中可添加土霉素、链霉素、氯霉素及痢特灵等,对预防本病有一定作用。本病目前没有特效药物,主要采取对症治疗。可选用链霉素、土霉素、氯霉素等抗菌药,人工盐、硫酸镁盐等泻剂、葡萄糖、甘露醇、安那加、双氢克脲塞、维生素制剂等强心、利尿、解毒药物及氯丙嗪等镇静剂。治疗时可采取综合疗法。

(1) 用20%磺胺嘧啶钠5毫升肌肉注射，每天2次，维生素B_1 3毫升肌肉注射，每天1次，也可用磺胺二甲基嘧啶、链霉素、氯霉素、土霉素治疗。

(2) 当致病菌对抗生素和磺胺类药有抗药性时可用呋喃唑酮，每天0.2克拌入饲料内喂给。

(3) 氢化可的松50~100毫升或维生素B_1 200毫升或亚硒酸钠维生素E 1~2毫升肌肉注射。同时配合解毒、抗休克等综合治疗，能获得满意疗效。

(4) 此外，必须通过辅助和对症治疗，可投给硫酸镁15~30克，双氢克脲塞20~40毫升，维生素B_1 100毫克，加水一次喂服，连用2次。

5%~10%氯化钙5毫升，50%葡萄糖100毫升，10%乌洛托品10毫升，静脉注射(20千克小猪用)；氯丙嗪每千克体重2毫升或30%甘露醇30~50毫升，或25%山梨醇50~100毫升静脉注射。

200. 怎样防治猪布氏杆菌病？

布氏杆菌病是由布鲁杆菌引起的一种人畜共患的慢性传染病，它致病特征是侵害生殖器官，如母畜发生流产和不孕，公畜引起睾丸发炎。

【病原】 布鲁杆菌病原体有6个生物种，以羊、牛、沙林鼠、绵羊、猪等布氏杆菌，其形态相同，均为球杆状小杆菌。该菌无鞭毛，不能运动，不形成芽孢和荚膜，革兰氏染色阴性，对阳光抵抗力较差，玻片上培养物直射阳光10~20分钟即可死亡，在炎热的夏天，存活期短。在粪便中能存活8~25天，在土壤中存活2~25天，在冷冻情况下可存活几个月。该菌对一般消毒药抵抗力低，2%煤酚皂、5%石灰水数分钟即可杀死。

【流行特点】 本病的感染范围很广，除人和猪、羊、牛最易感外，其他动物如马、犬、兔、鹿、骆驼以及啮齿动物等均可自然感染。被感染的人和动物，一部分呈临床症状，大部分为隐性或带菌。本病对猪多发于3～4月份和7～8月份（产仔高潮季节），不同年龄、性别有一定差异，母猪比公猪易感，小猪对本病有一定抵抗力，性成熟后易感。病猪和带菌猪是本病的主要传染源，消化道是主要传染途径，其次是生殖道和皮肤、黏膜。病猪的乳汁、精液、脓汁、胎衣、羊水、子宫和阴道分泌物及流产胎儿均含有病菌，很容易污染场地、用具、水源、饲料等。病猪的肉和内脏也含有大量的病菌，易使工作人员受到感染，应提高警惕，予以重视。

【临床症状】 母猪流产是主要症状，流产前往往表现阴唇、阴道黏膜潮红肿胀，并流出黄红黏液，乳房肿胀，乳量减少，有时无任何前兆症状，突然流产，也有时产出死胎或胎儿活力不强，流产后，呈现胎衣不下和子宫内膜炎，从阴道内流出红褐色污秽不洁的恶臭分泌物，不发情，或只发情不受孕。也有些母猪按期发情，但产出的是死猪或弱猪。公猪感染发病时表现为睾丸炎，一侧或两侧睾丸肿大，有热痛，若炎症持续较久，会发生睾丸附睾萎缩，甚至阳痿，小公猪在去势时，可见睾丸与阴囊粘连。若脊椎部受侵时，会出现步态异常，或后肢麻痹，关节肿胀而出现跛行。

【病理变化】 主要病变在生殖器官。母猪的子宫黏膜呈现化脓、卡他性炎症，并有小米粒大的灰黄结节。公猪睾丸和精索呈现化脓性的病灶或坏死。受侵害器官附近的淋巴结也有病变，例如睾丸淋巴结、乳房淋巴结等呈现多汁、肿胀，有时可见脓肿和灰黄色小结节。脊椎部可见骨疽，有的是广泛性，四肢的某个关节及其周围有浆液性纤维素性炎症，在肺、脾、皮下有时出现脓肿，个别病例也会在腱鞘内发生。

【诊断】 根据妊娠母猪发生流产、大批公猪发生睾丸炎,可考虑有布氏杆菌病可能性,此时可应用实验室检测布鲁杆菌,予以确诊。在诊断上应注意与乙型脑炎相区别。

【防治措施】 本病没有治疗价值,一般不采取治疗措施,主要是加强预防工作。健康猪场应严防本病侵入,必要引进种猪时,需要隔离检疫,确认健康猪方可入场。

发现病猪应全群做血清学检查,凡是可疑和阳性的均应隔离、淘汰。病猪的分泌物、死胎、胎衣等必须清理干净,加强消毒,在检疫期要加强消毒工作。疫区可采用布鲁氏菌猪型二号冻干苗进行预防接种。

201. 怎样防治猪囊虫病?

猪囊虫病是由人的有钩绦虫的幼虫寄生于猪体内所引起的寄生虫病。囊虫病人畜共患,危害严重,直接影响人们的身体健康,也给养猪生产带来一定的经济损失。

【病原】 幼虫(亦称囊虫)一般寄生在猪的肌肉组织,如咬肌、舌肌、心肌、膈肌、肋间肌、臀肌、腰肌、大腿肌最为多见,少数在脂肪和内脏器官也能见到。外观是白色半透明的囊状小泡,囊内有一个米粒大小的白点(囊虫头),因囊虫形状像磨米下来的米身子,或呈豆形,所以人们把患囊虫病的猪称为"米身子猪"或"豆猪"。成虫寄生在人的小肠内,寄生在人体小肠内的有钩绦虫,长2~7米,乳白色,呈扁平带状,分头节、颈节和体节,由800~1 000个节片组成。

【流行特点】 本病多为散发。有散养猪习惯、人无厕所的地区,猪囊虫病发病率较高,主要通过消化道感染,患绦虫病病人是主要传染源。

猪是有钩绦虫(亦称链状带绦虫)的中间宿主,成虫寄生在人的小肠内,虫体每一个孕卵节片内含3万~5万个虫卵,孕卵节片不断脱落,随人的粪便排出体外,一个病人一个月可排出200多个孕卵节片。当猪吞食被孕卵节片污染的饲料或病人粪便时,虫卵进入胃肠,在猪小肠内经24~72小时孵出幼虫钻入肠壁进入血液,通过血液循环到达全身各组织,在肌肉内经2个月左右发育成囊虫,当人吃了未经处理或没有煮熟的猪囊虫肉,或误食附在食品上的囊虫,经胃进入肠内,大约经2~3个月发育为成虫,又开始产卵,随粪便排出体外。这样人传给猪,猪又传给人,循环不已。

【临床症状】 患猪少量感染时,一般无明显症状,多量囊虫寄生时,猪表现消瘦、拉稀、贫血、水肿、视力减退、四肢僵硬、跛行、抽风、呼吸困难,并伴有短促咳嗽、声音嘶哑、出气打呼噜、肩膀宽、胸粗大、后身躯狭窄,呈"雄狮状"。检查眼睑和舌部,有白色半透明的囊虫结节,触之有波动感。

【病理变化】 严重感染猪的猪肉呈苍白色而湿润,在咬肌、舌肌、肋间肌、臀肌等处有高粱米粒大小的半透明囊泡(俗称"米身肉"或"豆肉"),泡内有小白点,即囊虫。

【诊断】 本病生前诊断较为困难,一般在屠宰后检验,肉眼发现囊虫即可确诊。

【防治措施】

(1) 预防本病的根本措施是积极治疗绦虫病患者,消除传染源。

(2) 要做到人有厕所猪有圈,厕所和猪圈分开,防止猪吃到人的粪便,切断感染途径。

(3) 加强城乡肉品卫生检验,杜绝囊虫病猪肉上市。

(4) 治疗

①吡喹酮,每千克体重50~80毫克,口服或以液体石蜡配成20%悬液,肌肉注射,每天1次,连用3天。

②丙硫咪唑,每千克体重30毫克,每天1次,用药3次,每次间隔24~48小时,早晨空腹服药。

202. 怎样防治猪蛔虫病？

猪蛔虫病是由蛔虫寄生于猪小肠中引起的寄生虫病。主要侵害 3~6 月龄的幼猪，导致猪生长发育不良或停滞，甚至造成死亡。

【病原】 猪蛔虫是一种浅黄色圆柱状的大型线虫，形似蚯蚓，表面光滑，头尾两端较细。雄虫长约 15~25 厘米，雌虫 30~35 厘米。蛔虫卵呈短椭圆形，黄褐色或淡黄色。虫卵有 4 层膜，对外环境有强大的抵抗力，但对高温和干燥耐受力差，在 65 ℃ 以上的水中经 5 分钟死亡。一般能杀死微生物的常用浓度消毒药均不能杀死猪蛔虫卵。消毒方法多采用较高浓度的强碱溶液，或者使用火喷干燥的方法。

【流行特点】 本病广泛流行于各类猪场，一年四季均可发生，各种年龄的猪均可感染，尤其是 3~6 月龄的幼猪易感性高，症状明显。病猪和带虫猪是本病的传染源，主要通过消化道感染。在卫生条件差，饲料不足或品质差，缺乏微量元素或维生素，体质弱或者拥挤的猪群最易发生。饮水不洁，母猪乳房污染均可增加仔猪的感染机会。

猪蛔虫的发育过程不需要中间宿主。成虫寄生在猪的小肠内，产卵后，卵随粪便排出体外，在适当的环境中，卵开始发育为幼虫，幼虫在卵内经过两次脱皮达到感染期阶段。当感染期幼虫卵随食物或饮水被猪吃入后，幼虫在小肠内钻出卵壳，侵入肠壁，随血液循环到达肝脏、心脏及肺脏，引起幼虫性肺炎，在猪咳嗽时，幼虫随痰液再一次进入胃肠道，并在小肠内停留下来，发育为性成熟的雄虫和雌虫。雌虫与雄虫交配后受精产卵，一条雌虫一昼夜可产卵 10 万~25 万个，一生可产卵 3 000 万个。

【临床症状】 幼猪症状较成年猪明显。蛔虫在小肠内大量寄生时，患猪逐渐消瘦贫血，生长发育缓慢，被毛粗乱，食欲变化无常，腹泻、便泌交替出现。如果寄生虫体过多时，活虫互相缠绕成团,阻塞肠管,造成严重腹痛,甚至引起肠破裂。

有时虫体钻入胆管,引起胆管阻塞出现腹痛和黄疸症状。在幼虫停于肺内期间可引起肺炎,表现为体温升高,精神不振,食欲减退,咳嗽,呼吸困难,有时呕吐。

【病理变化】 幼虫移行过程中的主要病变在肺脏和肝脏。初期呈肺炎病变,肺组织致密,表面有大量出血点或暗红色斑点,可分离获得大量幼虫。肝脏表面有大小不等的白色斑纹。小肠内有大量成虫寄生,肠黏膜呈卡他性炎症、出血或溃疡,肠破裂时可见腹膜炎症和腹膜出血。蛔虫少量寄生时,肠道无明显变化,有时可在胃、胆管、胰脏内查获虫体。

【诊断】 若断乳后幼猪长时期表现消瘦,被毛粗乱,生长发育不良,可怀疑为本病,确诊需对3月龄以上的幼猪进行粪便虫卵或虫体的检验。

【防治措施】

(1)在蛔虫流行的猪场,每年春、秋两季对全群猪只各驱虫一次,特别对断奶后到6月龄的仔猪,应驱虫1~3次,妊娠母猪在产前3个月驱虫。

(2)加强饲养管理,对断奶仔猪应给予富含维生素和多种微量元素的饲料,以增加抵抗力,同时大小猪只宜分群饲养。

(3)猪舍及用具应定期消毒,可用2%~5%热碱水(65℃以上)、生石灰、5%~10%石炭酸均可杀灭虫卵。

(4)保持饲料、饮水清洁,严防被猪粪污染。猪粪和垫草清除出舍后,应堆积发酵。

(5)治疗

①左咪唑,每千克体重4~6毫克,肌肉注射,或每千克体重8毫克,口服。

②丙硫咪唑,每千克体重10毫克,拌入饲料喂服。

③丙氧咪唑,每千克体重10毫克,拌入饲料喂服。

④枸橼酸派哔嗪(驱蛔灵),每千克体重0.3克,拌入饲料喂服。

203. 怎样防治猪肺丝虫病?

猪肺丝虫病,又称猪线虫病,是由后圆属线虫在猪肺支气管内引起的寄生虫病。

【病原】 猪后圆线虫有3种,最常见的为长刺后圆线虫,寄生于猪的支气管和细支气管内。虫体呈乳白色细丝状,雄虫长12～26毫米,交合刺2根,丝状,长达35毫米;雌虫长达20～51毫米。

【流行特点】 本病流行比较广泛,往往造成地方性流行。一年四季均可发生,但夏、秋季多发。各种年龄的猪均可感染,幼龄猪易感性高,侵害严重。病猪和带虫猪是本病的传染源,主要通过消化道感染。

蚯蚓是猪肺丝虫的中间宿主。成虫寄生于猪的支气管和细支气管内,产卵后虫卵在猪咳嗽时咳出,或随痰吞下进入消化道,再随粪便排出体外。当虫卵或幼虫被蚯蚓吞食后,在蚯蚓体内经10～20天发育成感染幼虫。猪吞食这样的蚯蚓,在消化道内被消化,幼虫脱离蚯蚓钻入肠壁,经淋巴、血液循环到肺,最后在支气管发育为成虫。猪从吞食含感染性幼虫的蚯蚓到肺内发育为成虫需25～35天。

【临床症状】 患猪轻度感染时症状不明显,严重感染时,主要症状是咳嗽,尤其是早晚和剧烈运动时表现明显,病猪精神委顿,食欲不振,日渐消瘦,毛焦无光,呼吸困难,病程较长者,常形成僵猪。感染量多的严重病例,发生呕吐,腹泻,最后极度衰竭、窒息而死亡。

【病理变化】 剖检时主要病变发生在肺,病变处呈灰白色隆起,界限明显,支气管内有多量成团的虫体和黏液。

【诊断】 若发现猪有经常性咳嗽可怀疑为本病,但确诊需要在粪便中检查到虫卵,或在剖检时发现虫体。

【防治措施】

(1)对猪群定期进行驱虫,圈舍保持清洁干燥,粪便堆积发酵,消灭虫卵。

(2)改养猪放牧方式为舍饲方式,防止猪吃到野生蚯蚓。

(3)治疗

①左旋咪唑,每千克体重7~8毫克,一次口服或肌肉注射。

②丙硫苯咪唑,每千克体重10~15毫克,混入饲料中口服。

③伊维菌素,每千克体重0.3毫克,一次皮下注射,药效可维持20天以上。

204. 怎样防治猪毛首线虫病?

猪毛首线虫病,又称猪鞭虫病,是由毛首线虫寄生在猪肠道内引起的寄生虫病。

【病原】 猪毛首线虫为一种乳白色线虫,虫体很明显地分成两部分,头部细长,尾部粗短,虫体外观很一条鞭子,故又称猪鞭虫病。雄虫尾端呈螺旋状卷曲,体长39~40毫米;雌虫尾直,末端呈圆形,体长40~50毫米。虫卵对低温抵抗力强,但阳光直射能将其杀死。

【流行特点】 本病一年四季均可发生,但夏秋季多发。各种年龄的猪均可感染,幼龄猪易感性高,2~4月龄猪易感染受害,4~6月龄感染率最高,以后易感性逐渐下降。病猪和带虫猪是本病的传染源,主要通过消化道感染。本病常与其他蠕虫,特别是蛔虫混合感染。

猪毛首线虫成虫寄生于猪的盲肠内。性成熟的雌虫与雄虫交配排卵后,虫卵随粪便排出体外,在适宜的条件下,经20~30天发育成有侵袭性的虫卵,然后通过猪吃食、饮水、掘地进入猪的消化道,在肠道内幼虫逸出,钻入盲肠黏膜深处,约经1.5个月发育为成虫。

【临床症状】 轻度感染时无临床症状,严重感染(虫体达数千条)时,患猪表现日渐消瘦,被毛粗乱,贫血,结膜苍白,顽固性下痢,粪便中带有血丝。随着下痢的发生,患猪瘦弱无力,步行摇晃,食欲消失,渴欲增加,最后衰弱而死。

【病理变化】 在大肠尤其是盲肠中可见到大量虫体。虫体寄生部位周围,有带血黏液,盲肠和结肠溃疡,并形成肉芽样结节。

【诊断】 若同群幼龄猪大部分出现消瘦、贫血、拉稀和生长停滞,可怀疑本病。确诊需在粪便中查到虫卵或剖检时在盲肠中发现虫体。

【防治措施】

(1)在本病流行的猪场,每年春、秋两季对全群猪只各驱虫一次,特别对断奶后到6月龄的仔猪,应驱虫1~3次,妊娠母猪在产前3个月驱虫。

(2)加强饲养管理,对断奶仔猪应给予富含维生素和多种微量元素的饲料,以增加抵抗力,同时大小猪只宜分群饲养。

(3)猪舍及用具应定期消毒,可用2%~5%热碱水(65 ℃以上)、生石灰、5%~10%石炭酸均可杀灭虫卵。

(4)保持饲料、饮水清洁,严防被猪粪污染。猪粪和垫草清除出舍后,应堆积发酵。

(5)治疗

①左咪唑,每千克体重4~6毫克,肌肉注射,或每千克体重8毫克,口服。

②丙硫咪唑,每千克体重10毫克,拌入饲料喂服。

③丙氧咪唑,每千克体重10毫克,拌入饲料喂服。

④枸橼酸派哔嗪(驱蛔灵),每千克体重0.3克,拌入饲料喂服。

205. 怎样防治猪胃线虫病？

猪胃线虫病，是一种由螺咽胃虫寄生在猪胃内引起的寄生虫病。

【病原】 螺咽猪胃虫，为一种线虫，虫体淡红色，雄虫长4~7毫米，雌虫长5~10毫米，虫卵卵壳较厚，外有一层不平整的薄膜，内含幼虫。

【流行特点】 本病流行比较广泛，全国各地均有发生，感染发病无季节性，但春、夏、秋季多发。各种年龄的猪均可感染，幼龄猪易感性高。病猪和带虫猪是本病的传染源，主要通过消化道感染。

螺咽猪胃虫成虫寄生于猪的胃内。性成熟的雌虫与雄虫交配排卵后，虫卵随粪便排出体外，被食粪甲虫吞食后在其体内发育为感染期幼虫，猪在吞食这些甲虫后而遭感染。

【临床症状】 轻度感染时往往不呈现症状，严重感染时，患猪表现食欲减退，渴欲增加，生长缓慢，消瘦，贫血，呕吐，急性或慢性胃炎。

【病理变化】 胃内黏液很多，寄生部位黏膜红肿或覆盖假膜，虫体游离在胃内或部分深藏在胃黏膜内。

【诊断】 结合临床症状，在猪粪便中发现虫卵，即可作出诊断。

【防治措施】

(1)对猪群定期进行驱虫，圈舍保持清洁干燥，粪便堆积发酵，消灭虫卵。

(2)改养猪放牧方式为舍饲方式，防止猪吃到甲虫。

(3)治疗

①左旋咪唑，每千克体重7~8毫克，一次口服或肌肉注射。

②丙硫苯咪唑，每千克体重10~15毫克，混入饲料中口服。

③兽用敌百虫，每千克体重0.1克，总重量不超过7克，口服。

206. 怎样防治猪棘头虫病?

猪棘头虫病,是一种由巨吻棘头虫寄生小肠所引起的寄生虫病。

【病原】 巨吻棘头虫,虫体较大,雄虫长70~150毫米,雌虫长300~680毫米。长圆柱形,前端粗,向后逐渐变细,体表有明显的环状雏纹,头端有一个可伸缩的吻突。寄生时,吻突插入黏膜,甚至穿透黏膜层。虫卵呈椭圆形,卵内有成形的小棘头蚴。

【流行特点】 本病流行比较广泛,放牧猪感染较多,常呈地方性流行,各个品种、各种年龄的猪均可感染,8~10月龄猪感染率较高,有时人和狗、猫也可感染。病猪和带虫猪是本病的主要传染源,主要通过消化道感染。

猪棘头虫成虫寄生于猪的小肠,主要是空肠。性成熟的雌虫与雄虫交配排卵后,虫卵随粪便排出体外,被中间宿主金龟子或甲虫的幼虫(蛴螬)吞食后,在体内发育成感染性幼虫(称为棘头囊),当猪吞食了感染性幼虫的金龟子或甲虫后被感染,中间宿主在猪消化道内被消化,棘头囊逸出,用吻突固着在小肠壁上,经2~4个月发育为成虫。棘头虫在猪体内寄生时间10~24个月,死后随粪便排出。

【临床症状】 患猪轻度感染时症状不明显,仅在后期体质消瘦。严重感染时食欲减退,消化不良,腹泻,常尖叫不安,有时腹部着地爬行。拉稀,粪便带血。病程较长者生长发育缓慢,贫血、消瘦,被毛发焦,最后常因肠壁穿孔、腹膜炎死亡。

【病理变化】 剖检时可在小肠内找到虫体,有时虫体叮在肠壁上不易取下,肠黏膜局部坏死,甚至空孔。

【诊断】 结合临床症状,在猪粪便中发现虫卵,即可作出诊断。

【防治措施】

(1)对猪群定期进行驱虫,在本病流行地区,每年春秋季各驱虫一次,以减少感染。

(2)加强猪群的饲养管理,圈舍保持清洁干燥,粪便堆积发酵,消灭虫卵。

(3)改养猪放牧方式为舍饲方式,尤其在六、七月份甲虫类活跃季节,以防止猪吃到中间宿主。

(4)采取必要措施,消灭中间宿主。在本病流行地区,可在猪场外的适宜地点设置诱虫灯,用以捕杀金龟子等。

(5)治疗

①左旋咪唑,每千克体重15~8毫克,口服。

②丙硫苯咪唑,每千克体重10~15毫克,混入饲料中口服。

207. 怎样防治猪姜片虫病?

猪姜片虫病,是一种由布氏姜片吸虫寄生小肠所引起的人、畜共患寄生虫病。

【病原】 布氏姜片吸虫,虫体外观似姜片,背腹扁平,前端稍尖,后端钝圆,新鲜虫体呈肉红色,虫体大小常因肌肉收缩而变化很大,一般长20~75毫米,宽8~20毫米,厚2~3毫米。

【流行特点】 本病主要流行于我国长江流域以南地区,常呈地方性流行,各个品种、各种年龄的猪均可感染,人可共患,有时狗、兔也可感染。已感染的人、猪是本病的主要传染源,主要通过消化道感染。

布氏姜片吸虫寄生于人和猪的小肠内,以十二指肠为最多。性成熟的雌虫与雄虫交配排卵后,虫卵随粪便排出体外,经2~4周孵出毛蚴,毛蚴于水中游动,遇到中间宿主——扁卷螺后侵入其中,发育为胞蚴、母雷蚴和子雷蚴,进一步发育在尾蚴。尾蚴离开螺体,附着在水浮莲、水葫芦、菱角、荸荠等水生植物上,脱去尾部,分泌黏液,形成灰白色、针状大小的囊蚴。猪生采食了这样的植物而感染。囊蚴进入猪的消化道后,囊壁被消化溶解,童虫吸附在小肠黏膜上生长发育,经3个月左右发育为成虫。布氏姜片吸虫在猪体内寄生时间9～13个月,死后随粪便排出。

【临床症状】 患猪轻度感染时症状不明显,严重感染时食欲减退,消化不良,出现胃肠炎、胃溃疡症状,异嗜,生长缓慢,有的表现腹痛,粪中带有黏液及血液。患病后期出现贫血,病猪精神委顿,甚至死亡。

【病理变化】 剖检可发现姜片吸虫吸附在十二指肠及空肠上段黏膜上,肠黏膜有炎症、水肿、点状出血及溃疡。大量寄生时可引起肠管阻塞。

【诊断】 结合临床症状,在猪粪便中发现虫卵,或在剖检病猪时发现大量虫体,即可作出诊断。

【防治措施】
(1)禁止粪尿流入池塘内,粪便必须经发酵后才能作肥料。
(2)水生植物经青贮发酵后喂猪,不要让猪自由采食。
(3)由于扁卷螺不耐干旱,故在流行地区,在秋末冬初的干燥季节,挖塘泥晒干,来杀灭螺蛳。
(4)在本病流行地区,对猪群每隔2～3个月定期消毒一次。
(5)治疗
①兽用敌百虫,每千克体重0.1克,总重量不超过7克,口服。
②硫双二氯酚,每千克体重0.06～0.1克,猪体重在50～100千克以下的用0.1克,体重超过100千克的则用0.06克。

208.怎样防治猪旋毛虫病?

猪旋毛虫病是一种由旋毛虫成虫寄生于小肠、幼虫寄生于横纹肌而引起的人、畜共患寄生虫病。

【病原】 旋毛虫是一种纤细的小线虫,成虫为白色,前细后粗,肉眼勉强可以看见。成虫长1.4～1.6毫米。雌虫长3～4毫米。旋毛虫对外界环境的抵抗力极强,耐低温,-12℃可生存57天,盐腌和烟熏均不能杀死肉块中的幼虫。70℃以上可将旋毛虫杀死。

【流行特点】 本病存在着广大的自然疫源,多种哺乳动物可以感染,其中以肉食动物、杂食动物常见。本病的流行有很强的地域性,往往在一个省多集中分布于某个地区,同一乡的各村间可有无感染到严重感染的差异,形成了疫源点内恶性循环和随疫源的流动而向外散播。

旋毛虫为多寄主寄生虫,其成虫寄生于宿主的小肠,幼虫寄生于同一宿主的肌肉。当人或动物吃了含有旋毛虫幼虫包囊的肉后,包囊被消化,幼虫逸出钻入十二指肠和空肠黏膜内,经1.5~3天即发育为成虫。性成熟的雄雌虫交配后,雄虫死亡,雌虫钻入肠腺或黏膜下淋巴间隙中产幼虫。大部分幼虫经肠系膜淋巴结到达胸导管,进前腔静脉流入心脏,然后随血流散布全身,横纹肌是旋毛虫幼虫最适宜的寄生部位,其他如心肌、肌肉表面的脂肪,甚至脑、脊髓中也曾发现过虫体。刚进入肌纤维的幼虫是直的,随后迅速发育增大,约经7~8周逐渐卷曲形成包囊,约6个月后包囊增厚,囊内发生钙化。钙化后幼虫的感染力下降,包囊内幼虫生存时间由数年到25年。

【临床症状】 猪对旋毛虫寄生有很大耐受力,少量感染时无症状。严重感染时,通常在3~5天后体温升高、腹泻、腹痛,有时呕吐,食欲减退,后肢麻痹,长期卧睡不起,呼吸减弱,发声嘶哑,有的眼睑和四肢水肿,肌肉发痒、疼痛,有的发生强直性肌肉痉挛,死亡很多,多于4~6周后康复。

【病理变化】 成虫引起肠黏膜损伤,有出血,黏液增加,幼虫引起肌纤维纺锤状扩展,随着幼虫发育和生长,其周围逐渐形成包囊,病久后包囊钙化。

【诊断】 自然感染的患猪无明显症状,故生前诊断比较困难,若生前怀疑感染旋毛虫病,可采取舌肌压片镜检。屠宰后若发现肌肉中的虫体,即可作出诊断。

【防治措施】

(1)加强猪群的饲养管理,改散养方式为圈养方式,搞好猪场的清洁卫生,防止猪吃患病动物的尸体、粪便和内脏,禁止用未经处理的泔水及肉屑喂猪。加强猪场内灭鼠工作。

(2)加强屠宰场及集市肉品的兽医卫生检验,严格按《肉品卫生检验规程》处理带虫肉(高温、加工、工业用或销毁)。

(3)提倡熟食,改变生食肉类的习惯,对制作半熟风味食品的肉类要做好检查工作。厨房用具应生、熟分开,不能混用,并注意经常清洗和消毒,养成良好的卫生习惯,防止寄生虫病的感染。

(4)治疗

①噻苯咪唑,每千克体重50~100毫克,一次口服,连用5~10天。

②丙硫咪唑,每千克体重100毫克,一次口服,连用5~7天。

③康苯咪唑,每千克体重20毫克,一次口服,连用5~7天。

209.怎样防治猪弓形体病?

猪弓形体病,又称猪弓形虫病或毒浆虫病,是由弓形虫所引起的人畜共患寄生虫病。

【病原】 弓形虫为很微细的原虫,样子似弓形,故称弓形体。虫体在猪、人等中间宿主内有滋养体和包囊体两种形式。滋养体一端稍尖,一端钝圆形,核位于中央或稍偏于钝端,大小为(4~8)微米×(1.5~4)微米,呈半月状、香蕉形、梭形、梨形或椭圆形。包囊呈圆形或椭圆形,直径为10~50微米,其中充满滋养体。在终末宿主猫体内则有裂殖体、配子体和卵囊。卵囊呈椭圆形或类圆形,淡绿色。卵囊的抵抗力很强,能耐酸、碱和普通消毒剂,在温暖潮湿的环境中存活1年仍有感染力。

【流行特点】 本病分布很广,很多种动物均可感染。其感染可通过口、眼、鼻、咽、呼吸道、肠道、皮肤等多种途径,严重感染期间还可通过胎盘垂直传播。患畜的尸体、内脏、血液、分泌液、排泄物中均含有弓形体。猪是弓形体病的主要传播者和重要传染源,在本病的传播中起着重要作用,自然感染的猪粪便中的卵囊,对猪有很强的感染力。

在本病感染链中,当猫吃到弓形虫的滋养体或卵囊后,在肠内逸出子孢子或滋养体,一部分进入血液,在体内无性繁殖。另一部分进入小肠上皮变成裂殖体,形成裂殖子,又进入新的上皮细胞,发育为小配子和大配子,两者结合为合子,再发育为卵囊随粪便排出。猪吞食卵囊,在肠内逸出子孢子,进入血液,经血液循环到全身各处细胞内无性繁殖,即可发生弓形体病。

【临床症状】 潜伏期3~7天,患猪表现精神沉郁,结膜高度发绀,皮肤上有紫红色斑块,体温升高到40.5~42℃,并持续7~10天,结膜充血,常见有眼屎,鼻镜干燥,鼻孔有浆液性、黏液性或脓性鼻汁流出,呼吸困难,全身发抖,食欲减退或废绝。发病初期便秘,后期下痢,排出水样或黏液性或脓性恶臭粪便,最后卧地不起,因极度衰竭、窒息而死亡。一般病程10天左右。妊娠母猪可发生流产,产死胎。

【病理变化】 病死猪头、耳、下腹部等皮肤发紫,全身淋巴结特别是肺门淋巴结肿大,充血出血,切面外翻、多汁,甚至呈紫黑色。肺呈紫黑色,被膜光滑,充血水肿,间质增宽,切面外翻,有多量泡沫样液体流出。肝肿大呈灰黄色,常见有散在针尖大小或小米粒大小的坏死灶。肾呈土黄色,散布有小出血点,镜检肺、肝和淋巴结,可发现弓形虫体。

【诊断】 根据本病流行特点、临床症状及病理变化可作出初步诊断,但确诊必须依据剖检发现虫体或检出特异性抗体。

【防治措施】

(1)猪场应全面开展灭鼠活动,禁止养猫,如有野猫,设法捕灭。

(2)保持猪舍卫生,及时清除粪便,定期对环境、用具进行消毒。

(3)治疗

①磺胺嘧啶(每千克体重70毫克)+甲氧苄氨嘧啶(每千克体重14克),口服,每天2次,连用3~5天。

②磺胺氨苯砜,每天每千克体重10毫克,给药4天,对急性病猪有效。

③磺胺六甲氧嘧啶,每千克体重60~100毫克,单独口服,或配合甲氧苄氨嘧啶14毫克口服,每天1次,连用4天。

210. 怎样防治猪肾虫病?

猪肾虫病是由齿冠线虫寄生在猪的肾脏内或肾周围脂肪和输尿管壁而引起的寄生虫病。

【病原】 猪肾虫是一种形似火柴杆的粗硬线虫,呈暗红色,口囊发达,雄虫长20~30毫米,雌虫长30~45毫米。虫卵较大,卵壳很薄,呈长椭圆形,灰黑色,卵内有几十个卵细胞。

【流行特点】 本病多发于热带和亚热带地区,常呈地方性流行。

猪肾虫成虫寄生在猪的肾盂、肾周围脂肪和输尿管壁等处所形成的包囊中。包囊与输尿管相通,虫卵随尿液排出,在外界3~5天后成为感染性幼虫。幼虫经猪的口和皮肤进入其体内。经口感染时,幼虫从胃壁经门静脉到肝脏;经皮肤感染时,幼虫随血液到肺脏,再到肝脏;幼虫在肝脏内约2个月,再穿过肝表膜进入腹腔,最后到达肾脏及周围组织,寄生发育为成虫。幼虫在猪体内发育为成虫的过程约需4个月时间。

【临床症状】 患猪食欲不振,猪体消瘦,即使轻度感染时也妨碍生长。感染初期,皮肤上可见到炎症和结节,局部淋巴结肿胀,背部拱起,腰部软弱无力。本病常引起患猪后肢无力,走路时后躯左右摇摆,喜爱躺卧。严重病例,尿中带有白色黏稠块状物和脓液,母猪不孕或流产。哺乳母猪泌乳量减少或缺乏,甚至死亡。

【病理变化】 病死猪肝脏肿大,表面呈不规则的虫道痕迹和瘢痕,在肾的周围组织和输尿管壁可发现成虫。

【诊断】 对可疑猪采尿镜检虫卵,或发现虫卵,或剖检时发现虫体,即可作出诊断。

【防治措施】

(1)猪舍和运动场应保持干燥卫生,并经常进行消毒。

(2)发现病猪应严格隔离,并淘汰患病母猪。

(3)治疗

①丙硫苯咪唑,每千克体重20毫克,一次内服;或按每千克体重5毫克,腹腔注射。

②驱虫净,每千克体重20~25毫克,一次喂服,每天1次,连服2次。

③敌百虫,每千克体重0.1克,一次内服,每周1次,10次为一个疗程。

211.怎样防治猪疥癣病?

猪疥癣病是一种由疥螨虫寄生于猪皮肤而引起的慢性皮肤寄生虫病。

【病原】 疥螨成虫呈灰白色或略带黄色,外形椭圆,形似蜘蛛,有4对足,在足的末端有吸盘或刚毛。虫体很小,肉眼很难看到,雄虫(0.23~0.34)毫米×(0.17~0.24)毫米,雌虫(0.34~0.51)毫米×(0.28~0.36)毫米,虫卵呈椭圆形,大小为0.15毫米×0.1毫米。疥螨在潮湿、寒冷环境中生命力强,而对干燥、温暖及阳光直射抵抗力很弱。

【流行特点】 本病各种年龄的猪均可感染,但以仔猪多发。感染发病没有季节性,但秋、冬、春季发病较多,夏季发病较少。带螨猪是主要传染源,健康猪通过与患猪直接接触或接触被污染的栏杆、用具、杂物等而感染。饲养管理条件差或卫生条件差的猪场都会有本病的发生。

疥螨虫在猪皮肤内打隧道寄生,以淋巴液和组织浆液为食,并在洞内产卵繁殖后代。一个雌虫每天产卵1~2个。虫卵经过3~4天卵化成幼虫,再过2~3天变成若虫,若虫再经过3~4天发育成虫。性成熟的雌虫与雄虫交配,雌虫在3~4天后开始产卵。猪疥螨虫从虫卵发育至成虫,大约需要15天时间。

【临床症状】 患猪的病变主要发生在皮肤细薄、体毛较少的头颈、肩胛等部位。大部分先发生在头部,特别是眼睛周围,严重时可蔓延至腹部、四肢乃至全身。由于疥螨虫的口器刺入皮下吸食淋巴液和组织浆,患部开始发红,局部发炎、瘙痒,经常在墙角、猪栏等粗糙处摩擦。数日后皮肤上出现小结节,随后破溃,结成痂皮,体毛脱落。病情严重时出现皮肤干裂,食欲减退,生长停滞,逐渐消瘦,甚至引起死亡。

【诊断】 患猪出现以皮肤瘙痒为主症状时可怀疑此病,确诊应通过刮取痂屑检查发现虫体。

【防治措施】

(1)要保持圈舍通风透光、干燥清洁,冬春季节勤换垫草。

(2)猪群不能过于拥挤,定期消毒圈栏、用具等。

(3)新引进的猪应仔细检查,确定无螨才能合群饲养。

(4)对猪群进行定期驱虫消毒,对病猪及时治疗。

(5)治疗

①敌百虫,溶解在水中,配成1%~3%浓度喷洒猪体或洗擦患部。间隔10~14天再用一次,效果更好。敌百虫水溶液要现用现配,不宜久存。

②伊维菌素,猪每千克体重0.3毫克,皮下注射或浅层肌肉注射,药效可在猪体内维持20天左右。

③双甲脒,国产双甲脒为12.5%乳油剂40毫升比例,喷洒猪体,现用现配,间隔10天左右再用一次。用于预防可每隔2~3个月喷洒一次。

④螨净,用浓度250毫升/升(25%螨净1毫升,加水1 000毫升)喷洒。

212.怎样防治猪虱病?

猪虱病是一种由猪虱寄生于猪体表面而引起的体表寄生虫病。

【病原】 猪虱体形较大,肉眼容易看见。雄虫长3.5~4.15毫米,雌虫长4~6毫米。体形扁平,呈灰黄色,体表有小刺。虫体由头、胸、腹三部分组成。虫卵呈长椭圆形,黄白色,着于被毛上。

本病各种年龄的猪均有感染性,一年四季均可发生,但以寒冷季节感染严重。带虫猪是传染源,通过直接或间接接触传播,在场地狭窄,猪只密集拥挤,管理不良时最易感染。也可通过垫草、用具等引起间接感染。

雌虱日产卵1~4枚,一生可产卵50~80枚。在产卵时能分泌一种物质,可把虫卵黏附在毛上或鬃上。虫卵经过12~15天,孵化出幼虱,幼虱吸食血液,再经过10~14天,脱皮3次,发育为成虫。性成熟的雌虱与雄虱交配,大约经过10天开始产卵。猪虱终生生活在猪体上,离开猪体后能生活1~10天。当患猪与健康猪接触,猪虱就可以爬到健康猪身上。

【临床症状】 猪虱多寄生于耳朵周围、体侧、臀部等处,严重时全身均可寄生。成虫叮咬吸血刺激皮肤,引起皮肤发炎,出现小结节,猪经常搔痒和摩蹭,造成被毛脱落,皮肤损伤。幼龄仔猪感染后,症状比较严重,常因搔痒不安,影响休息、食欲以至生长发育。

【诊断】 由于猪虱较大,又寄生于体表,易于作出诊断。

【防治措施】

(1)要保持圈舍通风透光、干燥清洁,冬春季节勤换垫草。

(2)猪群不能过于拥挤,定期消毒圈栏、用具等。

(3)新引进的猪应仔细检查,确定无虱才能合群饲养。

(4)对猪群进行定期驱虫消毒,对病猪及时治疗。

(5)治疗

①敌百虫,溶解在水中,配成1%～3%浓度喷洒猪体或洗擦患部。间隔10～14天再用一次,效果更好。敌百虫水溶液要现用现配,不宜久存。

②伊维菌素,猪每千克体重0.3毫克,皮下注射或浅层肌肉注射。

③双甲脒,国产双甲脒为12.5%乳油剂40毫升比例,喷洒猪体,现用现配,间隔10天左右再用一次。用于预防可每隔2～3个月喷洒一次。

213.怎样防治猪亚硝酸盐中毒?

【病因】 青菜类饲料(如白菜、卷心菜、萝卜叶、甜菜叶、野生青菜等)均含有一定量的硝酸盐和少量的亚硝酸盐,当长期堆积发生腐烂,或用火焖煮且长久焖在锅内贮存时,其中的硝酸盐大量转为毒性的亚硝酸盐,这些亚硝酸盐被猪吃食进入体内后,猪血液中氧合血红蛋白转变成高铁血蛋白,失去携氧能力,导致全身组织器官缺氧、呼吸中枢麻痹而死亡。

【临床症状】 患猪表现为食后10～30分钟突然发病,狂躁不安,有疼痛感,呕吐流涎,呼吸困难,心跳加快,走路摇摆乱撞、转圈。膜及腹部皮肤初期为灰白色,后变为青紫色,四肢及耳发凉,体温下降,倒地痉挛,口吐白沫,如不及时抢救,很快死亡。中毒轻者也可逐渐恢复。

【病理变化】 血液呈酱油色,凝固不良,胃内充满食物,胃肠黏膜呈现不同程度的充血、出血,肝、肾呈乌紫色,肺充血,气管和支气管黏膜充血、出血,管腔中充满带红色的泡沫状液,心外膜、心肌有出血斑点。严重病例,胃黏膜脱落或溃疡。

【诊断】 根据询问病史与临床上发病快、而且发病时间先后相差不大,死亡突然,尸检可见皮肤苍白或青灰色,血液呈紫黑色,即可作出诊断。若没有上述症状死去,可取胃内容物做亚硝酸盐测定。

【防治措施】

(1)饲料必须清洁、新鲜,堆放在通风的地方,经常翻动,不使其霉烂。

(2)不用发热霉烂的菜叶等喂猪,青饲料要鲜喂,切忌蒸煮加盖焖熟。

(3)如发病,尽快剪耳断尾放血,静脉或肌肉注射1%的美蓝溶液,每千克体重1毫克。口服或注射大剂量维生素C,静脉注射葡萄糖溶液。心脏衰弱进可注射樟脑咖啡因。

214.怎样防治猪氢氰酸中毒?

【病因】 高粱和玉米幼苗、亚麻叶、亚麻饼、桃、李、杏仁等均含有大量氰甙类物质,猪吃了含有大量氰甙类物质的饲料后,在体内经酶水解作用,这些氰甙类物质转化为剧毒的氢氰酸,使猪中毒。

【临床症状】 患猪表现为饱食后突然发病,呼吸困难,张嘴伸颈,瞳孔放大,流涎。腹部疼痛,起卧不安,有时呈坐势,有时旋转,呕吐。黏膜和皮肤青紫色,后期呈苍白色。四肢及耳发凉,剪耳和尾不流血或只流出少量血。最后昏迷、肌肉痉挛、窒息而死。中毒轻的可自然耐过。

【病理变化】 尸体不易腐败,血液鲜红色,凝固不良。胃内充满气体,含有未消化的饲料,并有氰氢酸的特殊臭味。胃肠黏膜和浆膜出血,肺水肿或充血。

【诊断】 根据患猪有多吃上述饲料的病史,而且发病后死亡快,血液呈鲜红色,胃内容物有氰氢酸的特殊气味,即可作出诊断。

【防治措施】

(1)用含有氰甙类物质的饲料喂猪时要限量,特别是再生的高粱、玉米等幼苗。

(2)如发病,可先应用1%硫酸铜50毫升或吐根酊1~5毫升,催吐后再用0.1%高锰酸钾溶液反复洗胃;静脉注射10%~20%硫代硫酸钠30~50毫升及5%维生素C2~10毫升;1%美蓝溶液,每千克体重1毫升,静脉注射。

215.怎样防治猪棉籽饼中毒?

【病因】 棉籽饼富含蛋白质,但同时也含有毒物质——棉籽毒素(已知有游离棉酚、棉酚紫、棉酚绿等)。棉籽毒素在畜体内排泄缓慢,有蓄积作用,一次大量喂给或长期饲喂时均可能引起中毒。妊娠母猪和仔猪对棉籽毒素特别敏感,哺乳母猪喂了大量未经处理的棉籽饼,不仅易引起哺乳母猪中毒,而且通过乳汁引起仔猪中毒。

【临床症状】 中毒较轻的患猪仅见食欲减退,下痢。重症患猪精神沉郁,食欲减退或废绝,粪便黑褐色,先便秘后腹泻,混有黏液和血液。皮肤颜色发绀,尤以耳尖、尾部明显。后肢软弱无力,走路摇晃,发抖。心跳、呼吸加快,鼻内有分泌物流出,结膜暗红,有黏性分泌物。肾炎,尿血。血红蛋白和红细胞减少,出现维生素A缺乏症,眼炎,夜盲症或双目失明,妊娠母猪发生流产。

【病理变化】 胃肠黏膜有卡他性或出血性炎症,肝充血肿大,肺充血水肿,肾肿大、出血,胸腹腔有红色透明的渗出液,全身淋巴结肿大。

【诊断】 根据患猪有多喂或长时间饲喂棉籽饼病史,以及患猪的临床症状和病理变化,进行综合分析,作出诊断。

【防治措施】

(1)用棉籽饼喂猪时,应限制每日喂量。成年猪饲粮中不超过5%,母猪每天不超过250克。妊娠母猪产前半个月停喂,产后半个月再喂。断奶仔猪每天喂量不超过100克。不应长期连续饲喂棉籽饼,一般可间断性饲喂,如喂半个月,停半月再喂。妊娠母猪、哺乳母猪及仔猪最好不喂给棉籽饼。

(2)加热减毒 榨油时最好能经过炒、蒸的过程,使游离的棉酚变为结合棉酚,以减轻棉酚的毒性。

(3)加铁去毒 据报道,用0.1%或0.2%的硫酸亚铁溶液浸泡棉籽,棉酚的破坏率可达到81.81%。

(4)若发现因棉籽饼中毒,必须立即停喂棉籽饼,改换其他饲料。治疗时,可用5%碳酸氢钠水洗胃或灌肠;胃肠炎不严重时,可内服盐类泻剂,如内服硫酸钠或硫酸镁25~50克;胃肠炎严重时,使用消炎剂、收敛剂,如内服磺胺脒5~10克、鞣酸蛋白2~5克;用安那加5~10毫升,皮下或肌肉注射;用5%葡萄糖盐水注射液300~500毫升,静脉或腹腔注射。

216.怎样防治猪菜籽饼中毒?

【病因】 菜籽饼是一种蛋白质饲料,但菜籽饼中含有芥子苷、苷子酸钾、苷子酶和苷子碱等成分,特别是其中的芥子苷在芥子酶作用下,可水解形成异硫酸丙烯酯或丙烯基芥子油等有毒成分。若不经处理,长期或大量饲喂可引起中毒。

【临床症状】 患猪表现为腹痛、腹泻,粪便带血,食欲减退或废绝,口吐白沫,有时出现呕吐现象,排尿次数增多,有时尿中有血。呼吸困难,咳嗽,鼻腔中流出泡沫样液体,结膜发绀。严重中毒时,精神极度沉郁,四肢无力,站立不稳,体温下降,耳尖和四肢末端发凉,瞳孔放大,心脏衰弱,最后虚脱而死。

【病理变化】 肠黏膜充血或点状出血,胃内有少量凝血块,肾出血,肝混浊肿胀。心内外膜有点状出血。肺水肿、气肿。血液如漆样,凝固不良。

【诊断】 根据患猪有多喂或长时间饲喂菜籽饼病史,以及患猪的临床症状和病理变化,进行综合分析,作出诊断。

【防治措施】

(1)菜籽饼喂猪要限制用量,一般应占饲粮含量5%以下。

(2)配合猪的饲粮时,不要单独使用菜籽饼,应与其他类蛋白质饲料进行搭配。

(3)要进行脱毒处理

①坑埋脱毒法:选择向阳、干燥、地温较高的地方挖一约1立方米的土坑(按菜籽饼的数量决定坑的大小),将菜籽饼用一定数量的水(1:1水量效果最好)浸透泡软后埋入坑内,顶部和底部盖一薄层麦草,盖土20厘米,2个月取出使用,平均脱毒率为85%左右。

②发酵中和法:在发酵池或缸中放入清洁的40℃温水,然后将碎菜籽饼投入发酵。饼与水的比例为1:3.5~4,温度以38~40℃为宜,每隔2小时搅拌一次,经16小时左右,pH值达3.8后,继续发酵6~8小时,充分滤去发酵水,再加清水至原有量,搅拌均匀,后加碱中和。中和时,碱液浓度要适宜。在不断搅拌下,分次喷入,中和到pH值保持7~8不再下降为止。沉淀2小时,滤去废液,湿饼即可作饲料。如长期保存,还须进行干燥处理。本法去毒效果可达90%以上。

(4)若发现菜籽饼中毒,必须立即停喂菜籽饼,改喂其他蛋白质饲料。治疗时用0.5%~1%鞣酸洗胃,内服蛋清、牛奶豆浆等,肌肉注射10%安那加5~10毫升。

217．怎样防治猪马铃薯中毒？

【病因】 马铃薯的幼嫩茎、叶、外皮及幼芽中均有毒素(龙葵素)，并在绿色部分还含有硝酸盐类，能形成亚硝酸盐，若猪食入过量，即可引起中毒。

【临床症状】 患猪轻度中毒时，有下痢、口腔黏膜炎、皮疹等症状，严重中毒时四脚无力，步态摇摆或倒地，肌肉痉挛，流涎，呕吐，体温正常或稍低，母猪发生流产，通常在1～2日内死亡。

【病理变化】 胃肠黏膜潮红、出血，腹腔内有暗红色的腹水。肝肿大，呈暗黄色。胆囊肿大，肾肿胀质软，肺、脾有肿大。

【诊断】 根据患猪有多喂马铃薯病史，以及患猪的临床症状和病理变化，进行综合分析，作出诊断。

【防治措施】

(1)用马铃薯喂猪时，用量不宜过多，应与其他饲料搭配，最好与其他青饲料混合青贮后再喂。

(2)发芽马铃薯应除去幼芽再喂，若带芽喂，必须经高温煮熟后，将水撇去再喂。

(3)若发现马铃薯中毒，必须立即停喂马铃薯。治疗时先用催吐剂如1%硫酸酮20～50毫升灌服，再用盐类泻剂或液体石蜡，另外配合补糖、补液。出现神经症状可用2.5%盐酸氯丙嗪1～2毫升，肌肉注射。

218．怎样防治猪酒糟中毒？

【病因】 酒糟是养猪的常用饲料，但酒糟中含有酒精，而且保存过久易发酵腐败产生多种有毒的游离酸和杂醇油，若长期喂饲或一次饲喂过量，均可能引起中毒。

【临床症状】 患猪慢性中毒时，主要表现出消化不良、皮炎、血尿等症状，妊娠母猪多有流产。急性中毒时，主要表现兴奋不安,黏膜潮红,气喘,心跳加快,行走摇摆不稳,逐渐失去知觉,常有皮疹,最后体温下降,虚脱而死。

【病理变化】 肺水肿、充血,胃肠黏膜充血,肝脏肿胀、质脆。

【诊断】 根据患猪有多喂或长时间饲喂酒糟病史,以及患猪的临床症状和病理变化,进行综合分析,作出诊断。

【防治措施】

(1)必须用新鲜酒糟喂猪,并且要限量,最好和青饲料搭配混喂,新鲜酒糟在饲粮中所占的比例宜为20%~30%以内,干酒糟占10%左右。

(2)妊娠母猪、泌乳母猪和种公猪最好不喂酒糟,以防流产、死胎、弱胎及精子畸形等。

(3)发现酒糟中毒后要立即停止喂饲。治疗时,用5%碳酸氢钠溶液300~500毫升内服;用5%碳酸钠注射液70~90毫升,静脉注射;对兴奋不安的患猪,可肌肉注射盐酸氯丙嗪注射液,剂量为每千克体重2毫克。

219.怎样防治猪霉败饲料中毒?

【病因】 饲料保管和贮存不善,如淋雨、水泡、潮湿,加工调制不当等,给霉菌和腐败菌创造了生长繁殖条件,使饲料发霉、腐败变质,产生大量有毒物质,如蛋白质的分解产物和细菌毒素(黄曲霉素、赤霉菌毒素、棕曲霉毒素、黄绿青霉素等)等。当猪采食霉败变质饲料后,很快就会引起急性中毒。若长期少量喂饲这种饲料,也会引起慢性中毒。

【临床症状】 猪中毒后,初期表现为精神不振,食欲减退,结膜潮红,鼻镜干燥,磨牙,流涎,有时发生呕吐,便秘,排便干而少,后肢行走不稳。病情继续发展,食欲废绝,吞咽困难,腹痛拉稀,粪便腥臭,常带有黏液和血液。最后病情发展更严重时,病猪卧地不起,失去知觉,呈昏迷状态,心跳加快,呼吸困难,全身痉挛,腹下皮肤出现红紫斑。病初体温升高到40~41℃,病后期体温下降。慢性中毒时,表现为食欲减退,消化不良,猪体日益消瘦。妊娠母猪常引起流产,哺乳母猪乳汁减少或无乳。

【病理变化】 胃黏膜发红有出血斑,胃壁肿胀,肠系膜呈姜黄色。心外膜有出血点,心内膜有多量出血。膀胱黏膜充血或出血,肺有不同程度水肿,肝肿大呈黄色。

【诊断】 发现可疑病例,应详细了解病史,并对现场饲料样品进行检查,作出初步诊断。确诊要进行饲料中各种毒素的测定和细菌培养。

【防治措施】

(1)要禁止用霉败变质饲料喂猪,若饲料发霉较轻而没有腐败变质,经暴晒、加热处理等,可以限量喂给。

(2)发现中毒后,要立即停喂霉败饲料,改喂其他饲料,尤其是多喂些青绿多汁饲料。治疗时可采取排毒、强心补液、对症治疗胃肠炎等措施,如用硫酸钠或硫酸镁30~50克,一次加水内服;用10%~25%葡萄糖溶液200~400毫升、维生素C10~20毫升、10%安那加5~10毫升,混合一次静脉或腹腔注射;用氯霉素按每千克体重0.01~0.03克,肌肉注射,每日1~2次;磺胺脒1~5克,加水内服,每日2次。

220.怎样防治猪食盐中毒?

【病因】 食盐是猪体不可缺少的营养物质,适量的食盐能增进食欲,促进生长,但过量喂给可引起中毒,甚至造成死亡。食盐中毒主要是由于突然喂了大量食盐,或大量饲喂含盐量很高的酱油渣、咸鱼粉、盐腌物质、咸菜水等,加之饮水不足而造成的。猪对食盐比较敏感,尤其是仔猪更敏感,食盐对猪的中毒致死量为125~250克,平均每千克体重3.7克。如果猪每天按每千克体重摄取2克食盐,在限制饮水条件下,2~3天后就会出现中毒症状。

【临床症状】 患猪表现为精神不振,食欲减退或废绝,流涎,呕吐,极度口渴,结膜潮红,腹痛,便秘或下痢,便中带血。神经机能紊乱,前冲后退,有时转圈,呼吸困难,瞳孔放大,结膜潮红,抽搐,心脏衰弱,卧地不起,最后昏迷而死亡。

【病理变化】 尸僵不全,血液凝固不全,胃黏膜充血、出血,有的出现溃疡。肝肿大、郁血,胆囊肿大,胆汁淡黄。脑脊髓呈现不同程度充血、水肿,急性病例的脑膜和大脑实质(特别是皮质)最为明显。

【诊断】 根据患畜采食过量食盐或限制饮水的病史,有突出神经症状但无体温反应等特点,以及脑组织出现水肿、充血,胃肠道黏膜炎症,即可作出初步诊断。确诊需进行血钠和组织(肝、脑)中钠离子含量的测定。

【防治措施】

(1)要严格掌握每头猪每天食盐喂量,大猪15克,中猪10克,小猪5克左右。利用酱油渣、鱼粉等含食盐较多的饲料喂猪时,应与其他饲料合理搭配,一般不能超过饲料总量的10%,并注意每天随时饮足量的水。

(2)发现猪食盐中毒后,就立即停喂含盐过多的饲料。这时病猪表现极度口渴,可供给大量清水或糖水,促进排盐和解毒;利用硫酸钠30~50克或油类泻剂100~200毫升,加水一次内服;用10%安那加5~10毫升、0.5%樟脑水10~20毫升,皮下或肌肉注射,以强心利尿排毒。

221.怎样防治猪痢特灵中毒?

【病因】 痢特灵是一种广谱抗菌药物,常用于仔猪白痢等腹泻病的治疗,但用量过大或用药时间过长,容易引起猪痢特灵中毒。

【临床症状】 患猪表现精神沉郁,口吐白沫,发出尖叫声。运动失调,后肢无力,步态蹒跚。有的卧地不起,呈犬坐式。角弓反张,四肢划动,似游泳状。后期体温下降,瞳孔散大,抽搐死亡。

【病理变化】 肠黏膜有卡他性炎症,出血,淋巴结肿大,肾肿大,肾盂内有淡黄色结晶沉淀物。

【诊断】 根据患猪过量或长时间服用痢特灵的病史,以及患猪的临床症状和病理变化,进行综合分析,作出诊断。

【防治措施】

(1)使用痢特灵时,必须严格控制剂量和疗程,日服量按每千克体重10毫克以内,3～5天为一疗程。

(2)一旦出现中毒,立即停药进行治疗,可用1%硫酸铜100毫升内服,催吐;用0.05%高锰酸钾溶液反复洗胃;用硫酸钠或硫酸镁按每千克体重1克,加水适量,内服,促使痢特灵下泻;用5%葡萄糖盐水注射液100毫升,维生素B_1和维生素C各2毫升,静脉或腹腔注射,每日2次,连用2天,以补液解毒。

222.怎样防治猪磺胺类药物中毒?

【病因】 磺胺类药物为临床上常用药物之一,如果用量过多或用法不当,就会引起中毒。

【临床症状】 患猪表现精神不振,食欲减退或不食,体温正常或略高,被毛粗乱,喜卧,皮肤有的部分呈紫红色。有的腹泻,排出灰黄色稀便,痉挛,后肢无力。本病突出症状是病猪后肢跛行或拖拉后肢行走,重症者多卧地不起。

【病理变化】 皮下有少量淡黄色液体,皮下与骨骼肌有不同程度的出血斑。淋巴结肿大,呈暗红色,切面多汁。小肠有卡他性炎症,盲结肠黏膜有小块状出血斑,肾肿大,呈淡土黄色,肾盂内有黄白色磺胺结晶沉积物。

【诊断】 根据患猪过量或长时间服用磺胺类药物的病史,以及患猪的临床症状和病理变化,进行综合分析,作出诊断。

【防治措施】

(1)使用磺胺类药物时,必须严格控制剂量和疗程,一般3～5天为一疗程。

(2)一旦出现中毒,立即停药进行治疗,可用1%硫酸铜100毫升内服,催吐;用0.05%高锰酸钾溶液反复洗胃;用硫酸钠或硫酸镁按每千克体重1克,加水适量,内服,促使磺胺类药下泻;用5%葡萄糖盐水注射液100毫升,维生素B_1和维生素C各2毫升,静脉或腹腔注射,每日2次,连用2天,以补液解毒。

223. 怎样防治猪有机磷制剂中毒?

【病因】 猪误食被有机磷杀虫剂污染的农作物(如蔬菜、庄稼苗、树叶及田地边青草等)或毒饵,用驱虫药驱除猪体内外寄生虫而用药不当等,均可引起猪有机磷中毒。常见引起猪中毒的有机磷制剂有1605、1059、敌百虫、敌敌畏、乐果、马拉硫磷等。

【临床症状】 猪中毒后0.5～4小时出现症状,轻度中毒时,全身无力,流泪,吐清水,精神沉郁,肌肉发抖,卧地不起。严重中毒后,初期骚动不安,呕吐,腹泻,大出汗,口吐白沫,呼吸困难;后期瞳孔缩小,视觉模糊,神志不清,大小便失禁,如不及时抢救,死亡率极高。

【病理变化】 胃肠黏膜呈弥漫性出血,胃黏膜易脱落,胃内容物有大蒜味(经口中毒)。肺水肿,气管及支气管内有大量泡沫样液体。肝、肾肿大,心外膜有出血点。

【诊断】 根据患猪有与有机磷的接触史,临床上有瞳孔缩小、腹泻、肌肉震颤等症状,采用阿托品、解磷定等治疗有效,即可作出诊断。

【防治措施】

(1)凡喷过有机磷农药的农作物和蔬菜,在一个半月内不能喂猪。

(2)妥善放置毒饵(如毒鼠用的磷化锌等),防止猪误食。

(3)应用敌百虫驱虫时,应按猪体重、强弱准确计算药量。

(4)治疗。发现中毒后,立即阻断与毒物接触,若是从皮肤涂药引起,则应用清水冲洗。常用解毒药如下:

①阿托品,每头0.002~0.01克,皮下注射,用量应根据个体大小与中毒轻重酌情增减。注射后注意观察瞳孔变化,在第一次注射后20分钟左右,如无明显好转,再重复注射一次,直到瞳孔扩大、其他症状消失为止。本药通常用于中毒中期。

②解磷定,可按每千克体重0.02~0.05克计算,溶于葡萄糖溶液或生理盐水100毫升,静脉或腹腔注射。给药剂量与次数同阿托品一样酌情增减。

③双复磷,按每千克体重0.04~0.06克计算,用盐水溶解后,可供皮下、肌肉、静脉注射。

对于严重病例,可配合高渗葡萄糖等辅助疗法,有助于消除水肿。

224.怎样防治猪有机氯制剂中毒?

【病因】 许多农药杀虫剂中含有有机氯,如"六六六"、滴滴涕等,猪误食被有机氯杀虫剂污染的农作物(如蔬菜、庄稼苗、树叶及田地边青草等)或用这些农药驱虱时浓度过高,均可引起猪有机氯中毒。

【临床症状】 急性中毒时,患猪表现全身颤抖,兴奋不安,后肢麻痹,口流白沫,有时呕吐、不食、下痢等。重者卧地昏迷,最后因心脏衰竭而死亡。慢性中毒时,患猪表现食欲减退,呕吐,全身无力,行走不稳,经过治疗,一般经2~3天后会康复。

【病理变化】 胃底充血,在幽门附近更为严重,大小肠呈紫蓝色,肠系膜淋巴结肿大,呈青黑色,肺充血,肝肿大瘀血、坏死。

【诊断】 根据患猪有与有机氯农药接触史,结合临床症状和病理变化,进行综合分析,即可作出诊断。

【防治措施】

(1)立即停喂可能已被污染的饲料和饮水。

(2)皮肤中毒时可用温水或肥皂水清洗。

(3)猪误食中毒时,用1%~2%小苏打水或生理盐水洗胃。把胃内溶物排出后,灌服盐类泻剂,如硫酸钠50~80克、木炭末20克,一次内服。禁用油类泻剂和肾上腺素,以免增加毒物吸收速度,使猪中毒更深。

(4)镇静剂可用2.5%盐酸氯丙嗪注射液50~100毫克,肌肉注射;或水合氯醛3~6克,加适量水,一次内服。

(5)保肝解毒,可用10%~25%葡萄糖溶液200~500毫升,维生素C 0.2~0.5克,一次静脉注射。

(6)强心剂可用10%安那加注射液5~10毫升,肌肉注射。

(7)白糖100克,鸡蛋5个,胃管内服。

225. 怎样防治猪磷化锌中毒?

【病因】 磷化锌为毒鼠药,猪有时误食了含有磷化锌的毒饵而中毒。

【临床症状】 患猪食欲显著减退,出现呕吐、腹痛。呕吐物有蒜臭味,腹泻,粪便带有灰黄色并混有血液,呕吐物与粪便在阴暗处呈现荧光。黏膜黄染,尿色淡黄,中毒严重者可很快死亡。一般在2~3天可能出现皮肤出血和血尿,最后昏迷、惊厥而死。

【病理变化】 胃内容物有蒜臭味,在阴暗处观看可见荧光。胃肠道充血、出血,肠黏膜有脱落。肾与肝瘀血,混浊肿胀。肺间质水肿,气管内充满泡沫状液体。

【诊断】 根据患猪可能有与磷化锌接触史,结合临床症状和病理变化,尤其是患猪呕吐物和粪便在阴暗处可见荧光,进行综合分析,即可作出诊断。

【防治措施】

(1)加强磷化锌毒饵的保管,毒饵最好在晚上撒放在猪圈附近,圈门关好,白天要将残余的毒饵清除。另外,撒放毒饵后,要经常进行检查,随时清除被毒死的老鼠,防止猪吃到死鼠,以免中毒。

(2)目前无特殊解毒药,早期发现可灌服0.2%～0.5%硫酸铜10～20毫升,促其呕吐,与此同时要补糖、补液。

226.怎样防治猪汞制剂中毒?

【病因】 猪误食洒有西力生、赛力散等农药的作物、青饲料,或在医药上撒利汞、黄降汞等使用不当而引起中毒。

【临床症状】 急性中毒有明显的衰竭、呕吐、下痢、腹痛等胃肠炎症状。1～2天后出现口膜炎和急性肾炎症状,常因休克而死亡。一般症状为食欲不振,衰竭,站立行走不稳,卧地不起,四肢划动,体温正常或低于常温,最后出现昏迷状态,多死于肾脏受损而引起的尿毒症。

【病理变化】 急性中毒出现胃肠黏膜出血或瘀血、黏膜坏死等胃肠炎病变,肾脏有轻度肿胀,被膜紧张易剥离,切面上呈灰白色半透明的小颗粒隆起。

【诊断】 根据患猪可能有与汞制剂接触史,结合临床症状和病理变化,可作出初步诊断。确诊必须采集尿液和胃肠内容物、肝、肾等组织,送有关单位进行测定。

【防治措施】

(1)加强对农药保管和使用的管理,防止猪误食喷洒汞制剂的作物和种子,以免引起中毒。

(2)治疗

①内服硫化钾0.5～2克,或静脉注射20%硫代硫酸钠30～50毫升。禁用食盐。

②肌肉注射二硫酸基丙醇,每千克体重5毫克,前3天每6小

时一次,3 天后每 12 小时一次,7 天为一疗程。

③内服鸡蛋白、淀粉浆等。

227. 怎样防治猪砷化物中毒?

【病因】 猪误食洒有砒酸铝、砒酸钠等农作物、青饲料而引起中毒。

【临床症状】 患猪咽喉食道烧灼,腹痛,呕吐,口渴,腹泻,黏膜及皮肤发绀,神经症状表现衰弱、痉挛,后肢麻痹和呼吸中枢发生麻痹。

【病理变化】 胃肠黏膜有出血性炎症,肝、脾、肾脂肪变性,胸膜及心外膜出血。

【诊断】 根据患猪可能有与砷化物接触史,尸体经久不腐,可作出初步诊断。最后确诊应取呕吐物或胃内容物作毒物分析。

【防治措施】

(1)加强对农药保管和使用的管理,防止猪误食喷砷化物的作物,以免引起中毒。

(2)治疗 急性中毒应用 2% 氧化镁反复洗胃,肌肉注射二巯基丙醇和二巯基丙磺酸钠,另外可采取对症疗法。

228. 怎样防治猪铅中毒?

【病因】 长期应用铅制饲槽与饮水器,猪误食铅粉、某些工厂(涂料厂、油布厂、电池厂)等排出废渣、废水、污染牧地和农田,猪长期吃被污染的牧草及蔬菜等发生中毒。

【临床症状】 急性中毒时,病猪呕吐,腹泻,流口水,大便干结,呈灰白色带有血液,步态失调,特别是后肢,有时拖地而行,直至虚脱死亡。有些病猪在腹部与耳部皮肤有暗紫色斑,在背阴处观察,斑块似铅笔画的一样。慢性病猪可见齿龈有蓝色铅线(硫化铅)沉着,一般病程为 2 周左右,最终死亡。

【病理变化】 急性中毒呈现糜烂性胃肠炎,黏膜发红,有溃疡和痂块,绒毛呈灰白色或黑色,脑室、脑膜有浆液滞留。

【诊断】 根据患猪可能有与铅化物接触史,临床上有齿龈上呈现蓝色铅线等特征性症状,并结合剖检变化,即可作出诊断。

【防治措施】

(1)改散养猪为圈养,防止猪吃到被污染的饲料。

(2)中毒后,可用衣他地酸钙钠,配成20%溶液,静脉注射10~20毫升,速度要慢,疗效很好。另外可口服硫酸钠(镁)、蛋清、牛奶来减少肠道对毒物的吸收。

229.怎样防治猪锌中毒?

【病因】 用硫酸锌作为饲料添加剂或治疗角化不全症时,用锌量过大而引起中毒。

【临床症状】 患猪食欲减退,口吐白沫,呕吐,精神呆滞,腹泻,消瘦,肩关节肿大,步态僵硬。

【病理变化】 可见肺充血,胃肠炎,肠内有水样稀粪。

【诊断】 根据患猪病史,结合临床症状和病理变化进行综合分析,即可作出诊断。

【防治措施】

(1)使用硫酸锌作饲料添加剂或用于治疗时,要准确掌握剂量。

(2)中毒后,可用碳酸钙3~5克,作为解毒药,也可用其他碳酸盐类。

230.怎样防治猪铜中毒?

【病因】 硫酸铜常作为饲料添加剂或用来防治植物病虫害等,猪吃了含有多量铜的饲料和植物,可以引起中毒。

【临床症状】 病初体温与食欲无变化,发生渐进性消瘦,步态强拘,尿量少且带血,随后排尿减少,便秘,体温上升,皮肤变黄,肌肉震颤,腹痛,后肢麻痹,最后虚脱而死。

【病理变化】 可见全身性黄疸。

【诊断】 根据患猪病史,临床上少尿且带血,黄疸,可作出初步诊断。通过肝组织作毒物分析,能予确诊。

【防治措施】

(1)硫酸铜 作添加剂要掌握剂量,喷过硫酸铜的植物应清洗后再喂。

(2)中毒后,可口服葡萄糖、铁剂、硫磺,或用生物炭(动物烧成炭末)连同黏性饮料口服。病初,可用 $0.2\% \sim 0.3\%$ 亚铁氰化钾溶液洗胃。

231.怎样防治初生仔猪贫血症?

【病因】 主要由于缺乏铁、铜、钴等微量元素,尤其是缺乏铁元素所造成的。仔猪出生后生长速度非常快,生后 4 周体重可以增长 7 倍,每天需要营养铁 10 毫克左右。但从母乳中获得的铁是微乎其微的,再动用肝脾中贮存的少量铁仍不能满足生长的需要。因此,这时容易发生缺铁性贫血。仔猪吃到饲料后,可以从饲料中获得足够的铁,此后就不容易发病。

【临床症状】 患病仔猪一般外表肥壮,但精神委顿,心搏亢进,呼吸增快、气喘,在运动后更为明显,眼结膜、鼻端及四肢的颜色苍白,常可出现突然死亡,或由于并发肺炎而死亡。当病程进一步发展,患猪精神更加委顿,被毛粗乱,眼结膜苍白,往往有轻度黄疸现象,有的发生下痢,对这样的仔猪进行治疗,常不见效果,即使不死,将来生长速度明显慢于健康猪。

【病理变化】 血液稀薄如红墨水样,肌肉变色,胸腹腔内常有积液。心脏扩张,质松软,肝肿大。

【诊断】 根据仔猪发病日龄、症状及剖检变化容易作出诊断。

当有怀疑时可进行血色素检查。

【防治措施】

(1)预防仔猪缺铁性贫血,关键是给仔猪补铁,生后几小时内给仔猪投服铁的化合物以满足需要。用硫酸亚铁2.5克、硫酸铜1克、氯化钴0.2克,溶于1 000毫升水中,用纱布滤过,装入瓶中,待猪吃奶时,用干净棉花蘸液刷在母猪的乳头上,让仔猪吃奶时吸入,也可供仔猪饮用。

(2)用肌肉注射的方式补铁,对3日龄的仔猪肌肉注射右旋糖酐铁钴注射液2毫升,一般一次即可,必要时隔周再注射一次。

232.怎样防治猪的佝偻病与软骨病?

佝偻病常发生于生长迅速的幼龄猪,软骨病多见于妊娠后期和过多泌乳的母猪。

【病因】 饲料中钙和磷缺乏,或二者比例失调或维生素D缺乏又日光照射不足时,幼龄猪发生佝偻病,成年猪形成软骨病。此外,猪的胃肠道疾病、寄生虫病、先天发育不良、饲粮中蛋白质饲料过多,均会诱发本病。

【临床症状】 先天性佝偻病仔猪生下来即见颜面骨肿大,硬腭突出,四肢肿大,行走时关节不能屈曲。后天性则病程进展缓慢,患猪喜食泥土,啃咬饲槽、墙壁等,食欲减退,被毛粗乱,生长不良;继而喜卧、厌动,发生跛行,步样强拘,行走困难,强行运动时,步态蹒跚,有时出现低钙性抽搐,突然倒地等症状。病情严重时,骨骼变形,关节部位肿胀、肥厚,有的不能站立,胸廓两侧扁平狭小。

成年猪患骨软病时表现行动强拘,后躯麻痹,跛行,自发性股骨、腰椎、骨盆骨等骨折。

【诊断】 根据患猪骨骼变形、跛行等症状即可作出初步诊断。必要时进行骨骼穿刺,穿刺部位在两眼角连线中点稍偏下缘处,用纳鞋底的锥子代用易穿入,骨质硬度降低即可确诊。

【防治措施】

(1)改善仔猪、妊娠及哺乳母猪的饲养管理,给予含钙、磷充足且比例合适的饲料,饲料中可补加鱼肝油或经紫外线照射的酵母。

(2)加强运动和放牧,保持猪舍光线充足、通风、温暖、干燥,有条件时冬季可用紫外线照射,每天1次,时间约15~20分钟,距离约1~1.5米。

(3)治疗

①维生素D制剂注射液,每头1~2毫升,肌肉注射,每日1次,连用5~7天。

②浓缩维生素AD,每头0.5~1毫升,拌入饲料中喂服,每日1次,连用数天。

③骨化醇胶性钙,每头1~2毫升,肌肉注射。

钙磷制剂的补充与维生素D同时进行。饲料中可补加骨粉、鱼粉、甘油磷酸钙等,同时要适当运动和照射阳光。

233.怎样防治猪白肌病?

【病因】 猪白肌病的发生原因比较复杂,主要与缺乏维生素E和微量元素硒以及运动不足有关,本病主要发生20日龄以内的仔猪,30~60千克体重生长比较快的猪也多发。本病的发生有一定的地区性,我国东北地区比较严重。

【临床症状】 患猪一般营养较好,精神、食欲、体温正常,随着病情发展而出现不愿走动,心跳加快。再进一步发展,则出现腿硬拱背,走路摇晃,前腿跪下,最后呼吸困难,心脏衰竭而死。

【病理变化】 剖检病死猪可发现皮肤发白,结膜苍白水肿。肌肉像水煮过一样,横切面有灰白色坏死灶。肝脏瘀血、肿胀、质脆,有的病例有坏死或出血。

【诊断】 本病多发于青饲料缺乏时,根据临床症状和病理变化,特别是用硒和维生素 E 进行治疗效果的验证不难诊断。

【防治措施】

(1)在本病发生地区,应注意在猪饲粮中添加维生素 E 制剂和亚硒酸钠。

(2)对病猪可注射维生素 E 注射液 2~3 毫升(每毫升含维生素 E 5 毫克),连用 3 天,同时皮下注射 0.1%亚硒酸钠注射液 1~3 毫升。

234. 怎样防治猪皮肤角化不全症?

【病因】 主要由于饲料中缺乏微量元素锌而造成的。有时饲料中并不缺少锌,但由于钙的含量多而影响锌的吸收。本病一般发生于长期单纯用干粉料饲喂的猪只。

【临床症状】 病初两耳有灰黄色鳞屑,大耳朵猪易见耳的边缘向上内卷,随后被毛粗乱且焦黄,皮肤粗硬而干裂。有症状的皮肤上出现小红斑,上覆鳞屑,随后全身或局部皮肤干燥变厚,弹力减退,尤以眼睑、颈部、腹下、腹侧、四肢、内股等处比较明显,并常呈两侧对称。在皮肤表面逐渐覆盖一层灰白色、污秽色似石棉状物质,同时由于活动牵动关系,局部常呈现皱褶之间颜色鲜红。一般无痒感,但也有例外。有时因搔擦而发生破溃,如感染了化脓菌则可引起局部糜烂。轻症病猪体温、食欲均无明显异常,重症病猪可见食欲减退,生长发育迟缓。

【诊断】 根据患猪耳的边缘内卷、皮肤开裂即可作出诊断。本病应注意与疥螨病、渗出性皮炎相区别。

【防治措施】

(1)在饲粮中注意添加硫酸锌、碳酸锌等含锌添加剂,并适当限制钙的给量,使钙锌维持在 100∶1。

(2)哺乳仔猪发病可在母猪饲粮中加硫酸锌 0.5~1 克/千克,一般在服药后 2~3 天就显疗效。皮肤开裂严重的,可外涂氧化锌软膏。

235. 怎样防治猪维生素 A 缺乏症？

【病因】 原发性维生素 A 缺乏症主要见于饲料中胡萝卜素或维生素 A 含量不足；饲料加工不当，使其氧化破坏；饲料中磷酸盐、亚硝酸盐含量过高，中性脂肪和蛋白质含量不足，影响维生素 A 在体内的转化吸收；机体由于泌乳、生长过快等原因需要量增加。继发性缺乏症主要见于慢性消化不良和肝脏疾病（引起胆汁生成减少和排泄障碍，影响维生素 A 的吸收）以及某些热性病、传染病等。哺乳仔猪维生素 A 缺乏则与母乳质量有关。

【临床症状】 仔猪发病后典型症状是皮肤粗糙、皮屑增多、咳嗽、下痢、生长发育迟缓。严重病例，表现运动失调，多为步态摇摆，随后失控，最终后肢瘫痪。有的猪还表现行走僵直、脊柱前凸、痉挛和极度不安。在后期发生夜盲症、视力减弱和干眼。妊娠母猪常出现流产和死胎，所生仔猪瞎眼或眼畸形，全身水肿，体质衰弱，易患病和死亡。公猪性欲下降或精子活力低以及排死精子。

【病理变化】 无特征性变化，主要变化是胃肠道炎症和黏膜增厚。也可见心、肺、肝、肾充血。

【诊断】 根据长期不喂青绿饲料等有关病史，临床上出现神经症状、夜盲症和皮肤粗糙，公母猪性机能异常，即可作出初步诊断。本病应与食盐中毒、硒缺乏症、李氏杆菌病、猪瘟等相鉴别。

【防治措施】

(1) 保证饲料中含有充足的维生素 A 或胡萝卜素及玉米黄素，消除影响维生素 A 吸收、利用的不利因素。

(2) 做好饲料的收割、加工、调制和保管工作，如谷物饲料贮藏时间不宜过长，配合饲料要及时饲喂。

(3) 发病后，可肌肉注射维生素 AD 2～5 毫升，隔日 1 次。吃食猪可每日将 10～15 升鱼肝油拌入饲料中。尚未吃食的猪可灌服鱼肝油2~5毫升,每日2次。对眼部、呼吸道和消化道的炎症应对症治疗。

236.怎样防治猪维生素B缺乏症?

【病因】 维生素B缺乏症是由B族维生素缺乏引起的多种疾病的总称。维生素B来源广泛,在青饲料、酵母、麸皮、米糠及发芽的种子中含量较高,只有玉米中缺乏烟酸,但B族维生素易于在水中丧失,很少或几乎不能在体中贮存,因此,饲粮中短期缺乏或不足就足以影响动物的健康。

【临床症状】

(1)硫胺素(维生素B_1)缺乏症 硫胺素缺乏时,病猪食欲显著下降,呕吐,腹泻,生长不良,皮肤和黏膜发绀,可突然死亡。

(2)核黄素(维生素B_2)缺乏症 患猪发病初期表现生长缓慢,消化机能紊乱,患白内障,皮肤粗、干变薄,继而发生红斑疹及磷屑性皮炎,局部脱毛、溃疡、脓肿等。这些病变主要见于鼻和耳后、背中线及其附近、腹股沟区、腹部及蹄冠部等处。母猪还可引起繁殖及泌乳性能不良。

(3)泛酸(维生素B_3)缺乏症 患猪食欲不振,生长发育不良,被毛脱落,运动失调,拉稀,咳嗽。母猪表现繁殖和泌乳性能降低。病理剖检时可见结肠充血、水肿和发炎。

(4)维生素B_6(吡哆素)缺乏症 患猪生长停滞,腹泻,严重的红细胞低色素性贫血,抽搐,运动失调以及肝脂肪浸润。在癫痫型抽搐之前,猪常表现激动和神经质。

(5)生物素(维生素H)缺乏症 患猪表现为脱毛,患皮肤病,皮肤溃疡,后腿痉挛,蹄横向开裂、出血及口腔黏膜炎症等。

(6)烟酸(维生素PP)缺乏症 患猪食欲消失,消瘦,严重腹泻,患皮炎,神经紊乱,贫血。

【诊断】 在了解使用过的饲料基础上,结合临床症状,用药物试治,可以作出判断。

【防治措施】 在饲粮配合时,注意充分供应富含维生素B的糠麸及青绿饲料,在治疗病猪时,应添加维生素B或增加糠麸及青绿饲料。

237. 怎样防治猪的胃肠卡他?

猪的胃肠卡他,是指其胃肠黏膜表层性炎症。主要特征为消化不良。

【病因】 原发性胃肠卡他引发原因有突然更换饲料,在寒冷季节原来喂温食而突然改喂凉食;饲料不洁或粗纤维过多;吃食过饱;饲料变质等等。继发性的因素很多,如寄生虫病、一些传染病、饲料中毒、代谢性疾病、外科病等。

【临床症状】 患猪食欲减退,口腔发臭,有程度不同的舌苔,呕吐。粪便干燥,附有黏液。也有腹泻的,并混有消化不全的饲料。有渴感,尿少色黄。

【诊断】 主要根据饲养管理条件和临床症状进行综合判定。

【防治措施】

(1) 要注意饲养管理,不喂霉烂变质饲料。

(2) 病猪应限制喂料,多给清洁饮水。病初可给予泻剂以清理胃肠。

(3) 发病后,应注意清除病因。属原发性的,一般只要清除病因,则不治而愈。例如,因突然更换饲料引起的,只要加强饲养管理即可逐渐恢复。过饱的,实施饥饿疗法,很快即可痊愈。属于继发性的,原发性病因去除后,胃肠卡他就会好转,如细菌性原因引起的胃肠卡他,口服庆大霉素、氟哌酸等即可治愈。个别病例,若粪便干燥,可用硫酸钠(镁),每千克体重1克量。腹泻猪可用呋喃唑酮、黄连素0.2~0.5克等肠道消炎剂。

238.怎样防治猪的胃肠炎?

猪的胃肠炎,是指胃肠黏膜及其深层组织的炎症变化。

【病因】 无论是原发性的或继发性的,都与胃肠卡他类同,主要是病势比较剧烈。主要病因是喂给腐败变质、发霉、不洁净的饲料和饮水、冰冻饲料,误食有毒物质等,此外,冬季受寒、猪瘟等也能引发胃肠炎。

【临床症状】 突然出现剧烈而持续性腹泻,排出物呈水样,有时带有假膜、血液或脓性物,味恶臭。食欲减退或废绝,渴感严重,并伴有呕吐,有时呕吐物中带有血液或胆汁。精神沉郁,喜卧,间或发生急性腹痛而表现不安。体温通常升高至40~41℃。耳尖及四肢末梢有冷感,鼻盘干燥,可视黏膜发红,呼吸加快,皮温不均。重症时,肛门失禁,呈里急后重现象。随着病情的发展,患猪眼窝下陷,呈失水状。四肢无力,最后起立困难,呼吸、心跳加快而微弱,肌肉震颤,体温下降,随后全身衰竭而死。病情重者1~3天死亡,较轻者可延至1周左右。

由中毒引起的胃肠炎,体温往往正常,有腹痛症状而不一定发生腹泻,严重者食欲消失,随后四肢无力,约经1~3天全身痉挛而死。

【防治措施】

(1)加强饲养管理,防止喂给有毒食物及腐败发霉饲料,注意饮水清洁,定期做好肠道寄生虫的驱虫工作,在冬季应做好棚舍通风保温工作,以防感冒。

(2)一旦发生胃肠炎要及时进行治疗。抑菌消炎是根本,可用黄连素、庆大霉素、氯霉素(每千克体重0.2~0.5克)、氟哌酸(每千克体重0.2~0.4克)等口服。用人工盐、石蜡油等缓泻,用木炭末或硅炭银片等止泻。脱水、自体中毒、心力衰竭等是急性胃肠炎的直接致死因素。因此,施行补液、解毒、强心是抢救危重胃肠炎的三项关键措施,输注5%葡萄糖生理盐水、复方氯化钠和碳酸氢钠(后两者不能混用)是较常用的方法。应用口服补液盐放在饮水中让病猪足量饮用也有较好效果。若有腹痛不安或呕吐表现时,内服颠茄或复方颠茄片。必要时可肌肉注射阿托品。

239. 怎样防治猪的便秘?

猪的便秘以粪便干硬、停滞肠内、难以排出为特征,是一种常见的消化道疾病。

【病因】 猪发生便秘主要原因是饲养管理不当,如长期饲喂含粗纤维过多的粗糙谷壳、花生壳、稻草秸及酒糟等饲料,或精料过多、青饲料不足,或缺乏饮水,或饲料不洁如混有多量泥沙和其他异物等。临床上常见到以纯米糠饲喂刚断乳的仔猪、妊娠后期或分娩不久伴有肠弛缓的母猪而发生便秘的。某些传染病或其他热性病及慢性胃肠疾病进程中,也常继发本病。

【临床症状】 病初只排少量干硬附有黏液的粪球,随后经常作排粪姿势,不断用力努责,但只排少量黏液,无粪便排出。病猪食欲减退或废绝,有时饮欲增加,腹围逐渐增大,呈现呼吸增数、起卧不安、回顾腹部等腹痛表现。听诊里面蠕动音微弱,甚至废绝,触诊腹下侧,有时可摸到肠中干硬的粪球,多呈串珠状排列。原发性便秘体温正常,继发性便秘则伴有原发病的临床症状。

【防治措施】

(1)科学配合饲料,喂给充足的青绿或块根等多汁饲料,对于干固或粗纤维饲料,应经磨粉发酵等加工处理后,在合理搭配的情况下喂给。

(2)经常供给充足的饮水,尤其在多汁饲料缺乏的情况下更为重要。同时要加强运动。

(3)治疗 首先解除病因。在大便未通前禁食,或仅给少量青绿多汁饲料,但可供给饮水。内服泻剂配合深部灌肠能有效地治疗本病。

①疏通肠道,可用硫酸钠(镁)30~80克或石蜡油50~150毫升或大黄末50~100克等加入适量水内服。

②用温肥皂水溶液(45℃左右),通过洗胃器或注射器深部灌肠,最好送到干固粪便附近,使之软化并配合腹部按摩,促使粪块排出。

③腹痛不安时,可肌肉注射20%安乃近注射液3~5毫升,或2.5%盐酸氯丙嗪2~4毫升。

④心脏衰弱时,可用强心剂如10%安那加2~10毫升。

240. 怎样防治猪的胃食滞?

【病因】 猪处于饥饿状态下贪吃了大量饲料;也可能多吃了易膨胀和发酵的饲料,如大豆、霜后苜蓿、糖糟等,食后又大量饮水,使胃内被大量饲料充满,引起胃壁扩张的消化障碍。此外,突然更换饲料或运动不足等也能引起发病。

【临床症状】 患猪食欲减退或废绝,有时可见呕吐,吐出物酸臭。腹围膨大,压诊腹壁坚实,有痛感。眼结膜发红,呼吸急促。急性病例常出现腹痛,表现起卧不安,两前蹄刨地,体温一般无变化。

【防治措施】

(1)喂食要定时定量,防止过食。

(2)经常给以适当运动,以增强胃的消化能力。

(3)一旦发病,应限制喂食和饮水,促其作缓步运动或腹部按摩,对病情严重者应谨慎,防止胃破裂。

(4)药物治疗 可用吐酒石或吐根2~3克,一次内服,作催吐用。用克辽林1~4毫升加适量水一次灌服,防止胃内容物发酵。还可用液体石蜡或植物油作泻剂。

241. 怎样防治猪腹膜炎?

【病因】 本病是腹腔浆膜发炎,由腹壁创伤、细菌经伤口感染而引起;母猪阉割手术、剖腹手术等感染,是本病发生的主要原因。严重的肠炎、便秘或子宫炎等病的蔓延以及寄生虫的侵袭,使肠壁失去正常的屏障作用,肠内细菌经肠壁侵入腹腔,也可导致发生腹膜炎。

【临床症状】 本病从病程上看,可分为急性与慢性;从损害范围来分,可分为局限性与弥漫性;就其病理变化上来分,有浆液性、纤维性、化脓性之分。

急性型腹膜炎有明显的全身症状,如发烧、心跳加快,明显的胸式呼吸。病猪有痛苦感,低头喜卧,口渴,腹围下垂。急性弥漫性腹膜炎,在一天之内就可死亡。

慢性腹膜炎多见于局限性,一般无明显的全身症状,腹壁局部有硬块,生长迟缓,病程相当长,可拖几个月,有的待肥育后宰杀,从酮体中才发现;有个别慢性弥漫性腹膜炎,若用抗生素治疗,也能拖延1月有余。

【防治措施】

(1)在进行腹腔手术及助产过程中应注意消毒卫生工作,以防止病菌的感染。

(2)加强防疫和饲养管理工作,以增强猪体抗病力。

(3)经常做好饮水与青料的清洁卫生工作,以防止寄生虫的侵袭。

(4)治疗 局限性腹膜炎可应用青霉素、链霉素或磺胺类药物。若腹内有多量渗出液,应及时穿刺放液,再反复用生理盐水冲洗,直至洗出液变清为止,然后注入青霉素或链霉素。

242. 怎样防治猪感冒？

感冒是由于寒冷刺激所引起的，以上呼吸道黏膜炎症为主的急性全身性疾病，以发寒、发热、鼻塞、流涕、咳嗽为特征。

【病因】 气候骤变，管理不当，棚舍寒暖不调，过于拥挤、长途运输等使猪体质下降，或机体对环境的适应性降低，特别是呼吸道黏膜防御机能减退，致使呼吸道内的常在菌得以大量繁殖而引起发病。

【临床症状】 患猪精神沉郁，畏寒怕冷，喜睡，食欲减退，鼻盘干燥，耳尖、四肢末梢发冷，呼吸加快，咳嗽，打喷嚏，鼻流清涕，体温升高至40℃以上。重症病例，躺卧不起，食欲废绝。

【诊断】 根据临床症状，结合受寒受风侵袭的病史，一般容易作出判断。感冒与流感不同，其发病率低，往往散发，没有传染性，多在动物抵抗力低时发病。

【防治措施】

(1)加强饲养管理，增强猪体的抵抗力。

(2)防止猪只突然受寒，避免将其放置于潮湿阴冷的地方，特别是在大出汗后防止雨淋。

(3)在气候多变季节，如早春和晚秋，气候骤变时，应积极采取有效的防寒保温措施。

(4)治疗 主要是解热镇痛，祛风散寒，防止继发感染。

①解热镇痛：用30%安乃近注射液或安定5~10毫升肌肉注射，或内服阿司匹林或氯基比林2~5克/次，每天2次。

②祛风散寒：柴胡注射液，肌肉注射，每次5毫升，每天2次；紫菊注射液，肌肉注射，每次10~20毫升，每天1~2次。

③防止继发感染：应用解热镇痛剂后，症状未减轻时，可适当配合应用抗生素类或磺胺类药物，如青霉素、链霉素、复方新诺明等。

243．怎样防治猪支气管炎？

【病因】 饲养管理不良是引发本病的主要原因之一,如猪舍狭窄、低温、猪群拥挤或因某些有害气体所引起。有时继发于感冒。

【临床症状】 病初有阵发性短而干的咳嗽,咳时有疼痛感,逐渐变为湿咳并伴有呼吸困难症状。听诊肺部有啰音,如分泌物厚而粘时,可听到捻发音,压诊胸壁疼痛,精神、食欲不好。仔猪患此病时,常喜卧而不愿多动,体温往往增高,病情严重的常转为支气管肺炎。如无并发症,通常7~10天可恢复。若转为慢性支气管炎时,病猪消瘦、咳嗽、气喘,常因极度衰弱而死亡。

【防治措施】
(1)保持猪舍干燥清洁,冬暖夏凉,防止猪群拥挤,预防感染。
(2)用以下药物消炎及预防并发支气管肺炎。
①青霉素:每千克体重1万~1.5万单位,用蒸馏水稀释,肌肉注射,每天2次。
②10%磺胺嘧啶钠注射液,首次30~60毫升,肌肉注射,以后隔6~12小时注射20~40毫升。
③盐酸土霉素,0.5~1克,用5%葡萄糖液溶解,肌肉注射,每天1~2次。
(3)祛痰止咳,可用以下药物。
①氯化胺、重碳酸钠各10克,分为2包,每天3次,每次1包。
②复方甘草合剂10~20毫升,每天2次。
③氯化胺2~4克,人工盐10~30克,一次内服,每天2次。

244．怎样防治猪肺炎？

肺炎是肺实质发生炎症。因病因、病变性质及范围不同,常见的有小叶性肺炎、大叶性肺炎和异物性肺炎。

【病因】 小叶性肺炎和大叶性肺炎是因为饲养管理不当,猪舍脏乱,阴暗潮湿,天气严寒,冷风侵袭及肺炎双球菌、链球菌等侵入猪体内所致。此外,某些传染病(如流感、猪肺疫等)及寄生虫病(如猪肺丝虫、猪蛔虫等)也可继发本病。

异物性肺炎(坏死性肺炎)多因投药方法不当,将药投入气管所引起。

【临床症状】 猪患小叶性肺炎和大叶性肺炎时,体温可升高到40℃以上,食欲减退或废食,精神不振,结膜潮红,咳嗽,呼吸困难,心跳加快,粪干,寒战,喜钻草垛,鼻流黏液性或脓性鼻液,胸部听诊有捻发音和啰音。

异物性肺炎,除病因明显外,常发生肺坏疽,流出灰褐鼻液,并有恶臭味。

【防治措施】

(1)加强饲养管理,防止猪感冒。

(2)给猪投药时,要正确掌握要领,谨慎操作,防止投错。

(3)治疗

①青霉素,每千克体重1万~1.5万单位,用蒸馏水稀释,肌肉注射,每天2次。

②链霉素,每千克体重10毫克,用蒸馏水稀释,肌肉注射,每天2次。

③20%磺胺嘧啶钠20毫升,一次肌肉注射,每天2次。

④硫酸卡那霉素,猪每千克体重2万~4万单位,肌肉注射,每天1次。

⑤2.5%恩诺沙星注射液,每千克体重1毫升,肌肉注射,每天1次;环丙沙星、恩诺沙星等,参照说明书使用。

245.怎样防治猪中暑?

猪对热的耐受力差,长时间在烈日照射下,就会发生日射病,而在潮湿闷热的环境中则易引起热射病。日射病和热射病通常称为中暑。

【病因】 猪中暑主要发生在炎热的夏季,猪长时间受烈日照射、长途运输、追赶、过度疲劳及猪舍狭窄、猪多拥挤、通风不良,影响体热散发,都易引起本病发生。

【临床症状】 患猪表现突然发病,呼吸急促,心跳加快,体温升高到42℃以上,眼结膜充血,口吐泡沫,兴奋狂躁不安,出汗,走路摇晃,瞳孔放大,卧地不起,如抢救不及时,常因心脏衰竭而死亡。

【防治措施】
(1)夏季猪舍要通风良好,运动场应搭好凉棚。
(2)在猪圈或运动场一角设浅水池,经常供给清凉饮水。
(3)发现猪中暑时,应立即将患猪移至凉爽通风的地方,并用冷水喷洒头部,剪尾和耳尖放血。静脉或腹腔注射葡萄糖生理盐水100~500毫升。对精神兴奋的患猪可注射氯丙嗪,每千克体重2毫克。

246.怎样防治猪应激综合征?

【病因】 猪机体受到频繁而短暂的急剧刺激,所表现出来的机能障碍和防御反应,称为猪应激综合征。抓捕、驱赶、运输、运动、寒冷、高温、中毒、麻醉、称重、编群、转群、恐吓、咬斗、创伤、神经紧张、过度疲劳等,均可引发本症。瘦肉型品种出现应激综合征的较多。

【临床症状】 患猪表现为体温升高,喘息,心跳加快,肌肉痉挛,皮肤充血和瘀血交替出现并呈青紫色。猪酸中毒时,全身陷入虚脱状态,肌肉严重强直,而后死亡。本病可导致哺乳母猪泌乳减少或无乳,公猪性欲下降。

【防治措施】

(1)在生产中,应选育具有抵抗力的品种(品系)与无应激反应的个体作种用。

(2)采用营养全面的配合饲料,在饲料中添加含硒维生素 E 和维生素 C,可以抗应激。

(3)加强饲养管理,猪舍须清洁、通风、透光,消除引起应激综合征的因素。

(4)饲养密度应合理,避免猪混群咬斗。宰前应避免各种刺激。车船运输时不要过密,尽量减少捆扎和鞭打,不要在高温下长途运输。

(5)治疗

①调整激素失调,可用肾上腺皮质激素,肌肉注射。

②氯丙嗪,每千克体重1~2毫克,内服或肌肉注射,可减轻猪体对刺激的反应。

③饲料中适量添加碳酸氢钠,可调整体液酸碱平衡,减轻应激反应症状。

247. 怎样防治猪异食癖?

【病因】 饲料单一,营养不全;饲粮中缺乏某些矿物质和维生素,蛋白质和某些氨基酸及食盐供给不足;钙磷比例失调,发生佝偻病和软骨病;慢性胃肠疾病、寄生虫病等,都可发生异食癖。

【临床症状】 患猪主要表现为舔食各种各样的异物,啃吃泥土、石块、砖头、煤渣、烂木、破布、尿碱、猪屎等;舍饲育成猪相互咬对方尾巴、耳朵、喝血,常互相攻击而发生外伤,食欲减退,被毛粗糙,拱背,磨牙,消瘦,生长发育停滞;成年母猪泌乳减少,甚至吞食胎衣和仔猪。

【防治措施】

(1)要加强饲养管理,合理配合饲粮,保证饲粮各种营养充足,比例适当。

(2)发现患猪,应分析病因,及时治疗。如因饲粮中缺乏蛋白质和某些氨基酸引起的异食癖,应对原饲粮添鱼粉、血粉、肉骨粉或豆饼等;若缺乏维生素,应增喂青绿多汁饲料;因佝偻病和软骨病,应补充骨粉、碳酸钙、磷酸钙及维生素D等。

248. 怎样防治初生仔猪低血糖病?

本病多发于出生后 1~4 天的仔猪,可造成全窝或部分仔猪发生急性死亡,其特征是血糖含量比同日龄的健康仔猪低 33.3~41.5 倍。

【病因】 发病原因比较复杂,如母猪妊娠后期饲养管理不良;母猪产后感染发生子宫炎等,均能引起缺奶或无奶。若仔猪患大肠杆菌病或先天性肌痉挛病,无力吃奶等,均可引起低血糖。

【临床症状】 一般在生后第二天发病,患猪突然发生四肢无力或卧地不起,卧地后有弓角反张状,瞳孔放大,口角流出白沫,此时感觉迟钝或消失,最后昏迷而死。

【病理变化】 肝脏变化最特殊,呈橘黄色,边缘锐利,质地像豆腐,稍碰即破,胆囊肿大,肾呈淡黄色,有散在的红色出血点。

【防治措施】
(1)加强母猪的饲养管理,防止仔猪受寒与饥饿。
(2)治疗时,腹腔注射 5% 葡萄糖 5~10 毫升,或喂给糖水。应争取早期治疗,晚期治疗不见效果。并要及时解除母猪缺奶或无奶的原因,如母猪营养不良引起的,要改善饲料;若是母猪感染所致,应用消毒药。

249. 怎样防治初生仔猪溶血病?

本病多发生个别窝仔猪中,刚出生仔猪吃奶不久引起血细胞溶解,死亡率达 100%。

【病因】 是因母猪的血型与仔猪不同而引起的。

【临床症状】 仔猪出生后全部情况良好,一切正常。吃初乳后数小时至十几小时发病。整窝仔猪发病,白色猪可见全身苍白黄染,病猪停止吮奶,精神委顿,怕冷、震颤、被毛粗乱,衰弱,后躯摇晃。最明显的症状为黄疸,在眼结膜可见到呈显著黄色。尿透明,呈红棕色,或暗红色,体温正常,心跳及呼吸次数增加,一般经24~50小时死亡。但该母猪代为喂乳的其他窝仔猪发育良好,不发病。

【病理变化】 全身黄染,肝呈不同程度的肿胀,脾褐色,稍肿大,肾肿大而充血,膀胱内积贮暗红色血液。

【防治措施】

(1)已发现此病的母猪改用与上次配种公猪不同血统的公猪配种,可以不再重复出现此病。

(2)仔猪发病后,迅速寄奶于其他母猪,或用人工哺乳,一般经3日后症状逐渐减轻,15日后黄疸症状全部消失。如果有产仔期相近的母猪,而两母猪均很温顺,可以采取整窝猪调换代乳。目前在治疗上尚无良药。

250.怎样防治成年母猪不孕症?

【病因】 母猪营养不良,性机能减退,发情失常或不发情;母猪过肥造成内分泌失调;母猪过老,卵巢发生进行性萎缩,性机能减退或消失;血缘很近的公、母猪进行交配,有时不能正常受精;此外,慢性子宫内膜炎和卵巢囊肿、阴道炎等也可导致母猪不孕。

【临床症状】 发情无规律,或长时间不发情,性欲减退,无明显的发情征候,屡配不孕。

【防治措施】

(1)加强母猪的饲养管理,合理搭配饲料,保持母猪八成膘。

(2)掌握母猪的发情规律,做到适时配种。

(3)要选择优良公猪配种,防止近亲交配。

(4)对于不孕母猪,应做详细的调查、分析,找出不孕原因,根据不同原因,采取不同的处理方法。如营养不良所致,要加强营养;过肥的应加强运动;母猪过老应淘汰,不能再作种用;子宫内膜炎应采取冲洗子宫等法;若是性欲缺乏,可肌肉注射苯甲酸求偶二醇2毫升或己烯雌酚3~5毫升。

251.怎样防治妊娠母猪流产?

【病因】 饲料营养不良,缺乏蛋白质、维生素等;饲喂发霉变质饲料;挤压或击伤,用药不当;高度近亲繁殖;患传染病(布氏杆菌或乙型脑炎等)或寄生虫病等。

【临床症状】 母猪乳房肿胀,阴道黏膜充血,从阴道内流出污红色分泌物。母猪有努责,生产不足月的死胎。有的母猪无明显症状而突然流产。

【防治措施】
(1)平时要给母猪全价营养,不喂霉变饲料。
(2)妊娠中期的母猪要单圈饲养。
(3)母猪有流产征兆时,可用黄体酮10~30毫克,一次肌肉注射,每天1次,连用2~3次。

252.怎样防治母猪产后胎衣不下?

猪的胎衣通常在全部仔猪产出后不久排出,如经3小时后胎衣未排出,称为胎衣不下。

【病因】 多由于饲养管理不当,如运动不足、缺乏维生素及矿物质等引起。此外,流产、难产、子宫炎也可引起。

【临床症状】 分娩后胎衣未排出或未全排出。患猪精神不振,不断弓腰努责。若胎衣停滞过久,会引起腐败,并从阴门流出污红色腐臭的液体。病情严重时猪体温升高,废食,甚至引发败血症而死亡。

【防治措施】

(1)母猪妊娠期间要给予足量的全价饲料,并促其适当运动。

(2)发现母猪胎衣不下时,可采用收缩子宫药物进行治疗。

①母猪分娩后10~60分钟,如胎衣不下,可肌肉注射脑垂体后叶素1~2毫升(10~20单位)。

②10%氯化钠溶液50~100毫升,一次静脉注射,或取1 000~1 200毫升注入子宫。

③10%氯化钙50~100毫升,静脉注射。

④10%安钠咖5~10毫升,肌肉注射,可助其排出胎衣。

253.怎样防治母猪子宫炎?

【病因】 母猪子宫炎是其子宫内膜发生炎症的疾病。主要原因是人工授精时不遵守卫生规则,器皿和输精管消毒不严,使母猪子宫内发生感染;母猪难产时,手术助产不卫生也可感染。另外,子宫脱出、胎衣不下、子宫复旧不全、流产、胎儿腐败分解、死胎存留在子宫内等,均能引起子宫炎。

【临床症状】 患猪主要表现为拱背、努责,从阴门流出液性或脓性分泌物,重病例的分泌物呈污红色或棕色,并有恶臭味,站立走动时向外排出,卧下时排出更多。急性病例表现为体温升高,精神沉郁,食欲不振,不愿给仔猪哺乳,有的患猪发情不正常,发情时流出更多的炎性分泌物。这种猪通常屡配不孕,偶尔妊娠,也易引起流产。

【防治措施】

(1)猪舍保持清洁干燥,母猪临产时要调换清洁垫草,在助产时严格注意消毒,操作要轻巧细微,产后加强饲养管理,人工授精要严格进行消毒。在处理难产时,取出胎儿、胎衣后,将抗生素装入胶囊内直接塞入子宫腔,可预防子宫炎的发生。

(2)发病时用10%氯化钠溶液、0.1%高锰酸钾液、0.1%雷弗努尔、1%明矾液、2%碳酸氢钠,任选一种冲洗子宫,必须把液体导出,最后注入青霉素、链霉素各100万单位。对体温升高的患猪,用安乃近10毫升或安痛定10~20毫升,肌肉注射;用青霉素、链霉素各200万单位,肌肉注射。

254.怎样防治母猪乳房炎?

【病因】 乳房炎是由病原微生物侵入乳房引起的炎症病变。主要由于母猪腹部下垂接触粗糙地面,在运动中容易擦伤乳房而感染发炎,或因猪舍潮湿,天气寒冷,乳房冻伤,仔猪咬伤乳头等细菌感染而发炎。另外,在母猪产前产后,突然喂给大量多汁和发酵饲料,乳汁分泌过多,积聚于乳房内,也易引起乳房炎。

【临床症状】 患猪一个乳房和几个乳房同时发生肿胀、疼痛,当仔猪吃乳时,母猪突然站立,不让仔猪吃乳。诊断检查乳房时,可见乳房充血、肿胀,触诊乳房发热、硬结、疼痛,挤出乳汁稀薄如水,逐渐变为乳清样,乳汁中有絮状物。患化脓性乳房炎时,挤出的乳汁呈黄色或淡黄色的絮状物。脓肿破溃时,流出大量脓汁。患坏疽性乳房炎时,乳房肿大,皮肤紫红色,乳汁红色,并带有絮状物和腥臭味。严重病例,母猪精神不振,食欲减退或废绝,伏卧不起,泌乳停止,体温升高。

【防治措施】

(1)哺乳母猪舍应保持清洁干燥,冬季产仔应多垫柔软干草,仔猪断乳前后最好能做到逐渐减少喂乳次数,使乳腺活动慢慢降低。

(2)母猪发病后,病初用毛巾或纱布浸冷水,冷敷发炎局部,然后涂擦10%鱼石脂软膏;对体温升高的病猪,用安乃近10毫升或安痛定10~20毫升,肌肉注射;用青霉素、链霉素各200万单位,肌肉注射,每日2次,连用2~3天。乳房脓肿时,必须成熟之后才可切开排脓,用3%双氧水或0.3%高锰酸钾液冲洗脓腔,之后涂紫药水和消炎软膏。

255．怎样防治种公猪睾丸炎？

【病因】 主要由阴囊外伤化脓,尿道或输精管炎症化脓,布氏杆菌病转移等引起。

【临床症状】 患猪表现一侧或两侧睾丸肿大,阴囊皮肤红肿、温热,体温升高,食欲减退,后肢运动障碍。

【防治措施】

(1)防止阴囊受伤,若是继发性的,应及时治疗原发病,初期可用冷敷,外涂西药膏剂消炎。

(2)防止睾丸外伤,发现睾丸肿胀可外涂10%鱼石脂软膏,或注射青霉素20万～40万单位消炎。

256．怎样防治仔猪脐炎？

【病因】 接生时,脐带消毒不严重或由于棚舍脏污而引起细菌感染。

【临床症状】 仔猪出生数天后,脐带湿润、肿胀,脐带基部红肿,有时脐孔周围脓肿,从脐带排出脓液,溃烂,脐部疼痛而拱背,不喜欢运动。常发生转移性关节炎,病猪食欲不振、发热、下痢、跛行。

【防治措施】

(1)接生时,仔猪脐带要用碘酊消毒。

(2)当仔猪脐带发炎时,可脐部涂上碘酊,脐孔周围注射青霉素。当化脓时,可切开排脓,用0.1%高锰酸钾洗净后,撒上消炎粉。当发生转移性关节炎时,可注射抗生素或磺胺类药物。

257．怎样防治猪风湿病？

【病因】 病因不十分明确,潮湿、寒冷、运动不足、过肥及饲料变换等可能成为诱因。

【临床症状】 多见突然发病,患部肌肉紧张疼痛,步态强拘。先从后肢开始发病,遂渐向腰部及全身扩大。跛行随着运动时间的增加而缓解。关节风湿以肿胀为主,突然发生一至数个关节,以腕关节和膝关节多见,患部有热感,压之疼痛,病猪卧倒后不愿起立。

【防治措施】

(1)圈舍内垫草要经常换晒;堵塞圈舍一些破损洞孔,避免猪在寒冷季节淋雨。

(2)患猪可用2.5%醋酸可的松注射液5~10毫升,每天2次,肌肉注射;或用醋酸氢化可的松注射液2~4毫升,患部关节腔内注射。

258.怎样防治猪创伤?

【病因】 猪体的创伤一般是由于锐性外力或强烈的钝外力作用猪体,使局部组织出现损伤。如猪互相咬架,车轮碾压或重物挤压及镰刀、钉子、树杈子等尖锐物体的扎、切等均可引起创伤。

【临床症状】 创伤发生后根据有无细菌感染化脓情况,可分为新鲜创伤和化脓感染创伤。新鲜创伤是发生不久或没有被细菌感染的创伤,主要表现为出血、痛疼和一定程度的机能障碍,创伤周围有不同程度肿胀。化脓感染是指创伤内被细菌感染,出现了化脓性炎症,除具有新鲜创伤某些症状外,又可分为化脓创伤和肉芽创伤。化脓创伤指创伤部位出现化脓性炎症,创伤组织充血、增温、化脓,并有浓汁渗出。肉芽创伤指创伤部位化脓性炎症减轻或消退,有肉芽组织生成,呈红色,表面平整,颗粒状,上面附有少量稠的浓汁。

【防治措施】

(1)不同圈的猪只混群时要加强管理,防止殴斗,尤其是种公猪外逃互斗。

(2)防止过激驱赶猪只,采取一些防范措施,避免猪体被尖锐物体扎伤、划伤。

(3)治疗

①对新鲜创伤,如果创缘整齐,创内没有破坏组织和异物,用生理盐水洗净、擦干后撒布青霉素和消炎粉,再用5%碘酊涂擦创口周围,根据创口大小可行缝合或开放疗法。如果创口内有异物(如毛、草、泥、沙)或损伤的组织血块,应修整创缘,清除异物,用0.1%高锰酸钾冲洗,撒布消炎药物,外涂碘酊,缝合,包扎。

②对化脓创伤,要彻底排出脓汁,清除污血烂肉(坏死组织),用0.2%高锰酸钾洗涤,再用3%双氧水冲洗。如创道较深,可扩大创口或用灭菌纱布条沾0.2%雷夫奴尔引流,利于排出创液。

③对肉芽创伤,治疗时注意保护肉芽组织,促进肉芽生长。如创面有少量脓汁,可用生理盐水或雷夫奴尔溶液冲洗,撒布消炎粉和碘仿。无脓汁时,用灭菌纱布沾上磺胺乳剂或鱼肝油软膏敷于创面上。

259.怎样防治种公猪阴茎出血?

【病因】 机械性损伤最为多见,主要是由管理使用不当而引起,如过度使用,围墙太低,采精操作不熟练等。

【临床症状】 在周围地上或周围障碍物上可见鲜血。配种、采精时更为明显,如流血过多,食欲不振,精神萎靡。内出血一般出血量少,在射精后较多,所采精液中混有血液或少量血块;外出血一般流出血量较多,且不断流出。

【防治措施】

(1)加强种公猪管理,合理使用种公猪,当出血时应暂停使用。

(2)治疗

①外出血时,可用棉花浸3%双氧水敷于创面上,也可用镊子

烧烙局部。

②毛细管出血可用 0.1％肾上腺素喷于局部。

260.怎样防治猪脱肛？

【病因】 猪脱肛是指直肠的一部分或大部分脱出于肛门外面。本病多发生于体质衰弱的小猪，常因消化不良、便秘或顽固性下痢引起。母猪分娩时过度努责，也往往造成脱肛。

【临床症状】 患猪表现为直肠脱出肛门，不能自行恢复。呈圆柱或半圆球形，初期黏膜呈粉红色，时间稍长因肠管受到肛门括约的钳压，血流不畅造成郁血和炎症水肿，黏膜呈暗紫色，表面干燥，形成横的皱襞。最后变为化脓性坏死，严重的可因败血症而死亡。

【防治措施】

(1)对幼龄猪，要喂柔软饲料，保证有足够的蛋白质和青饲料供应，平时应适当地给予运动，饮水要充足。

(2)猪发病后，治疗的原则是整复脱出的肠管，防止继发外伤和坏死。整复前用 0.5％高锰酸钾水或 1％明矾水冲洗直肠和肛门周围的污染物。助手将猪的后腿抬起，术者把脱出的直肠送回。如果脱出时间较长，黏膜发生水肿和轻度坏死，整复有一定困难，可针刺水肿黏膜，排出水肿液，小心剪去坏死膜，但切忌剪断肠壁肌层，然后撒布明矾粉，将脱出的肠管送回。整复时为防止努责，可在肛门边缘 1～2 厘米处，上、左、右三点皮下注射酒精液或 1％奴夫卡因 10～30 毫升。整复后为防止再脱，可在肛门周围作烟包式缝合。入针时不要穿过直肠腔，留出一定的排粪口，经 7～10 天拆除缝线。

七、猪舍及饲养设备

261. 猪有哪些生活习性？

(1) 猪有合群性 猪的嗅觉非常发达，对气味的辨别能力非常强，猪群之间、个体之间和母仔之间，主要靠嗅觉来辨别气味保持联系与和睦相处。当母猪熟悉其仔猪气味后，就能很快辨别出哪头是自己的或是别窝的，如有其他窝仔猪时，要在仔猪身上涂抹代养母猪的尿，干扰母猪的嗅觉，才能获得寄养成功。如有猪离群几天，再返回到群内，由于气味的变化，也会遭到同群猪的攻击。因此要进行合理分群，并在分群时考虑好猪舍各时期容纳猪的密度，一旦分群之后就不要随意交换，减少欺生或争斗所造成的应激反应。

(2) 猪有喜拱土、啃物的习性 猪的吻突知觉迟钝，神经分布少，很适于拱土。它利用这一特性在土中觅食和摄取其所需的矿物质。但这种特性又易破坏猪舍和饲养设备，所以建造猪舍时要求地面、墙面及其他设备要坚固、平滑无缝，使猪无处下嘴。

(3) 猪较容易建立条件反射行为 学会按照人们指挥发生的行为叫做条件反射行为。猪对吃喝的记忆力强，要训练猪每天定点定时间饲喂习惯。人们普遍认为最脏的动物是猪，实际上猪是一种爱清洁的动物，猪排屎尿的行为是有一定的时间和区域的。一般是在食后饮水或起卧时，选择阴暗潮湿或污浊的角落排便。所以，修建猪舍时，要根据这些特点，应把猪床与喂食、饮水的地方分开，留有排屎尿的地方。

(4)猪有喜静性 猪的视觉差而听觉强,因此必须保持猪舍安静,不要惊扰猪群。

262.环境条件对养猪有什么影响?

猪体处于各种环境之中,在一般情况下,猪体与环境经常保持平衡,如果环境发生变化,平衡就受到破坏,猪体就会产生抗逆反应,以求生存,这种抗逆反应和对环境调节的能力,叫做猪的抗逆性和适应性。它们都是有一定限度的,如果特大刺激超过极限时,就会影响猪的健康甚至造成死亡。为了提高养猪生产水平,环境管理因素的影响是很重要的,特别是对生产性能好的品种,受环境的影响就更大。因此,改善环境条件,加强管理,是保证养猪高产稳产的一项重要措施。

(1)温度对猪的影响 猪是恒温动物,最适宜的气温是 $15 \sim 21℃$,环境温度过高或过低对猪的生长发育都是不利的,而猪的不同品种、年龄和体型,对气温变化的适应能力也各不相同,在生产中应根据实际情况采用不同的保温措施。育肥猪皮下脂肪厚,体内热量散发受阻,耐热性差,在夏季要注意降温;仔猪皮下脂肪少,皮薄,毛稀,体表面积相对较大,抗寒性差,惧冷怕潮,在其出生时要注意保温。在农村,为提高仔猪成活率,采取春、秋两季产仔。在修建猪舍时,必须注意气温对猪的影响,创造良好的环境温度条件,这样才能取得较好的饲养效果。

(2)湿度对猪的影响 舍内湿度与猪的健康和生长发育有很大关系。猪舍内的空气必须保持清洁而又干燥,在这样的猪舍中能培育出健壮的仔猪,并有利于猪的肥育。空气湿度一般与温度共同对猪产生影响,在高温而高湿时,妨碍猪体内的热量蒸发,因此加剧了高温的危害,使肥育猪增重减缓,死亡率增加;低温而高湿时,猪体内热量散发过多,同样也会产生不良影响。一般来说,猪舍内的相对湿度保持在 65%~75% 为宜。

(3)光照对猪的影响 光照可增强血液循环,促进新陈代谢,也可使皮下组织合成维生素D,保证正常的钙磷代谢,促进骨骼生长,提高猪的生长发育速度。但在天气炎热的夏季,猪受烈日照射过久,会造成热应激,易使猪患日射病,因此,夏季在猪舍运动场搭设凉棚、绿化遮荫有十分重要意义。

263.选择猪场的场址应注意什么?

新建猪场选择场址是一项很重要的工作,场址选择的好坏,会影响养猪生产水平和经济效益。因此需要多方面考虑,避免造成浪费。选择场址应注意以下几项必要的条件。

(1)交通方便 一个养猪场每天要进出的物资(饲料、粪便、产品)数量很大,如果交通不方便,会增加运输费用,提高饲养成本。因此,选定的场址必须交通方便,但应比较僻静,远离交通干线(铁路、公路)、牲畜交易市场和屠宰场等,以防疫病传入。

(2)地势高,干燥平坦,排水良好 猪场要朝南或朝东南稍有斜坡,这样既便于排水,又能得到充足的阳光,冬季有利于防风。一般以沙质地壤为宜,低洼潮湿的地方不宜建猪场。

(3)水质要求良好 猪场的水源要充足,水质要清洁,取水要方便。饮水常常是疫病的传染媒介,最好是用地下水或自来水。

(4)要有充足的电力资源 随着机械化、电气化的发展,猪场无处没有电的存在,所以电力资源是必不可少的建场条件。

(5)与居民住宅要有一定距离,位于居民区的下风向。

264.猪场怎样布局好?

猪场场址选定之后,即刻考虑猪场总体规划和布局问题,因为布局是否合理,直接关系到正常组织生产,提高劳动效率和降低生产成本,增加经济效益。场内各种建筑物的安排,要做到利用土地经济,布局整齐,建筑物紧凑,尽量缩短供应距离。猪场的总体布局应尽量使猪舍坐北朝南,各建筑物排列成行,把整个猪场划为生产区、管理区、生活区和隔离区四部分(见图7-1)。

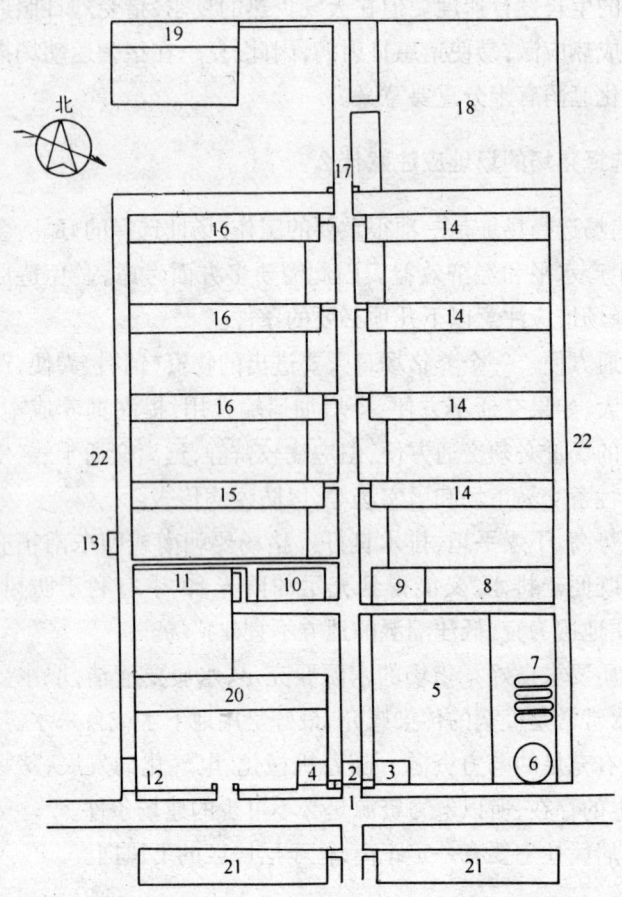

1. 大门　2. 消毒池　3. 消毒更衣室　4. 门房　5. 草料场
6. 水塔　7. 青贮窖　8. 饲料库　9. 饲料加工调制间
10. 畜牧兽医室　11. 公猪舍　12. 装猪台　13. 厕所
14. 母猪舍　15. 后备猪舍　16. 肥猪舍　17. 后门　18. 积肥场
19. 病猪隔离舍　20. 办公室　21. 职工宿舍　22. 饲料生产地

图7-1　猪场平面布局示意图

(1) 生产区　包括猪舍、饲料加工厂、饲料调制间、饲料仓库、人工授精室和交配场、消毒池等。猪舍是猪场的主要部分,应设在猪场中心较干燥的地方,位于办公室、宿舍区的下风向和病猪隔离舍的上风向。就猪舍布局来说,肥猪舍和仔猪舍应设在猪场进口较近的地方。种猪舍应设在猪场进口较远的地方。肥猪舍与种猪舍之间应有一定的距离,一般为 60～100 米。公猪舍与母猪应间隔 10 米以上,且位于母猪的上风向。为了配种方便,公猪舍离人工授精室或交配场地不能太远,人工授精室和交配场应设在母猪舍附近。每栋猪舍前后间距 10～20 米,左右间距 10～15 米,运动场可设在猪舍的一侧或两侧。

大型猪场在生产区的进口处应有卫生通过室和消毒池,凡进入生产区的人员应先洗手、消毒、更衣和换胶鞋。外来车辆要通过消毒池消毒后才准进入场内。

(2) 管理区　包括猪场的办公室、会议室、接待室和车库等。从防疫的角度出发,管理区与生产区隔离,自成一院,其位置设在生产区的上风向。

(3) 生活区　包括职工宿舍、食堂、文化娱乐室等,应位于生产区的上风向。

(4) 隔离区　包括兽医室、病猪室和尸体坑等,应设在生产区的下风位置,并远离生产区至少 100 米以上。

猪场的道路应设置南北主干道,东西两侧设置连道。另外,场内道路应设净道和污道,并相互分开,互不交叉。水塔的位置应尽量安排在猪场地势最高处。为了防疫和隔离噪音的需要,在猪场四周应设置隔离林,并在冬季的主风向设置防风林,猪舍之间的道路两旁应植树种草,绿化环境。

265. 猪舍的类型有哪些？各有什么特点？

猪舍的类型繁多,分类的方法不尽相同。按猪舍屋顶形式可分为单坡式、双坡式、平顶式、拱式和联合式(见图7-2)等;按猪栏排列可分为单列式、双列式和多列式;按猪舍墙和窗的设置可分为开放式、半开放式(见图7-3)、有窗式和无窗式;按饲养猪的种类可分为公猪舍、母猪舍、仔猪舍、肥猪舍等;按机械化程度可分为半机械化猪舍、机械化猪舍和工厂化猪舍。

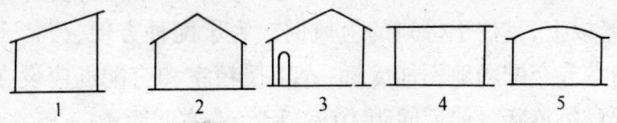

1. 单坡式　2. 双坡式　3. 联合式　4. 平顶式　5. 拱式

图7-2　猪舍屋顶式样示意图

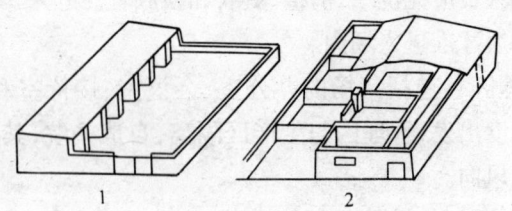

1. 开放式猪舍　2. 半开放式猪舍

图7-3　开放式和半开放式猪舍

(1)单列式猪舍　即在猪舍内有一列猪栏,根据形式又可分为带走廊的单列猪舍和不带走廊的单列猪舍。单列式猪舍投资少,结构简单,维修方便,且通风透光,一般适用于养猪专业户和小型猪场(见图7-4)。

单列式猪舍根据其屋顶的形式又可分为单坡式、双坡式、平顶式、拱式和联合式等。

单坡式猪舍屋顶前檐高,后檐低,屋顶向后排水,这种结构通风透光,但保温性差;双坡式猪舍屋顶中间高,前后檐高度相当,两面排水,其通风透光及保温性能均较好,但造价比单坡式猪舍高;

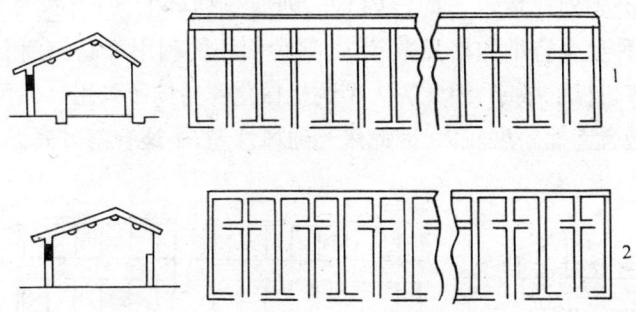

1. 带走廊　2. 不带走廊

图 7-4　单列式猪舍

平顶式猪舍屋顶一般用钢筋混凝土制成。因此其造价较高,其隔热性能和排水性能均比较差,不适合南方高温多雨地区,但这种猪舍的结构牢固,可抵御风沙的侵袭,因此在北方较为适用。

单列式猪舍根据墙的设置又可分为开放式和半开放式两种。开放式猪舍三面有墙,一面无墙;半开放式猪舍三面设墙,一面为半截墙。

(2)双列式猪舍　双列式猪舍舍内有南北两列猪栏(见图 7-5),中间有一条通道 或南北中有三条走道。这种猪舍结构紧凑,容量大,能充分利用猪舍的面积,且便于管理,其劳动效率比单列式猪舍高,因此较适合规模较大、现代化水平较高的猪场所使用。但这种猪舍跨度较大,结构较为复杂,造价较高,尤其是北面的猪栏采光较差,冬季寒冷,不利于猪群的生长繁殖。

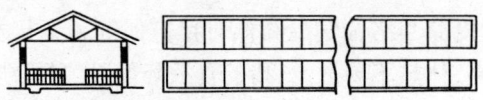

图 7-5　双列式猪舍

(3)多列式猪舍 即舍内有三列或三列以上的猪栏(见图7-6),这种猪舍容纳的猪只数较多,猪舍面积的利用率高,有利于充分发挥机械的效率,因此为大型的机械化养猪场所采用。但是,多列式猪舍南北跨度较大,因此采光通风性差,不适合南方高温地区采用。

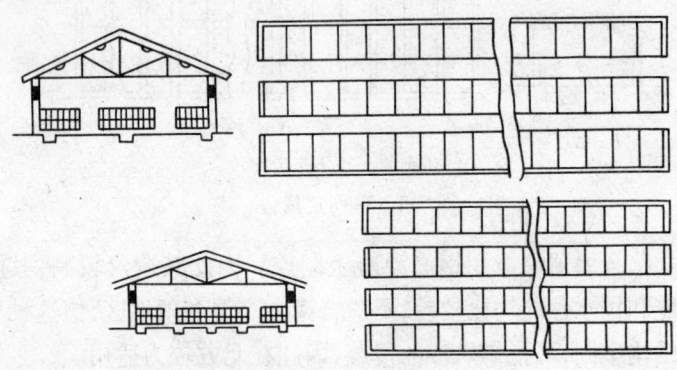

图7-6 多列式猪舍

(4)塑料暖棚猪舍 在我国北方寒冷地区采用开放式或半开放式猪舍,冬季的防寒保温性能很差。近年来,北方地区的不少猪场在冬季采用塑料薄膜覆盖猪舍的运动场,有效地提高了猪舍的防寒保温性能,取得了明显的经济效益。

266.在一般猪舍设计上有哪些要求?

猪舍建筑也是养好猪的重要条件,一栋理想的猪舍应具备以下要求。

(1)冬暖夏凉 猪舍气温高低对猪群保健和生长发育影响很大。气温过高,体热不易散发,猪的食欲降低,代谢机能减退,饲料利用率下降,对疾病的抵抗力降低;气温过低,增加猪体热能的消耗,因而猪的生长发育减缓,甚至停止生长或者感染一些疾病。解决的方法首先是正确选择猪舍的朝向,较理想的猪舍是坐北朝南,或坐西朝东南。这样,炎热的夏季多东南风向,可吹入猪舍内,保持凉爽,冬春季向阳,阳光直射猪舍内,光照时间长,可以自然取暖。其次还要考虑猪舍门窗设计,适当降低猪舍的举架,以不影响操作为宜。一般双坡单列封闭式猪舍前檐高1.8米,后檐高1.6米。另外,还要正确选用建筑材料(如空心大块砖),为猪舍冬暖夏凉创造条件。

(2)通风透光,保持干燥 通风对猪的体温散失有重要作用。通风可加快猪体热的散发,并可清除空气中的有害气体,改善空气中的化学成分和猪舍卫生,对猪舍地面干燥有很大作用。充足的光照可使猪舍保持干燥和冬季保温。在设计时应因地制宜,参照采光系数和通风率进行设计。

(3)便于日常操作 猪舍的过道、猪栏门、饲槽、水槽设计要合理,这样能便于操作。猪舍的过道宽度为1.2~1.5米;饲槽最好是在猪栏外,让猪把头伸到猪栏外面吃食,也可在猪栏内2/3,猪栏外1/3。这样,可以在添料时不被猪撞撒,减少饲料的损失。每个圈都要设门,门宽为50~55厘米,门高要和猪栏同高,而且要坚固。

(4)要有严格的消毒措施 猪舍的门口一定要设消毒池和消毒装置,把传染病减少到最低限度。

267. 在不同类猪舍设计上有哪些要求?

不同类猪群,其生物学特性及用途不同,因此对猪舍设计的要求不尽相同。

(1)公猪舍 猪栏要求较宽,有较大的运动场,隔栏高度一般在1.2~1.4米。大中型猪场需要的公猪头数较多,最好建一栋单列式封闭式的公猪舍。人工授精室和精液检查室可设在公猪舍的一端。

(2)母猪舍 母猪舍的建筑应根据母猪空怀、分娩和哺乳等来决定。因为初生仔猪对环境适应能力差,体液调节机能不健全,在产栏内应增设保温箱,初生仔猪放入保温箱内免得仔猪因冬季寒冷而被冻死。保温和干燥是母猪舍必须具备的重要条件。此外,还应给仔猪设补饲间和排水良好的运动场。

(3)肥育猪舍 肥育猪需要安静、少运动,以降低基础代谢,有利于增重。肥育猪舍要求通风、防潮和保温,使舍内夏季凉爽、冬季温暖,空气新鲜、干燥。猪场的肥育猪舍多采用双列封闭式,这样可以增加养猪数量,降低养猪成本。使用固定饲槽或自动饲槽喂料。在猪舍一端的山墙上部安装两个排风扇,并在屋脊上每隔7~8米设一个排风筒来交换内外空气。在猪舍的中间通道下有一个排尿沟,粪便由人工清扫后用粪车拉到堆粪处。

268.在猪舍建筑上有哪些基本要求?

在猪舍建筑上,总的要求是因地制宜,坚固耐用,经济实用。

(1)地基 猪舍一般不是高层建筑,对地基的压力不会很大,因此除了淤泥、沙土等非常松软的土质以外,一般中等以上密度的土层均可以作为猪舍的地基。

(2)基础 基础是猪舍的地下部分,也是整个猪舍的承重部分,常用碎砖、河卵石或混凝土等做成方形柱墩。基础深入地下的程度由建筑物的大小、地基的种类、地下水位的高低及冻土层的深度所决定。

(3)墙脚 墙脚是墙壁与基础之间的过渡部分,一般比室外的地面高出20~40厘米左右,在墙脚与地面的交接处应设置防潮层,以防止地下或地面的水沿基础上升,使墙壁受潮,通常可用水泥沙浆涂抹墙脚。

(4)墙壁 猪舍的墙壁要求坚固耐用,同时又要求具有良好的隔热保温性能,保护舍内的小环境不受外界气候急剧变化的影响。在我国多用草泥、土坯、砖以及石料等材料建筑猪舍。草泥或土坯墙的造价低且具有良好的隔热性能,冬暖夏凉,但是很容易被暴雨或大水冲蚀,因此需要经常维修,一般只适用于气候干燥地区。石料墙坚固耐用,但保温性能差。砖墙也比较坚固,而且保温防潮,是较理想的猪舍墙体。

(5)屋顶 猪舍的屋顶要求结构简单、坚固耐用、排水便利,且具有良好的保温性能。在我国多采用稻草、瓦、预制板、泥灰、石棉瓦等材料修建屋顶。草料的屋顶造价低,且具有良好的保温性能,但不耐久,且防火性能差。瓦、预制板、石棉瓦等修造的屋顶坚固耐用,但造价较高,且保温性能不如草料的屋顶。

(6)地面 猪舍的地面要求坚实平整、无缝隙,保温性能好,具有一定的弹性,不透水,且具有适当的坡度(一般为2%~3%),易于清扫和消毒。为了保持舍内干燥,舍内地面应比舍外地面高出20~30厘米。舍内地面可采用土、砖、水泥等材料修建,土质地面造价低,地面柔软,但容易渗水,地面不易保持平整,不利于清扫和消毒;砖砌地面坚固耐用,保温性能良好,但如果施工不当,地面不平整,砖隙易渗水,不易清扫和消毒,容易造成地面的污染和受潮;水泥地面坚固、平整、耐酸碱、不透水,易于清扫和消毒,但造价高,地面硬度大,导热性大,冬季需要铺设垫草,以防猪只受寒。目前我国一些猪场修建猪舍多用水泥地面,水泥地面一般用碎砖做基础,上铺混凝土(比例是水泥1份、沙子3份、石子6份)厚10厘米,压实抹平,再涂一层2厘米厚的水泥沙浆即成。

(7)门、窗 猪舍门的设置首先应保证猪群的自由出入,以及运料和出粪等日常生产的顺利进行。因此,猪舍的门一般设在猪舍的两端,宽度与通道相等,高2米左右,不设门槛。猪舍过长时中部也可设门,便于饲养管理。

猪舍窗的位置和大小直接影响到舍内温度、光照度和湿度。窗户面积愈大,采光愈多,通气愈好,但散热也多,冬季保性能差。窗分直立式(高大于宽)与横卧式(宽大于高)两种。两者在面积相同的情况下,直立式比横卧式光照度大15%~20%,但直立式没有横卧式保温好。

一般猪舍窗户的宽度南边为1.2~1.5米,高度为0.7~0.8米,窗台距地面1.1~1.3米。北面应小一些,高一些。

(8)舍内隔墙(隔栏) 猪栏周围的隔墙要求坚固耐用,一般用单砖砌成,外抹水泥。也有用钢筋、钢管围成隔栏。前者取材方便,造价低;后者通风、透光良好,但造价较高。隔栏一般是固定的,但也可在猪栏间做活动的,这样便于调节猪栏面积,同时也便于机械化清粪。

(9)粪尿沟 粪尿沟要求平滑,有1%~1.5%的坡度。断面呈椭圆形,宽15厘米,深10厘米。粪尿沟单列式猪舍设在运动场的墙外边,双列式猪舍设在中央两侧。粪池设猪舍一端或猪舍外粪场处。粪池应不漏水,边缘高于地面,便于防雨保持肥效。粪池大小视饲养规模而定。

(10)通道 通道的宽度应根据猪栏排列形式和饲喂操作方式来决定。一般单列式猪舍,通道多设在靠北墙的一边,宽度1.2~1.5米。双列式猪舍通道多设在猪舍中间,宽度1.5米。

269.怎样建造塑料暖棚猪舍?

北方地区冬季漫长寒冷,没有保温措施,养猪白搭饲料不增重,给养猪业造成较大经济损失,而塑料暖棚养猪解决了北方养猪生产的这一重大难题。塑料暖棚猪舍一般都是由原来的简易开放式猪舍改造而成。总结各地经验,塑料暖棚猪舍建造要点为:

(1)建造尺寸 猪舍前高1.5米,后高1.7米,脊高2.5米,内部总跨度5米(见图7-7)。

(2)建筑要点 水泥土面抹完压光后,再用旧竹扫笤拍一拍,造成麻面,这样猪行走不打滑。猪舍的房盖要抹3~5厘米的泥,然后再上瓦,这样冬季防寒,夏季防日晒。猪舍的墙最好用空心水

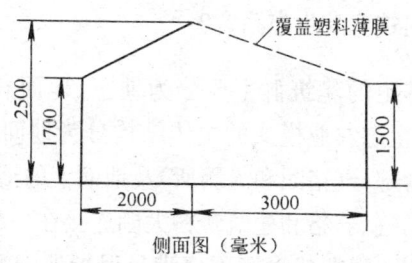

图 7-7 塑料暖棚猪舍示意图

泥大块砖。

(3)冬季扣暖棚要领 一是扣暖棚时间应为 11 月初,拆除时间为 3 月下旬,可根据当地气温变化情况而定。二是扣暖棚时要用泥巴将塑料膜四周压严,并顺着前坡的木棱把塑料膜固定,以防大风刮破。三是在暖棚的最高点,每个猪舍要留一个通风孔,每天上午 10 时后通风换气,排出有害气体,降低棚内湿度。

270.什么是庭院生态养猪?

我国目前虽然有许多国有大型猪场和家庭中小型猪场,但饲养的数量仅占全国养猪总头数 20%~30%,大部分仍然是农村千家万户的小规模庭院养猪。因此,有限的庭院怎样合理利用,讲究卫生,保持生态平衡,提高庭院经营的效益,是一个很重要的课题。庭院生态养猪就是有效地利用庭院和畜禽食物构成的关系,形成一条良性循环的生物链,变废为宝,综合开发,以最少的成本创造最大的经济效益。

这条良性循环的食物链是:用全价配合饲料养鸡,鸡粪和落地鸡料清扫到一起,再加入部分精料和绿萍喂猪;猪粪投入地下的沼气池,再加入部分青草和秸秆,生产沼气,用沼气点灯照明,做燃料煮饭取暖;用沼气渣养蚯蚓,蚯蚓又用来喂鸡,解决鸡的动物性蛋白饲料。剩下的废渣作肥料等等。

271. 怎样建筑庭院生态猪舍？

庭院生态养殖的建筑群主要分为地下、地面和空间三部分。例如，北方庭院生态农业模式的主体结构分为地面上的塑料大棚温室部分和暖舍部分（猪圈和人厕所）及地面下的沼气池部分。其特点是把发展沼气、养猪和建筑塑料大棚连接在一起，发挥了相互之间的循环作用。建塑料大棚不仅满足保护地的温度要求，而且还满足了猪舍和沼气池越冬温度的要求；建沼气池所产生的沼气一方面可以直接用于照明和烧水做饭，另一方面所产生的沼气液、沼气渣又是优质有机肥，此外还可提高地表温度有利于猪床保暖；在沼气池上建猪舍和厕所，猪粪尿和人粪尿可成为沼气池的原料，猪呼吸又满足了大棚蔬菜生产中所需的二氧化碳。反过来，蔬菜呼吸产生的氧气又保证了猪舍内的空气新鲜。其具体布置是：在庭院向阳处距房 4~5 米，最好是东西走向建一个塑料大棚，其规模可视院大小而定，一般以 100~200 平方米为宜。在塑料大棚一端建一座砖结构的 20 平方米左右的猪舍，可养 15~20 头育肥猪，其走向、高度与塑料大棚相齐，猪舍冬季也和大棚一样扣塑料膜，（其建筑结构参见暖棚猪舍）。在猪舍底部正中间建一个 10 立方米的沼气池，猪舍的地面即是沼气池的上盖，这样猪粪尿和人粪尿可通过沼气池入料口直接排入沼气池内。沼气池的出料口，隔墙设在塑料大棚内。猪舍与塑料大棚的隔墙上下有两个气孔，以便于猪舍与大棚交流气体。在猪舍前缘，距大棚底角 1 米处，设一坚固的铁栏杆，这样既防止猪拱坏棚，又不遮光，在铁栏杆外栽植 5~6 株葡萄，以便夏季遮荫猪舍。其模式结构见图 7-8。

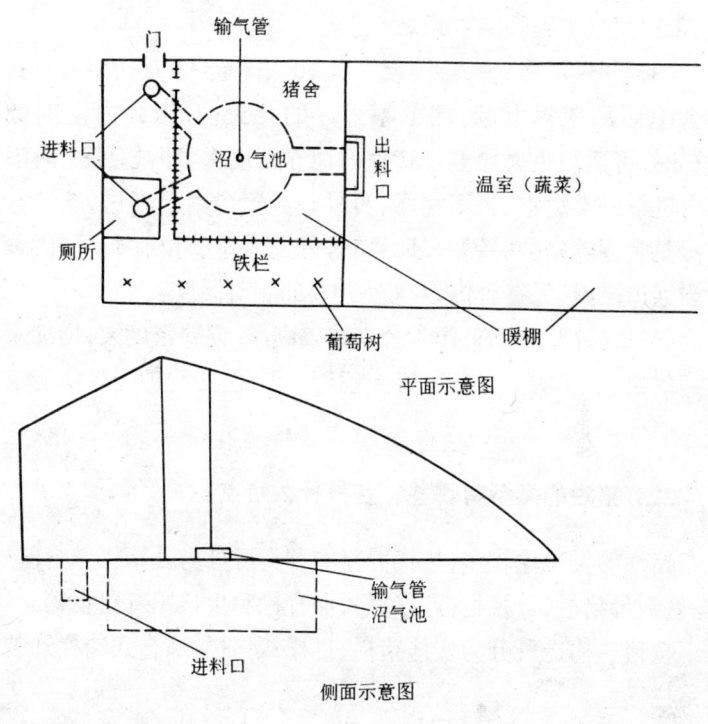

图 7-8 北方庭院生态养殖示意图

272.庭院生态养猪应注意哪些问题?

(1)选择优良猪种 猪的生产性能高低首先取决于自身的遗传潜力,不同品种猪的遗传潜力大不相同。在生态养猪过程中必须实现良种化,最好是选用生长发育快、早熟、抗逆性强的杂交种,如杜×本、长×本、杜×长×本杂交猪等。

(2)科学配合饲料 庭院生态养猪应采取快速肥育方式,生长肥育猪圈养在暖舍内,所需的营养要全部来源于饲料,对饲料营养含量的要求比放养吊架子肥育法严格得多。因此,必须饲喂全价配合饲料。添加鸡粪和绿萍等青饲料时,添加量要适宜,方法要得当,否则很难得到预期效果。

(3)严格控制猪舍温、湿度　在10月末至11月初要及时扣上猪舍上面的塑料大棚;在冬季最冷的几天内,当舍内温度低于10℃时,可适当生火加温。猪舍内饲养密度大,冲洗猪舍、向沼气池内进料经常用水,若不注意,容易造成猪舍内湿度过大。因此,排湿是暖棚养猪的关键一环。猪舍外周墙壁要留有通风口,采取适当通风措施,保持舍内60%~70%的相对湿度。

(4)做好防、治病工作　舍内比较潮湿,饲养密度大,增加了猪患病的机会,如肠炎、痢疾、疥癣病等。因此,必须加强疾病防治工作。

273.猪栏的类型有哪些？各具什么特点？

猪栏的类型比较多,按饲养猪的种类可分为公猪栏、空怀母猪栏、妊娠母猪栏、分娩栏(产仔栏)、保育栏和生长肥育猪栏等。

按猪栏构造可分为实体猪栏、栏栅式猪栏、综合式猪栏和装配式猪栏等。

实体猪栏为钢筋混凝土预制板或砌砖制成,优点是造价低,防风,安静,减少疾病传播。缺点是视线受阻,通风不良(图7-9)。

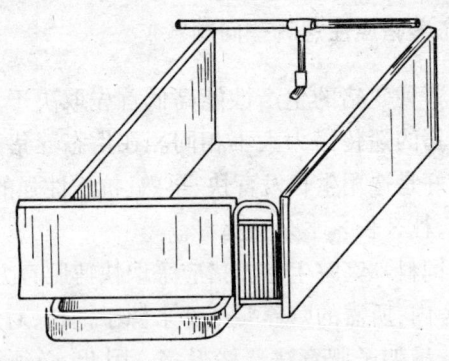

图7-9　实体猪栏

栏栅式猪栏常用钢管、角钢、圆钢、钢筋等焊接成栅状,经装配固定而成。优点是通风,视线好,便于防疫消毒,但需钢材多,造价高(见图 7-10)。

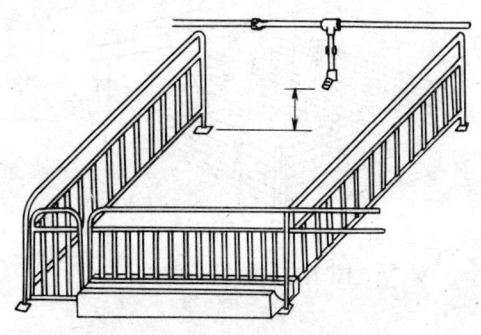

图 7-10　栏栅式猪栏

综合式猪栏有两种形式,一种是两猪栏相邻的隔栏,采用实体砖砌成短墙结构,走道正面为栅栏结构(见图 7-11)。另一种是猪栏下部为砖砌实体结构(约为 1/2),上部为栅栏结构,改进了实体猪栏视线差和通风不良的缺点。

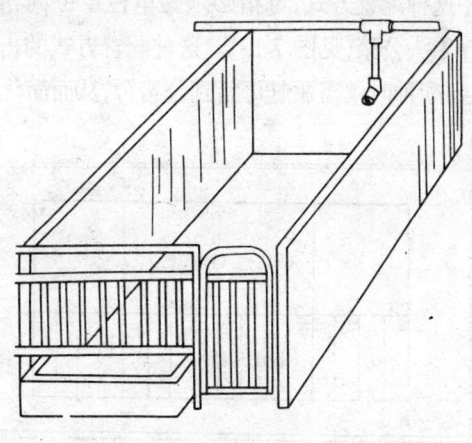

图 7-11　综合式猪栏

装配式猪栏由主体和钢管组成,立柱上有横向和纵向孔,随猪体型大小、数量多少变化,猪栏可作相应调整(见图7-12)。

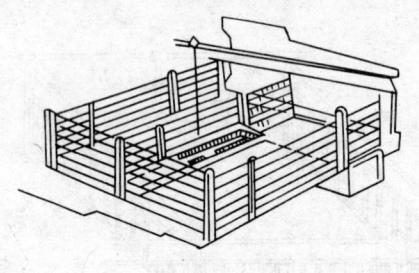

图7-12 装配式猪栏

274.怎样制作公猪栏?

猪栏结构有实体、栏栅式和综合式三种,面积一般为7~9平方米,高1.2米。公猪栏与待配母猪栏的配置一般有两种,第一种是公猪栏与待配空怀母猪栏紧密相连的配置方式,即3~4个待配母猪栏对应一个公猪栏,公猪栏同时又是配种栏,母猪配完种后赶回原来的猪栏。采用这种配置方式,母猪必须是单栏定位饲养,每个公猪栏内也只能饲养1头公猪(见图7-13)。这种配置方式的占地面积小,不需另设配种区,配种时仅需驱赶母猪到公猪舍,从而简化了操作程序。

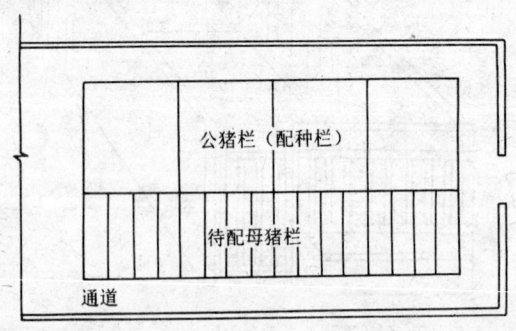

图7-13 紧密配置方式

另一种配置方式是将公猪栏和待配母猪栏分为两列,相对配置,两列中间作为配种区(见图7-14)。这种配置方式的占地较大,但有利于断奶母猪体质的恢复和公猪的运动。

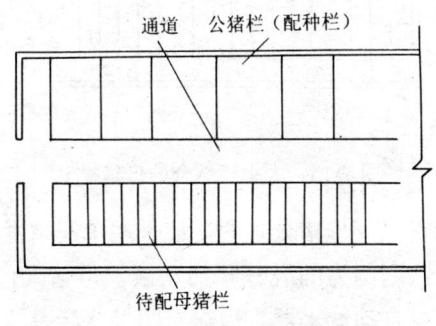

图 7-14 相对配置方式

275. 怎样制作母猪栏?

(1)普通母猪栏 由于采取的饲养方式不同,猪栏面积有所不同。如采用群养,每栏饲养母猪5头,猪栏面积为7~9平方米,每头母猪1.5~1.8平方米。猪栏结构有实体、栏栅式和综合式3种,多为单过道双列式,栏高1米,地面坡度不要大于1/45,地面不能过于光滑。

母猪(尤其是妊娠母猪)可采用单体限位饲养,即一个母猪栏饲养一头母猪。一般采用金属结构,典型尺寸为2.1米×0.6米×1.0米(即长×宽×高)。优点是猪栏面积小,便于观察母猪发情和合理饲养,环境相对安静(猪与猪之间干扰少),减少机械性流产。但成本高,投资大,由于运动受到限制,增加了腿部、蹄部疾患的发病率,影响受胎率和利用年限。

妊娠母猪可采用大栏饲养、小栏饲喂的方式,饲喂时每一头母猪自动进入小栏内,采食结束在大栏内运动(见图7-15)。

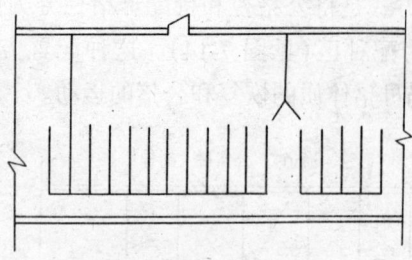

图 7-15 大小栏结合的母猪栏

(2)母猪分娩栏 母猪分娩栏一般采用单饲猪栏,中间部分为分娩母猪限位区,两侧为哺乳仔猪活动区。母猪限位区前端有饲料槽和饮水槽(或自动饮水器),后端有防母猪后退的装置(杆件或片件),以保持两侧仔猪安全往来。母猪限位区两侧有防压装置(杆状或片状)。在仔猪活动区设有补料槽和自动饮水器,必要时设保温箱,采用加热地板、红外线、热风机等,提高局部环境温度。分娩栏长度为2.2~2.3米,宽度为1.3~2.0米(母猪限位区宽度为0.55~0.65米)。高床式母猪分娩栏见图7-16。

七、猪舍及饲养设备   · 347 ·

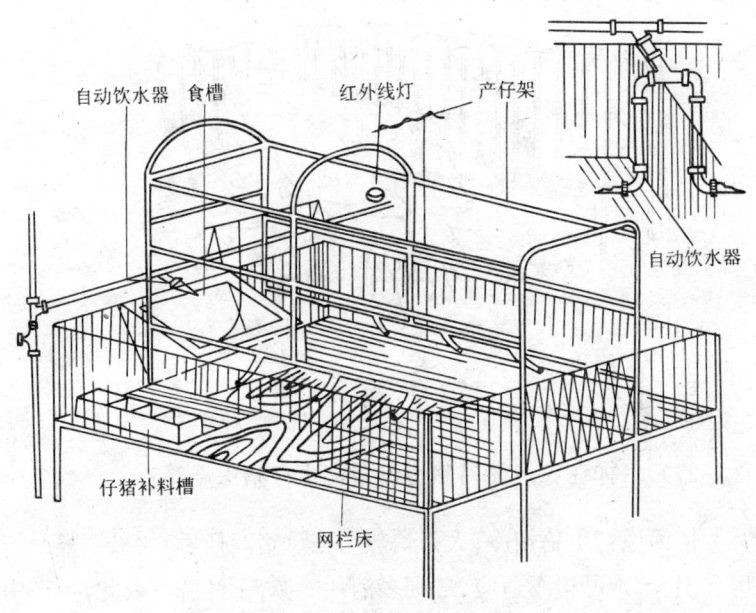

图 7-16　高床式母猪分娩栏

276. 怎样在农户简易猪舍设置护仔栏？

在母猪产仔后，往往因分娩疲劳或母猪体重过大、母性不好等原因，常在母猪起卧时，会将仔猪压死或踩死，特别是初生后 1~3 天内，由于仔猪体弱，不懂躲避，更易出现压死现象。为此，可在猪床靠墙的三面，用直径 9~12 厘米的圆木或毛竹在距墙地面各 20~30 厘米距离安装护仔栏（见图 7-17），以防母猪沿墙躺卧时，将仔猪压于身下，造成死亡。

图 7-17　简易护仔栏

277. 怎样在农户简易猪舍设置初生仔猪保温箱？

俗话说："小猪怕冷，大猪怕热"，在母猪产仔后，如果把整个产房升温，一则母猪不适应，二则多消耗能源，不经济。因此，生产中为仔猪保温的措施就是给仔猪单独创造温暖的小气候环境，最好的办法是在产圈内设置红外线保温箱或红外线保温小室。红外线保温箱可用木制，容积 1~1.5 立方米，固定于产圈一角，留一个仔猪出入口，内挂 1 只 250 瓦的红外线灯泡。仔猪保温小室，可在两个相邻产圈内中间用砖和水泥修建，宽 90 厘米，高 85 厘米。靠产圈一侧留一个宽 20 厘米、高 28 厘米的仔猪出入口。上面用木板盖上，地面铺垫草，内挂 1 只 250 瓦的红外线灯泡。红外线灯泡距地面高度 30~40 厘米，根据仔猪躺卧处温度随时可调节红外线灯泡的高度。仔猪出生后经几次训练，就会习惯出入红外线保温箱或小室。吃完奶后进去休息，需要吃奶时出来。这样，仔猪既不会冻死，又很少可能被压死、踩死。

278. 怎样制作断奶仔猪保育栏？

仔猪断乳后转入保育栏。通常由钢筋编织的漏缝地网、围栏、自动食槽和连接卡等组成（见图7-18）。猪栏由支撑架设在粪沟上面，猪栏多为双列式或多列式。底网有全漏缝和半漏缝两种，多用直径5厘米的冷拔钢筋编织而成，或用钢筋直接焊接，用异形钢材焊接，或用全塑料漏缝地板。

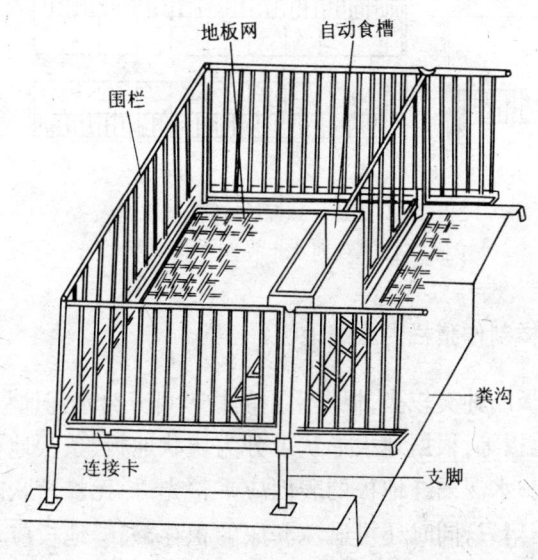

图7-18 仔猪保育栏

279.怎样制作生长肥育猪栏？

生长肥育猪栏的形式较多，其隔栏结构有砖砌隔栏、金属隔栏及综合式隔栏等3种形式。地面结构有三合土、砖或水泥地面以及水泥或金属漏缝地板等几种形式，每头猪所占面积为0.9~1.0平方米，栏高0.9~1.0平方米，多为中间带走道的双列式猪栏。三合土地面导热性小，柔软舒适，但易被粪尿等污染，砖砌地面也存在同样的缺点，水泥则太硬，且导热性大，不利于猪只的健康。漏缝地板的优点是易于清洗和消毒，水泥漏缝地板造价低廉，但损坏后不易维修，金属漏缝地板虽然造价较高，但使用寿命长，维修方便。漏缝地板直接架设在粪沟上（见图7-19），这种结构给管理带来很大的方便，其缺点是猪舍的湿度大，有害气体含量高。

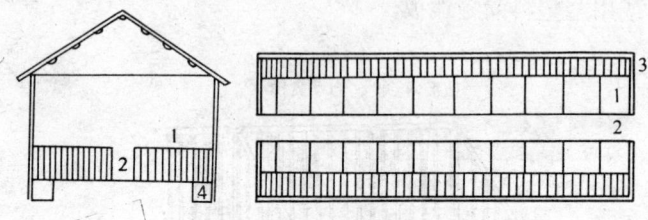

1. 猪栏　2. 通道　3. 漏缝地板　4. 粪沟
图7-19　双列式生长肥育猪栏

280. 怎样制作猪栏内漏缝地板？

漏缝地板的种类较多，根据采用的材料可分为水泥地板、金属地板、塑料地板等；根据地板形状可分为块状地板、条状地板和网格状地板等。水泥漏缝地板的表面应平整光滑，无蜂窝状疏松孔隙，以免刮伤猪只，同时还可避免粪尿的积存，漏缝地板应具有足够的强度以承受猪只的重量及外界的机械损伤。金属漏缝地板可分为网格状地板和焊接式条状地板。网格状地板适用于分娩母猪栏和断奶仔猪栏，条状地板则适用于生长肥育猪栏。塑料漏缝地板是以工程塑料压制而成，可以小块拼装组合，使用方便。这种地板导热性小，保温性能好，因此适合于哺乳仔猪的休息区和断乳仔猪保育栏。

281. 养猪常用的喂料设备有哪些？怎样使用？

选用什么样的喂料设备，应考虑猪场的规模、资金、劳力、饲料资源和饲料形态等情况。理想的方式是将饲料厂加工的饲料，用运输车送入贮料塔，再通过螺旋或其他输送机，将饲料直接送进食槽或自动食箱。

(1) 饲料塔　饲料塔多用0.25～3.0毫米厚镀锌钢板压型组装而成(见图7-20)，容量2～10吨不等，贮存时间不宜过长，以2～3天为宜。应考虑气候、饲料含水量等因素。饲料塔各连接处要密封，应安装出气孔和料位提示器。

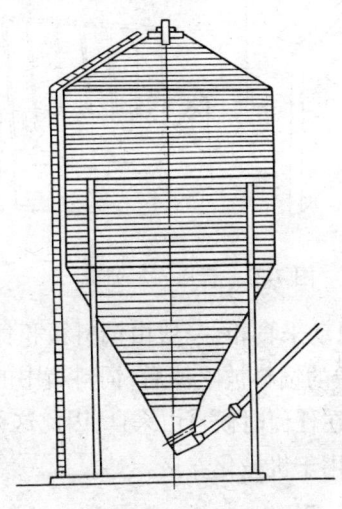

图7-20　饲料塔

(2) 饲料运输机　运输机是将饲料塔中的饲料输送到猪舍，分送到饲料车、食槽或自动食箱内。目前国内常使用卧式搅龙输送机和链式输送机。卧式搅龙输送机具有结构简单、适用范围广的特点，既可输送粉料、颗粒料、块状料，又可通过变换转数改变生产率。

(3) 饲料车　饲料车在我国各类猪场普遍使用，工厂化养猪场的饲料车，仅作为辅助送料设备，主要用于定量饲养的配种栏、妊娠栏和分娩栏的猪，将饲料从饲料塔运至食槽。饲料车有手推机动加料车和手推人工加料车。

(4) 饲槽　饲槽的种类较多，大体上可分为普通食槽和自动食槽两类。普通食槽根据其使用材料又可分为水泥食槽和金属食槽(见图7-21),水泥食槽坚固耐用,价格低廉,既适合喂干料也适合喂湿拌料。

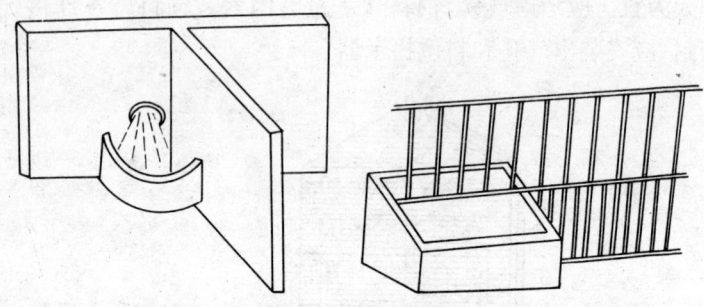

图 7-21　普通固定饲槽

自动食槽也称自动采食箱,一般由饲料箱和食槽两部分组成(见图7-22)。食槽中的饲料被吃掉后,饲料箱中的饲料会自动添加到食槽内,猪可以在任何时候自由采食,因此这种饲喂方式可大大地节省劳动力,适用于机械化养猪。

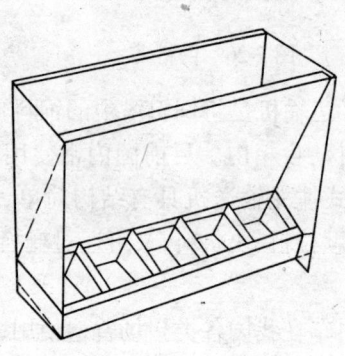

图 7-22　自动采食箱

282. 养猪常用的饮水设备有哪些？怎样使用？

猪场的饮水设备有水槽和自动饮水器两种形式。水槽是我国传统的养猪设备，有水泥水槽和石槽等，这种设备投资小，较适合个体小型猪场，其缺点是必须定时加水，工作量较大，且水的浪费大，卫生条件也差；自动饮水设备一般包括供水管道、过滤器、减压阀及自动饮水器等几部分。自动饮水器可以日夜供水，减少了劳动量，且清洁卫生，一般规模化猪场多采用这种形式。自动饮水器分为吸吮式、杯式、乳头式和鸭嘴式等，目前国内多采用鸭嘴式饮水器和乳头式饮水器。

(1) 鸭嘴式饮水器　可供10~15头猪饮水，一般安装在饮水区自来水管上。鸭嘴式饮水器构造简单，由鸭嘴体、阀杆、胶垫、固定弹簧等零件组成（见图7-23）。猪饮水时，将鸭嘴体衔于口内，挤压阀杆，克服弹簧压力，使阀杆胶垫与水孔偏离，于是水经饮水器管体流入猪的口腔中；当猪嘴离开阀杆时，阀杆在弹簧作用下，自动回位，饮水器停止供水。常用的有9SZY-2.5型与9SZY-3.5型，它们的构造原理完全一样，只是出水孔径大小不同，分别为2.5毫米和3.5毫米，使水流量控制在每分钟2 000~3 000毫升。

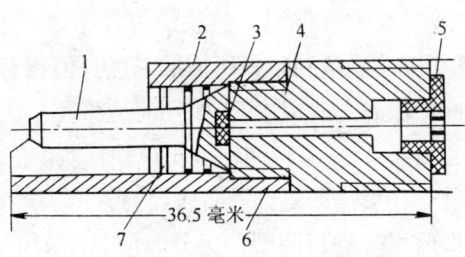

1.阀杆　2.弹簧　3.胶垫　4.阀体　5.栅盖　6.饮水器体　7.档圈
图7-23　鸭嘴式饮水器

(2)乳头式饮水器　乳头式饮水器可供10~15头猪饮水。它是由阀杆、钢球、饮水器体等部件组成。猪饮水时,向上拱动阀杆,抬起钢球,由阀杆形成的两个密封圈被移动,于是水通过错开的间隙而流出。猪离开时,钢球和阀杆自动回位,停止供水。用乳头式饮水器时,主管道压力不得大于19.6千帕,否则水流通过饮水器时,将形成喷水现象,对猪只饮水不利。9SZR-9乳头水器见图7-24。

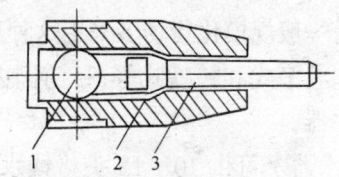

1. 钢球　2. 饮水器体　3. 阀杆
图7-24　9SZR-9乳头式饮水器

283. 怎样使用猪舍内保温与防暑设备?

为了猪的生理需要,冬夏季节应根据各类猪的不同情况,做好防寒保暖和防暑降温工作,以利于养猪生产,提高经济效益。

(1)保温　目前国内养猪生产中母猪舍、分娩舍和保育猪舍多采用热风炉或煤炭炉来保温。热风炉每栋猪舍一般装2个即可,煤炭炉需要6个才能达到猪只所需的温度。但也有使用暖气设备来保温的,这种保温方式成本高,采用时应慎重。因仔猪要求的温度比较高(30~35℃),应特制保温箱单独保暖。

(2)防暑　在炎热的夏天除将舍窗打开降温外,还可安装电风扇(吊扇)、排风扇等进行降温。另外,还可以采用喷雾式降温,这种方法降温快,效果好。各类猪所需的适宜温度见表7-1。

表 7-1 各类猪所需的适宜温度

猪 别(千克)	适宜温度(℃)	猪 别	适宜温度(℃)
初生仔猪	30~35	肥 猪	15~18
幼 猪	27~30	母 猪	15~20
育成猪(20~40)	24~27	妊娠母猪	11~15
后备猪(40~60)	21~24	公 猪	10~12
后备猪(60~90)	18~21		

284. 怎样使用猪场的清粪设备?

猪场的清粪有人工清粪、水冲清粪和机械清粪等几种形式。

个体养殖户及规模较小的猪场一般多采用人工清粪,即主要靠饲养人员打扫猪舍内粪便,用车拉到粪场堆积起来进行发酵处理,处理的粪肥可作为农家肥料或养鱼的饲料。

水冲清粪多用于饲养规模较大的封闭式、双列式猪舍,粪尿沟设在猪舍中央通道下面,舍内各猪栏都有暗沟相通,每天用水将猪栏内粪尿冲入粪尿沟,粪尿沟由一端向另一端倾斜。然后,再通过总坑道流入舍外大的粪坑中,定期从大坑清出粪尿。

大型规模化猪场多采用机械清粪。机械清粪一般要配合使用漏缝地板,其形式有铲式清粪机和刮板式清粪机等几种形式。另外,也有猪场采用漏缝地板配合水冲清粪。

八、家庭猪场的经营管理

285. 家庭猪场的经营管理有何重要性?

从发展的观点看,我国养猪生产逐渐步入规模化生产,猪场规模日趋扩大,市场竞争日趋激烈,单位盈利水平日趋缩小,不均衡市场的超额利润已不复存在。

作为猪场经营者,既要负责全场养猪生产的技术管理,又要担负市场、销售、流通、消费全过程。在这个过程中,经营活动多种多样、错综复杂。同时,现代化养猪进行集约化生产,生产工艺比较复杂,特别是具有相当规模的养猪场,拥有比较先进的设施和装备,劳动分工细,生产过程中各个环节关系密切,任何一个环节上失误,都会造成整个生产不能顺利进行。因此,在客观上就提出了搞好规模猪场经营管理的重要性。在养猪生产中,不仅要重视先进的科学技术,而且要重视采用科学的经营管理方式,两者缺一不可,只有把先进的科学技术和科学的经营管理有机结合起来,才能更好地提高养猪生产的经济效益。目前有些猪场设备不错,但生产上不去,经济效益不佳,甚至亏损严重,究其根本原因就在于经营管理不善。在养猪生产中,总要耗费人力、物力和财力,如何用最少的耗费,来生产又多又好的产品,从而获得最佳的经济效益,这必须做到了解本场的整个生产过程和产品市场,进行综合分析和判断,随时掌握生产状况和市场动态,并根据所掌握的情况对生产活动给予监督、限制、约束和促进,使之按既定的目标顺利进行,使自己经营的猪场在市场竞争中永远立于不败之地。

286. 家庭猪场经营管理有哪些基本内容？

(1) 经营思想　行成于思，任何一个猪场首先要有一个正确的经营思想，它是指导猪场生产经营管理活动的罗盘，对猪场的生存发展起着决定作用。在市场经济条件下应牢牢把握以下几方面经营观念。

①市场导向观念：俗话说有市场就有财路。满足市场需求是猪场经营的出发点，只有把握现有需求，寻找潜在需求，做到以销定产、适销对路、人无我有、人有我好、人好我新，这种以市场为导向，稳定中求创新的市场观念才是立于不败之地的关键。

②质量加服务观念：现代养猪再不是计划经济条件下的粗糙生产，质量就是信誉，信誉是企业的生命。此外，家庭猪场只靠以质取胜还不够，市场竞争激烈的今天还必须有优质的服务，"酒香不怕巷子深"的年代已经成为过去，良好的品质加上优质的服务才能赢得更多的用户。

③信息观念：家庭猪场应做到利用计算机联网农业信息中心、政府相关部门、民间组织和各种中介组织、新闻媒体，了解市场供求状况，本行业竞争对手，国家宏观政策及相关产品信息，这样才能做到正确的市场预测。相反，在信息不清、经营者胸中无数的情况下，经营不是冒险就是失策。

④竞争观念：竞争是市场经济的必然产物。竞争的实质是猪场间科学技术之争，是经营管理水平之争，归根结底是人才之争。竞争就意味着优胜劣汰，中国肉猪市场日趋走向成熟，市场竞争日趋激烈。因此，经营者应制订正确的竞争策略，使自己处于主动和优势地位。影响竞争能力的主要因素有品种、质量、价格、交货日期、销售方式、服务态度及企业信誉等。经营者必须做到产品优质、低价，与众不同，靠价格取胜、时间取胜、创新取胜、信誉取胜等。

⑤创新观念：家庭猪场应时刻重视科学知识的学习和实践总结，增加产品的科技含量，通过科学的饲养方法提高产量。更应根据市场热点，利用先进的科学技术进行产品创新。在重视环保、重视绿色食品的今天，应该通过科学的方法增加产品的营养含量，降低抗生素及有害元素的含量。

⑥法制观念：作为一个猪场，它的所有经营活动都必须在政策法令许可范围内进行，经营者应自觉遵守和维护法制。此外，应学会利用法律保护自己的合法权益，处理好经济纠纷，否则猪场经营者的正当利益得不到保护。

(2)经营策略　家庭猪场必须根据正确的经营思想，确定相应的一套合适的经营策略。在市场经济条件下，总的来说应做到以市场为导向，在市场预测的基础上稳扎稳打，靠质量取胜，靠服务取胜，靠科技取胜，靠创新取胜。

(3)经营决策　猪场的经营决策必须以经营思想为指南，结合自身实际情况对为实现奋斗目标所采取的重大措施作出选择与决定，它包括经营方向、生产规模、饲养方式、猪种选择、猪舍建筑等。

①经营方向：兴办猪场首先碰到的就是经营方向问题。也就是说，要办什么样的猪场，是办综合性的，还是办专业化的；是养种猪，还是养商品猪。种猪场技术含量比较高；综合性的猪场经营范围较广，规模较大，需要财力、物力较多，要求饲养技术、经营管理水平较高。至于具体办哪种类型猪场，主要取决于所在地区条件、产品销路和企业、家庭自身的经济、技术实力，在做好市场预测的基础上，慎重考虑并做出明确决定。

②生产规模：经营方向确定以后，紧接着应研究猪场的生产规模，以便做到适度规模经营。作为养猪业，其产品不同于工业品，不管行情好与坏都不能长期积压，适度规模可缓冲市场行情对生产的冲击。

一般来说，规模的大小各有利弊，规模大的猪场，可以选择先进的工艺和设备,便于组织专业化大批量生产,实现较高的效率,获得高质量的产品,做到消耗小,成本低,在市场上具有较强的竞争能力,容易形成"拳头产品"。而规模小的猪场,投资少,收效快,对建设条件要求不高,且适应性强,可以利用分散的自然资源,调动各方面的积极性,做到就地生产、就地销售,减少运输,也便于根据市场变化灵活组织生产。

作为一个新建的家庭猪场,究竟办多大规模,养多少头猪合适,这要从投资能力、饲料来源、猪舍条件、技术力量、管理水平、产品销量等诸方面情况综合考虑、确定。如果条件差一些,猪场的规模可以适当小一些,如养猪200～300只,待积累一定的资金,取得一定的饲养和经营经验之后,再逐渐增加饲养数量。如果投资大,产品需求量多,饲料供应充足,而且具备一定的饲养和经营经验,猪场规模可以建得大一些,以便获得更多的盈利。但是,猪场的规模一旦确定,绝不能盲目增加饲养数量,提高饲养密度;否则猪群生长速度慢,死亡率高,造成经济损失。

(4)猪种选择　目前,国内猪的品种有许多,在选择猪的饲养品种时,要根据经营方向、环境特点等,在经济效益上进行总体对比再作决定。一般饲养肉猪,应尽量选择生长速度快、瘦肉率高、抗病力强、饲料报酬高的杂交猪。

(5)猪舍建筑　在实际生产中,要根据生产规模、资金状况等确定猪舍建筑形式和规格。国营大型猪场,尤其是种猪场要按标准建筑猪舍,以保证投产后获得较高的生产效率。

家庭猪场资金有限,猪舍建筑可因陋就简,就地取材,注重实用。可以建封闭式猪舍,也可以建半开放式或开放式猪舍,有的地方也可以利用塑料大棚养猪。总的要求是猪舍举架适宜,冬暖夏凉,通风良好。

287. 引进种猪应注意什么？

在经营家庭猪场过程中，需要随时引进种猪，以保证猪群的血液更新。在引种时应注意以下几个问题。

(1)要严防疫病传入　引种之前，必须详细了解种猪产区的疫情，确认无病才能引进。同时，还要考虑引进的猪种在当地的自然条件下会发生什么疫病，如有些南方猪种引入东北以后易发生气喘病等，必须注意预防，以免疫病传播。种猪引来后，不能立即放入猪群，至少要隔离饲养观察20天，肯定无病再合群。

(2)要考虑血缘关系　引来的种猪相互间不能有血缘关系，并应带回种猪血统卡片，保存备查。

(3)引种数量不宜过多　在一般情况下，较大型猪场，引进饲养两三个不同特点的优良品种就够用了。小型猪场引进一两个品种的公猪，有计划地与本地母猪进行经济杂交，提供具有杂种优势的肥育仔猪就可以了。引进过多的品种，容易造成乱配，血统混杂。

(4)引进的种猪应适应当地的自然条件　从外地引进猪种，有时会发生不适应的现象，表现为容易发病，不能进行正常繁殖等，给生产带来损失。在这种情况下，可实行间接引种。如内江猪引入东北后，开始表现为不适应，怕冷，易患气喘病，管理跟不上去的常出现死亡。因此，要引入内江猪作父本，不用直接到四川去引，可从本地区其他猪场或华北去引种。因为这样的种猪，已在北方条件下经受了一定的风土驯化，比较容易适应当地条件。

(5)要考虑当地饲养水平　因为引入品种在当地除了杂交改良本地猪外，还要进行纯种繁育，如适应性不好，就可能出现纯种退化现象。最好先少量引种进行杂交试验，找出杂交效果好的品种以后，再大量引入种猪。

288. 怎样进行市场预测？

大多数家庭猪场经营的是商品猪，既然是商品生产，就必须十分重视市场预测，因为如果他们生产的产品不能适销对路，他们所养的猪就不能经过市场取得合适的售价，收回本钱和盈利，维持再生产。因此经营者必须懂一些有关市场的知识和行情，随时进行市场预测，掌握生猪及其产品在本地市场、省内外市场的动向以及消费者需求的变化。只有掌握了市场动向，经营者才能正确决定自己的经营策略和经营方法。

怎样掌握市场动向呢？所谓市场动向，就是市场上某种商品如生猪、猪肉、猪副产品等供求关系变化的趋向，如市场猪肉供不应求、出现紧缺时就会提价；相反，猪肉供过于求，或是售价提得过高，消费者承受不起，出现市场上暂时的过剩，销售萎缩，使售价回落。市场上供求关系的背后则是生产和消费的关系，生产多了，消费少就供过于求；生产得少，消费得多，就会供不应求，这种供求关系的变化集中表现在价格上。因此，供求关系的变化影响价格的涨落，是市场价格变动的一般规律。

掌握市场的动向有三个方面：一是一个时期（几个月，甚至几年）生猪生产总的发展趋势和市场趋向；二是当前全国总的市场动向；三是产区当地市场动向。这三种市场动向各有其特点和内容，都应有所了解，做到胸中有数。

一个时期生猪市场变化总的趋向，对家庭猪场采取什么经营策略至关重要。比如说，在我国瘦猪肉供不应求的局面可能延续很长时期，瘦肉与肥肉间的差价可能愈来愈大，瘦猪肉可能呈逐渐提价的趋势。掌握这种动向的手段就是市场预测。要做好市场预测，需要调查了解国内瘦肉型猪生产和消费者的需求及购买力强弱等情况和基本的数据，经过分析，作出正确判断。

掌握生猪商品在全国范围内供求关系变化总的市场动向，对猪场安排当年或近期内生产计划是很必要的,虽然家庭猪场的产品比较单一,主要是商品肉猪,但也有品种选择问题,也有养猪规模大小问题,还有何时出栏适销问题,饲料供应如何配套问题等等。要解决这些问题,就要对当前市场上猪肉、生猪及饲料等商品供求关系的变动了如指掌,而后才能安排好自己的养猪计划。

产区当地的市场动向,反映猪肉等商品在产区供求的关系变化。这种动向的特点,在生产方面是同行业养猪的增减变动情况,在消费方面主要是当地城乡人民猪肉消费的变动,以及邻近市、县生猪外销情况等,把这几方面情况综合起来,可以弄清当地市场的概况。

农民习惯于看仔猪价格的涨落观察市场动向,仔猪价好,表明养猪户乐意多养猪,于是市场上仔猪供不应求;相反,仔猪跌价、烂市,说明养猪户不愿多进猪,仔猪供过于求。仔猪行情的变化,确实能反映一定时期养猪生产消涨的情况,但仅此一点还不够,随着市场经济的发展,销售生猪不仅限于产区市场,还与全国市场,甚至同国际市场有密切关系。所以必须多方面观察,综合研究,把握一定时期养猪的市场动向。

289.怎样做好家庭猪场的计划管理?

良好的计划是良好管理的开端,只有实行计划管理,才能使各项生产有条不紊地进行,使人力、物力、财力得到充分合理的使用,保证生产任务的顺利完成,以取得最佳经济效益。猪场的计划管理是通过编制计划、执行计划及执行计划情况的分析来实现的。

猪场计划按计划的时间可分为长远计划、年度计划和阶段性计划;按计划的性质可分为生产计划、种猪配种分娩计划、猪群周转计划、饲料供应计划、卫生防疫计划、产品销售计划和经营财务计划等。各种计划之间相互联系,相互补充,形成一个良好的体系,以考察最终的经营效果。

(1)长远计划　长远计划又称远景规划,是猪场3~5年或更长时间的发展纲要和年度计划安排的依据,对猪场的发展具有方向性的指导作用。但因计划的时间长,又受主客观因素的影响,不可能制定得详细而具体。

长远计划的内容包括猪场的发展方向与任务、生产建设规模与速度、自然资源的开发与利用、产品的产量与产值、投入产出比与经济效益的估算、饲养人员的培训与科技水平的提高等。长远计划不是一成不变的,而是根据市场需要和经营情况,通过年度计划来调整和落实,以适应经济形势的变化。

(2)年度生产计划　年度生产计划是计划管理的主要环节,是长期计划的具体化。它是猪场最基本的生产经营活动,是在总结上一年度生产活动的基础上制定的,是指导当年生产经营活动的总体方案。年度计划应适应猪场生产能力和市场需求状况。其内容包括生产计划、种猪配种分娩计划、猪群周转计划、饲料供应计划、卫生防疫计划、经营财务计划等。

(3)阶段性计划　此计划是年度生产任务在各时期的具体安排,可按季或月来编制。编制方法与年度计划基本相同,只是内容更具体,指标更准确。计划制定后,即可按部就班地进行生产,通过定期检查,促进阶段性计划的完成。其内容包括生产计划、饲料供应计划、卫生防疫计划、经营财务计划等。

290.怎样编制家庭猪场生产计划和产品销售计划?

(1)生产计划　生产计划主要是事先对猪场的生产品种、产品产量、产品产值作出规划,以便指导生产。

①品种计划:确定猪场主要生产哪些产品,主产品有哪些,副产品有哪些,各自的产量与产值情况等。产品计划如表8-1所示。

表 8-1 各品种生产计划表

产品项目＼时间	月份												合计	上年合计
	1	2	3	4	5	6	7	8	9	10	11	12		
合计														

②产品产量计划：产量计划包括猪场的总产量计划和单位产量计划，总产量计划是指猪场在某一年度或生产周期内争取实现的产品总量。它反映了猪场的经营规模和生产水平等状况。总产量包括种猪产仔总头数及销售重量、肉猪出栏总重量等。单位产量是指每头种猪产仔数、每头肉猪产肉量等。

③生产产值计划：产值计划根据利润计划和产量计划来制定，是指猪场在年度内养猪所要达到的产值目标。其计算方法为：

饲养肉猪总产值 = 出栏猪总重量 × 单价 + 死亡和淘汰猪重量 × 单价 + 期末存栏猪重量 × 单价 + 副产品产值

(2) 产品销售计划 它是保证猪场产品全部售出的计划，是编制年度生产计划的主要依据，是实现产值计划和利润计划的重要保证。在产品销售计划中，主要规定了产品销售量、销售时间、销售渠道、销售收入及销售方针。产品销售计划见表 8-2。

表 8-2 产品销售计划表

产品名称	产品产量	年初结存量	年末结存量	销售量	产品单价	销售收入	销售费用	销售渠道	销售时间	销售利润	备注

在编制猪场产品销售计划时,需要计算产品的销售量和销售收入。

计划年度可供销售的产品量＝计划年度产品的生产量＋计划年初产品的结存量－计划年末产品的结存量

计划年度的销售收入＝计划年度产品的销售量×单位产品销售价格

291. 怎样编制猪群周转计划和种猪配种分娩计划?

(1)猪群周转计划的编制　对全年各月份存栏各类猪数及周转情况做出较准确的计划,这是制定其他计划的基础。猪群按性别、年龄和用途,可分为哺乳仔猪、育成猪、后备猪、检定母猪、基础母猪、种公猪和生长肥育猪。后备母猪是从满 4 月龄的育成猪中选出,后备 4～6 个月,用于补充检定母猪,检定母猪经过第一次分娩,检定合格后转入基础母猪,基础母猪一般可使用 4～5 年,即每年淘汰率为 20%～25%。母猪在 8～10 月龄开始配种,妊娠期 114 天,哺乳期 45～60 天,断奶后 10 天内可配种。一年产仔 2

窝,每窝育活仔猪8~10头,50天断奶体重11~15千克。生长肥育猪饲养期5~6个月,体重100~120千克出栏。后备公猪从满4月龄的育成猪中选出,后备期6~8个月,用于补充种公猪。种公猪在10~12月龄开始使用,一般可使用3~4年,即每年淘汰率为30%左右。在季节性集中配种条件下,1头成年公猪一个配种季节,可负担15~20头母猪,青年公猪负担10~15头母猪配种定额。因此,在编制猪群周转计划时,应掌握以下资料:

①猪场计划年初的猪群结构。
②计划年内购入或转入种公猪栏内的种公猪月份和头数。
③计划期内应淘汰的种公猪、基础母猪、检定母猪的月份和头数。
④计划期内检定母猪转入基础母猪的月份和头数。
⑤计划期内后备母猪转入检定猪的月份和头数。
⑥计划年繁殖仔猪的月份和头数。
⑦计划期内,4月龄幼猪转入后备母猪和育肥猪的月份和头数。
⑧计划期内应出售仔猪、幼猪、后备母猪和育肥猪的月份和头数。

猪群周转计划见表8-3。

(2)种猪配种分娩计划的编制 制定猪群种猪配种分娩计划应阐明计划年度内全场所有繁殖母猪每月(周)的配种、分娩,仔猪的断乳及商品猪的出售头数。它是各项计划的基础,是猪群周转与生产指标考核的依据。制定该计划,必须掌握年初的猪群结构,上年度末母猪妊娠情况,母猪分娩方式(是长年分娩还是季节分娩),母猪计划淘汰数量与时间及母猪分娩胎数等有关资料。同时还应考虑猪场所处的地理环境条件、圈舍设备、饲养管理水平、饲料供应状况等。小规模的家庭猪场,应尽可能避开最冷与最热季节产仔,以利于母猪安全分娩、仔猪存活和生长发育。

表 8-3 猪群周转计划表

单位：头

猪群	月份	上年末结存数	计划年度月份												计划年末结存数
			1	2	3	4	5	6	7	8	9	10	11	12	
哺乳仔猪	0～2月龄														
育成猪	2～4月龄														
后备猪 ♂/♀															
检定母猪	月初头数 转入 转出 淘汰														
基础母猪	月初头数 转入 淘汰														
基础公猪	月初头数 转入 淘汰														

续表

月 份　猪 群		上年末结存数	计划年度月份												计划年末结存数
			1	2	3	4	5	6	7	8	9	10	11	12	
生长肥育猪	2~4月龄														
	4~6月龄														
月末结存															
出售种猪															
出售仔猪															
出售肥育猪															

292. 怎样编制饲料计划?

根据各月份各类猪存栏数和贮料条件,制定出各月份饲料采购计划。各类猪的饲料定额,在基本不用其他辅料情况下,可参考表 8-4。年度饲料计划格式见表 8-5。

表 8-4 每头猪所需饲料量

猪别与条件	配合饲料(千克)	平均粗蛋白质(%)
公猪,常年配种	700～800	15
母猪,年产 2 窝	800～900	14
仔猪补料	20～30	18
后备猪、肥育猪(15～100 千克)	300～350	14

表 8-5 年度饲料计划　　　　单位:千克

饲料种类	月份												总计
	1	2	3	4	5	6	7	8	9	10	11	12	

293. 怎样制定家庭猪场卫生防疫计划?

猪场的卫生防疫计划是根据卫生防疫要求和生产工艺流程而制定的,其主要内容包括:防疫对象、防疫时间、防疫药品和数量等。防治的对象是影响猪体健康的疾病,防疫时间分定期和不定期两种。一般定期防疫为每年春、秋两次全场性防疫;不定期防疫是指随猪只日龄增长和猪群的调动,在饲料中添加不同的抗生素和注射各种疫苗。消毒药液要及时更新,工作服应定时熏蒸。卫生防疫计划需要在各饲养阶段的饲养员配合下,由防疫员组织实施。

294.怎样制定家庭猪场经营财务计划?

家庭猪场的经营财务计划即根据猪场自身的资源情况、社会需求动态、竞争情况和生产能力制定自己的经营目标和经营利润,充分利用现有资源,达到利润最大化。在财务计划中,除考虑资金周转速度、资金利用率、资金产出率外,最重要的应是猪场的利润计划和成本计划。

(1)利润计划 猪场的经营计划是以利润计划为中心来进行的。猪场的利润计算方法如下:

利润=营利-税金

营利=总产值-生产费用

(2)产品成本计划 成本计划是猪场生产财务计划的重要组成部分,通过成本分析可以控制费用开支,节约各种费用消耗等。一般成本计划的编制主要以成本项目计划为主,对主要的成本项目提出指标,并同上年进行比较,以反映成本结构的变化情况(见表8-6、表8-7)。

一般来说,产品成本分为人工成本和物质成本,人工成本包括工资、福利费、奖金和其他形式的劳动报酬;物质成本包括除人工费用以外的全方面费用。计算产品成本时利用以下几个公式:

表 8-6　肉猪生产成本计划表

成本项目		第一季度		第二季度		第三季度		第四季度		全　年	
		上年	计划	上年	计划	上年	计划	上年	计划	上年	计划
人工消耗	人工费用										
生产资料消耗	饲料费										
	仔猪费										
	燃料和动力费										
	医药费										
	低值易耗品										
	摊销费										
	固定资产折旧										
	维修费										
	共同生产费										
	其他费用										
	主产品成本										
	副产品成本										
	主产品单位成本										

表 8-7　肉猪生产成本计划表

主产品名称	养猪头数	计划单产	计划总产量	单位成本		总成本		计划任务	
				上年	计划	按上年实际的单位成本计算	按计划单位成本核算	上年完成	今年
出栏重									
合计									

养猪产品成本＝人工费用＋各种物质费用＋固定资产折旧费＋其他费用

主产品成本＝饲养总成本－副产品收入

主产品单位成本＝主产品总成本÷产品产量

295．怎样做好家庭猪场的生产劳动管理？

(1) 人员的安排与使用　在生产中，养猪对技术的要求较高，因而必须充分发挥技术人员、管理人员和饲养人员的积极性，根据猪场的实际情况合理安排和使用劳动力，使各类人员之间合理分工和配合，做到人—猪—环境科学组合，人尽其力，猪尽其能，物尽其用。

(2) 劳动组织　劳动组织与猪场的管理密切相关，尤其生产规模较大的猪场更是如此。一般大型综合性猪场应成立各种专业化作业组，如饲料供应组、种猪饲养组、育成猪饲养组、后备猪饲养组、肉猪饲养组等，每组设置饲养人员和技术人员。

(3) 劳动定额　劳动定额通常是指一个中等劳动力（或一个作业组）在正常生产条件下，一个工作日所完成的工作量。猪场的劳动定额一般要根据本场机械化水平及环境条件而定，把繁殖、成活、增重、出栏和各种消耗指标落实到各作业组或个人，充分发挥劳动者的自身积极性，责、权、利关系明确，真正做到多劳多得，多产多得。

(4) 生产记录　在生产中，工作记录对总结养猪经验教训和经济核算等都是非常重要的，因而要坚持做好记录统计工作，特别是仔猪和育成猪，每天都要按要求做好生产记录，做到日清月结。一般记录统计表包括增重记录、防疫记录、投药记录、饲料消耗记录等（表8-8～表8-11）。

八、家庭猪场的经营管理

表 8-8　猪群体重增重情况记录　　年　月

称重周龄	称重日期	称重只数	总重量	平均体重	记事

表 8-9　防疫记录

预定接种		实际接种日期	负责接种人	接种病名	疫苗种类	接种方法	疫苗厂牌	疫苗		单价	用量	金额	备注
日期	日龄							批号	有效期限				

表 8-10　猪群投药记录

日期		日龄	药品名	成分	厂牌	使用方法	诊断病名	治疗效果	单价	用量	金额	意见
自	止											

表8-11 猪群饲料消耗记录

日期	当日猪头数	饲料消耗总量				每头平均消耗量				记事
		粉料(千克)	粒料(千克)	青饲料(千克)	添加剂(克)	粉料(千克)	粒料(千克)	青饲料(千克)	添加剂(克)	

296. 怎样做好家庭猪场的经济核算？

(1) 家庭猪场进行独立经济核算的前提条件

①实行财务计划管理，编制合理的财务定额。

②建立健全财务制度，设置会计科目，处理会计凭证，登记会计账册等。

③配备会计人员，根据家庭猪场的经营规模决定是否分工核算。

④有一定数量的可自行支配的长期使用的生产经营资金。

⑤有业务往来。

(2) 资金核算 资金的核算涉及面广，发生频繁，既涉及到材料采购、工资支出、费用开支、往来结算等业务，又关系到家庭猪场经营资金的运用合理性问题。在资金核算过程中，又包括固定资金的核算和流动资金的核算。流动资金核算在于促进家庭猪场节约使用流动资金，加速资金周转速度。用以表明流动资金周转速度的指标称为流动资金周转率，可以用两个指标来表示：

①以一年内流动资金完成的周转次数表示，其计算公式如下：

年周转次数＝年度销售收入总额÷年度流动资金平均占用额

年度销售收入总额应根据现行制度的规定计算确定。年度流动资金平均占用额的计算公式是：

月度平均占用额＝(月初余额＋月末余额)÷2
季度平均占用额＝本季度3个月平均占用额之和÷3
年度平均占用额＝本年4个季度平均占用额之和÷4

②以流动资金周转一次所需天数表示，其计算公式如下：

周转一次所需天数＝360÷一年周转次数

(3)养猪生产费用核算　养猪生产的费用核算主要包括劳动消耗核算、物资消耗核算、初期存栏价值核算和利息核算等。

①劳动消耗核算：内容包括交付给饲养人员、配种、防疫、饲料生产、加工人员的工资和福利费等的开支。计算支付产品的工资，是用工资单价乘以投到该产品的总用工数。

工资单价计算公式如下：

工资单价＝实际支付工人的工资福利费总额/实际投入生产工数

②物资消耗核算：饲料，包括各种饲料的消耗和金额。垫草，包括栏内所用垫草的数量和金额。燃料，包括猪场生产所用燃料费用。医疗费，包括预防疾病所耗医疗费。折旧费，房舍及其他设备的折旧费。

③初期存栏价值：包括初期猪场全部存栏的重量所作出的估计价值，以及本期内购入的种猪价值。

④利息：包括借款利息和自有资金应获利息。一般养猪户，只把当年借款所付利息打入成本，对自有资金不计利息支出，这是不合理的。因为自有资金如不用于养猪，存入银行是有利息收入的，因此应把养猪生产占用的自有资金计算支出，把这部分利息打入成本。

⑤其他费用：包括猪场内不属于上述费用的其他支出。

(4)猪群成本核算　猪群成本核算包括猪活重成本核算和猪

的增重成本核算。

①猪的活重成本核算：猪的活重是指年末存栏猪的活重和本年内离群猪活重的总和，不包括生产中死亡猪的活重。

猪群全年活重＝年终存栏猪活重＋本年内离群猪的活重（不包括生产中死亡猪的活重）

猪的全年活重总成本＝年初存栏猪的价值＋购入及转入猪的价值＋全年饲养费用－全年粪肥价值。

猪每千克活重成本＝猪的全年活重成本÷猪的全年活重。

②增重成本核算：主要计算每增重单位重量的成本。

猪群的总增重量＝期内存栏猪活重＋期内离群猪的活重（不包括死亡猪在内）－期内购入转入和期初结转猪的活重

猪群每千克增重成本＝[该群猪全部饲养费用（包括死亡猪在内）－副产品收入]÷猪群的总增重（千克）

③成年猪群成本核算

生产总成本＝直接生产费用＋共同生产费用＋管理费

产品成本＝生产总成本－副产品收入

单位产品成本＝生产总成本÷产品数量

④仔猪成本核算：包括基础母猪和种公猪的全部饲养费用。一般以断奶仔猪活重总量除以基础猪群的饲养总费用（减副产品收入），即得仔猪每千克活重成本。

仔猪每千克活重成本＝年初结存未断奶仔猪价值＋当年基础猪群饲养费用－副产品价值）÷（当年断奶仔猪转群时总重量＋年末结存未断奶仔猪总重量）

仔猪单位活重成本＝（年初结转未断乳仔猪价值＋当年基础猪群饲养费用－副产品收入）÷（当年断乳仔猪转群时的总重量＋年末结存未断乳仔猪总重量）

计算活重成本时，要减去粪肥价值（粪肥作为副产品收入）。直接生产费用包括劳动消耗和物资消耗。共同生产费用包括领导、技术人员工资、折旧费、运输费及其他应摊派的费用。生产费用包括行政勤杂人员工资、办工费及销售费用。副产品收入指粪肥收入及对配种等收入。

(5)利润核算 养猪生产不仅要获得量多质优的猪肉、仔猪和种猪,更主要的是获得高额利润。利润核算包括利润额和利润率的核算。

①利润额:指猪场利润的绝对数量。它分为总利润和产品销售利润。总利润是指猪场在生产经营中的全部利润。产品销售利润是指产品销售收入时所产生的利润。

销售利润=销售收入-生产成本-销售费用-税金

总利润额=销售利润+营业外收支净额

营业外收支净额,是指与猪场生产经营无关的收入差额。营业外的收入包括罚金收入、固定资产租出收入、生产技术传授收入及其他非生产性收入。营业外支出包括猪场职工的劳动保险和物资保险费用、积压物资销价损失、职工各种补贴及其他非生产性支出。

②利润率:猪场的规模大小不同,仅以利润额的绝对量难以反映猪场的经营管理水平。用利润率进行比较,才能客观地反映出真实情况。利润率是利润与成本、产值、资金进行对比,得出反映猪场经营管理状况的三项指标。

资金利用率:它综合反映了猪场资金消耗和资金占用与利润的比率关系。在保证生产需要的前提下,应尽量减少资金的占用,以取得较高的资金利用率。

资金利用率=年总利润÷占用的固定资金和流动资金总额×100%

产值利润率:它反映了猪场每100元产值所实现的利润多少。产品成本和营业外收入对利润的影响可在这一指标中得以反映,但不能反映猪场的资金消耗和资金占用程度。

产值利润率＝年总利润÷年总产量×100％

成本利润率：指猪场一年中所取得的利润总额与猪场一年的成本总额的比率关系。它反映了每100元成本在一年内创造了多少利润，百分比高则说明猪场效益好。这一指标较全面地反映了猪场的经营状况。

297. 家庭猪场在经营管理过程中如何签订和利用有关合同？

在家庭猪场的经营管理过程中，必然涉及多方面的民事法律关系。比如，饲料的购买、肉猪的销售、仔猪、种猪购买，猪舍的兴建，技术设备的引进等。要想使这些民事法律行为得到有利的保护，必然要用合同这种形式来进行规范。合同，又称契约，有广义和狭义之分，我国《合同法》第二条规定"合同是平等主体的自然人、法人，其他组织之间设立、变更、终止民事权利义务关系的协议"。按照该条规定，凡民事主体之间设立、变更、终止民事权利义务关系的协议都是合同。合同是一种协议，但合同不同于协议书。协议书可能只是一种意向书，并不涉及双方的具体权利义务。

(1) 签订合同的作用

①签订合同是保护经营者合法权益的必要手段。在家庭猪场的经营过程中，由于业务往来的需要，必然要涉及多方当事人，如饲料供应商、肉猪承销商。通过签订合同与他们确定权利义务关系是最有效的办法，因为合同一经依法签订，便告成立，具有法律的约束力，如果对方违反法律义务和合同约定的义务，经营者可以诉诸法律，保护自己的合法权益。

②签订合同能够增强家庭猪场的预见性，避免盲目性。在市场经济条件下，市场对资源配置的基础性作用得到充分有效的发挥。在猪场的经营过程当中，通过签订合同这种形式参与资源的供给是必然的选择。一方面保证多种原料的供应，另一方面保证多种产品的销售，这样使家庭猪场经营的各环节保持连续性和稳

定性,加强预见性,避免盲目性,这样整个生产经营各环节有序进行。

③签订合同是加强家庭猪场经营管理的主要手段。这一点主要体现在家庭猪场在签订合同之后,必然要积极主动地保证合同的履行,否则就要承担违约责任。因此,必然加强经济核算,千方百计地搞好经营管理,降低生产成本提高劳动生产率,使家庭猪场的经营管理得到改善,经济效益得到提高。

(2)签订合同的种类 我国合同法分则共规定了15类有名合同,每一类中又包括各小类合同。根据目前我国家庭猪场的经营规模和自身特点的需要,主要涉及到的合同种类有:

①产品购销合同:是供方与需方就猪场的主、副产品的购销达成协议。它是由供方按约定条件将其产品(如肉猪、仔猪等)销售给需方,需方接受交付的产品,并付给供方约定的价款。

②货物运输合同:又称货运合同,是指承运人将货物从起运地点运输到约定地点,托运人或者收货人支付运费的合同。在货物运输合同中,合同当事人为托运人和承运人,但收货人也有一定的权利和义务。按运输方式划分,可分为铁路运输合同、公路运输合同、河道运输合同、航空运输合同、海上运输合同及多式联运合同等。

③借款合同:是指借款人向贷款人借款,到期返还借款并支付利息的合同。除当事人另有约定外,借款合同应采用书面形式。依不同的标准,借款合同有不同的类型,例如,依贷款方式不同可分为抵押贷款合同、信用贷款合同。

④仓储合同:是保管人储存存货人(如猪场)交付的仓储物(如猪肉)、存货人交付仓储费的合同。它是一种特殊的保管合同,属于提供服务合同的范围。

⑤技术服务合同:是指当事人一方以技术知识为另一方(如猪场)解决特定的技术问题所订立的合同。家庭猪场的技术服务合

同主要是技术成果推广,以及为提高产量、品质、发展新品种、降低消耗、提高经济、社会效益的有关技术服务。另外也包括技术培训服务。

⑥财产保险合同:是以财产及有关利益为保险标的的保险合同,具体是指投保人缴纳一定数额的保险费,保险人承诺于被保险人发生责任范围内的保险事故或自然灾害时,对被保险人履行赔偿保险金义务的合同。

除此之外还可能涉及到租赁合同、保管合同、委托合同、行纪合同、居间合同等合同。有关规定适用合同法分则的具体规定。

(3)签订合同应遵守的基本原则　根据合同法的规定,在签订合同时,应遵守以下原则:

①合法的原则:合同合法原则是指合同订立的主体、订立的方式和程序、订立合同所涉及的内容都要符合我国法律和行政法规的规定;否则,不仅不能达到当事人预想的经济目的,而且可能造成合同的部分或全部无效,要承担由此而产生的违约责任,直接责任人员甚至可能受到法律的制裁。

②平等互利的原则:平等是指在合同法律关系中,当事人双方之间在合同的订立、履行和承担合同违约责任等方面都处于平等的法律地位,彼此的权利和义务对等;互利是指合同的双方当事人在相互的经济交往中都有利可得。平等互利就是当事人双方平等地享有权利,平等地承担义务,这是当事人之间建立合同关系的前提条件。

③协商一致的原则:协商一致是指双方当事人相互充分表达各自意见,并取得意思一致,这是当事人之间建立合同关系的法定方式。合同是双方协议的法律行为,双方当事人意思一致,合同才能成立。

(4)签订合同的程序　合同的订立是合同当事人进行协商,使各方的意思表示趋于一致的过程。合同订立的一般程序从法律上可分为要约和承诺两个阶段。

①要约:要约是指一方当事人向他人做出的以一定条件订立合同的意思表示。前者称为要约人,后者称为受要约人。一般认为,要约应具备下列要件才具有效力。第一,要约必须是特定人的意思表示,客观上是可以确定的人,只有这样受要约人才能对之承诺。第二,要约必须是向相对人发出的意思表示,要约的相对人一般为特定的人。第三,要约必须是能够反映所要订立合同主要内容的意思表示。要约除须表明要约人订立合同的愿望以外,还须拟订合同的主要条款。另外,要约可以用书面形式做出,也可以以对话形式做出。对话形式的要约,自受要约人了解时发生效力;书面形式的要约于到达受要约人时发生效力。

②承诺:承诺是指受要约人同意要约内容缔结合同的意思。承诺的有效要件是:第一,承诺必须由受要约人做出。受要约人以外的任何第三人即使知道要约的内容并对此做出同意的意思表示,也不能认为是承诺。第二,承诺必须是在有效期内做出。所谓有效期是指:要约指定了承诺期限的,所指定的期限即为有效期限;要约未指定期限的,通常认为合理的期限即为有效期限。第三,承诺与要约的内容一致。承诺对要约的内容进行实质性变更的,便不构成承诺,而视为一项新要约或反要约。第四,承诺须向要约人做出。作为意思表示的承诺,其表示方式应与要约相一致,即要约以什么方式做出,承诺也应与什么方式做出。承诺的生效意味着合同的成立。因此,承诺生效的时间至关重要。依我国合同法,承诺在承诺期限内到达要约人时生效。

一般来说,一项合同的签订,往往不是一拍即成的。当事人双方要经过反复协商,这个反复协商的过程,实质上就是要约—新要约—再要约—再新要约,直至承诺,最后达成一致协议,合同便成立。

(5)合同的内容　家庭猪场签订合同的种类很多,但其内容并不复杂,由当事人进行约定,现根据我国合同法并以"仔猪订购合同"为例加以说明。

仔猪订购合同

供方(甲):某种猪厂　　　　合同编号:×××
需方(乙):某养猪厂　　　　签订地点:×××
　　　　　　　　　　　　　签订时间:×××

鉴于乙方为满足生产肉猪的需要与甲方达成定期购买仔猪的合同,双方达成协议如下:

①甲方提供乙方××品种××仔猪××只。

②每头仔猪单价××元,合计金额××元。

③甲方分批供应,供货日期分别如下:×年×月;×年×月。

④甲方提供的仔猪必须有××畜牧业质量检验单位出具的质量证明,保证种源,检验费由甲方自负。

⑤甲方于合同规定的供货日期送货到乙方猪场所在地,费用风险由甲方自负。

⑥货款以现金支付,货到付款。

⑦乙方在合同生效之日起,10日内支付甲方××元的定金。

⑧甲方因故不能准时交货或数量不足,乙方的经济损失由甲方赔偿,每头仔猪×元。

⑨乙方因故不要或延迟进猪,必须提前2个月通知甲方,此期间内给甲方造成的损失由乙方赔偿,每头仔猪×元。

⑩甲方应给仔猪注射××疫苗,如在免疫期×月内发生本病,甲方负责赔偿经济损失××元。

如仔猪饲养一段时间后,乙方发现有质量问题(如品种不纯),经有关质量检验部门鉴定后,认为属实,则甲方赔偿乙方经济损失××元。

本合同在履行过程中如发生争议,由当事人双方协商解决。协商不成,由××仲裁委员会仲裁。

供方：单位名称　　　需方：单位名称
　　单位地址　　　　　　单位地址
　　法定代表人　　　　　法定代表人
　　委托代理人　　　　　委托代理人
　　电话　　　　　　　　电话
　　电报挂号　　　　　　电报挂号
　　开户银行　　　　　　开户银行
　　账号　　　　　　　　账号
　　邮政编码　　　　　　邮政编码
有效期限×年×月×日至×年×月×日

从上述仔猪订购合同的内容来看，并结合我国合同法第12条的具体规定，合同一般必须具备以下主要条款：

①当事人的名称或姓名和住所：合同是双方或多方当事人之间的协议，当事人是谁，住在何处或营业场所在何处应予明确。在合同事物当中，这一条款往往列入合同的首部。如上例中，供方是××，需方是××。

②标的：标的是合同法律关系的客体，是当事人权利义务共同指向的对象，它是合同不可缺少的条款，如上例中标的为仔猪。

③数量：数量是以数字和计量单位来衡量标的的尺度。数量是确定标的的主要条款。在合同实物中，没有数量条款的合同是不具有效力的合同。在大宗交易的合同中，除规定具体的数量条款以外，还应规定损耗的幅度和正负尾差。

④质量：质量是标的的内在素质和外观形态的综合，包括标的的名称、品种、规格、标准、技术要求等。在合同实物中，质量条款能够按国家质量标准进行约定的，则按国家质量标准进行约定。

⑤价款或酬金：又称价金，是取得标的或接受劳务的一方当事人所支付的代价，如上例中的总金额××。

⑥履行的期限、地点和形式：合同的履行期限，是指享有权利

的一方要求对方履行义务的时间范围。它既是享有权利一方要求对方履行合同的依据,也是检验负有履行义务的一方是否按期履行或迟延履行的标准。履行地点是指合同当事人履行和接受履行规定合同义务的地点,如提货和交货地点,履行方式是指当事人采取什么办法来履行合同规定的义务,如交款方式、验收方法及产品包装等。

⑦违约责任:违约责任是指违反合同义务应当承担的民事责任。违约责任条款的设定,对于监督当事人自觉地履行合同,保护非违约方的合法权益具有重要意义。但违约责任不以合同规定为条件,即使合同未规定违约条款,只要一方违约,且造成损失,就要承担违约责任。

⑧解决争议的方法:是指在纠纷发生后以何种方式解决当事人之间的纠纷,如上例中第12款。当然,合同未约定这条款的,不影响合同的效力。

另外,合同是双方法律行为,可以在合同中约定其他条款。值得一提的是合同中有关担保问题,《中华人民共和国担保法》第93条明确规定:担保可以以合同的形式出现,也可以是合同中的担保条款。因此,双方当事人可以选择适用,如果单独订立担保合同,有如下选择:保证合同、定金合同、抵押合同、质押合同,具体条款可参照担保法的规定。

(6)合同的履行　合同的履行是指合同生效后,双方当事人按照约定全面履行自己的义务,从而使双方当事人的合同目的得以实现的行为。在合同履行过程当中要遵循诚实信用和协作履行的原则,对合同约定不明确的内容按照合同法第61条和第62条做如下处理:

合同生效后,当事人就质量、价款或者报酬、履行地点等内容没有约定或者约定不明确的,可以协议补充;不能达成补充协议的,按照合同有关的条款或者交易习惯确定。如果当事人仍不能

确定有关合同的内容,使用下列规定:

①质量要求不明确的,按照国家标准、行业标准履行;没有国家标准、行业标准的,按照通常标准或者符合合同目的的特定标准履行。

②价款或者报酬不明确的,按照订立合同时履行地的市场价格履行,依法应当执行政府定价或者政府指导价的,按照规定履行。

③履行地点不明确的,给付货币的在接受货币一方所在地履行;交付不动产的,在不动产所在地履行;其他标的,在履行义务一方所在地履行。

④履行期限不明确的,债务人可以随时履行,债权人也可以随时请求履行,但应该给对方必要的准备时间。

⑤履行方式不明确的,按照有利于实现合同目的的方式履行。

⑥履行费用的负担不明确的,由履行义务一方负担。

(7)合同的变更和解除　我国合同法规定的合同的变更是指合同的内容的变更。合同变更的条件有:

①原已存在合同关系。

②合同内容已发生变化。

③合同变更须依当事人协议或依法律直接规定及裁决机构裁决,有时依形成权人的意思表示。

④必须遵守法律要求的方式。

合同的解除是指合同有效成立以后,应当事人一方的意思表示或者双方协议,使基于合同发生的债权债务关系归于消灭的行为。合同解除分为约定解除和法定解除。

约定解除分为两种情况:一是在合同中约定了解除条件,一旦该条件成熟,合同解除。二是当事人未在合同中约定解除条件,但在合同履行完毕前,经双方协商一致解除合同。

法定解除是指出现了法律规定的解除事由,有:

①因不可抗力致使不能实现合同目的,当事人可以解除合同。

②在履行期限届满之前,当事人一方明确表示或者以自己的行为表示不履行主要债务的,对方可以解除合同。

③当事人一方迟延履行主要债务,经催告后在合理期限内仍未履行的,对方可以解除合同。

④当事人一方迟延履行债务或者有其他违约行为致使履行会严重影响订立合同所期望的经济利益的,对方可不经催告解除合同。

⑤法律规定的其他情形。

在合同解除后,尚未履行的,不得履行;已经履行的,根据履行情况和合同的性质,当事人可以要求恢复原状或采取其他补救措施,并有权要求赔偿损失。

298.农户养猪应注意哪些问题?

作为养殖户,为了提高养猪的经济效益,应改变传统的养猪习惯,在养猪过程中需要注意以下几个问题。

(1)选择优良品种 地方品种生长缓慢,饲料报酬低,瘦肉率不高,应采取地方品种的母猪与引进品种的公猪,进行两品种或三品种杂交所生的后代生产商品猪,这种猪生长快,饲料报酬高,瘦肉率也比地方品种猪高,而且耐粗饲,抗病力也较强。

(2)合理配制饲料 应克服饲料单一、营养不全的习惯。一般的养猪户应该把各种饲料按比例简单混合喂猪,有条件的家庭猪场可按饲养标准配制饲料。要把熟食改为生的湿拌料喂猪,这样既可节约燃料,饲料中的营养物质又不致破坏。

(3)改善饲喂方式 传统的吊架子肥育法,生长缓慢,延迟出栏。应该改为直线肥育法,以节约饲料,提高出栏率。

(4)提倡圈养技术 许多农户就在庭院内养猪,没有猪圈。这样做,既不卫生,又容易得传染病。所以要进行圈养,要有简易的冬天保温、夏天降温设备。

(5)添加有关添加剂　目前各种各样的添加剂都有,对养猪业的发展起了一定的作用。但是伪劣产品也不少,广告、电视上讲的神乎其神,夸大其词。任何添加剂均应经过试喂后,确实有效才能大量使用。

(6)购买优质仔猪　购买仔猪应尽量不要到集市上买,市场上的仔猪易患传染病,可到附近的猪场或养母猪户购买。买回后,立即给仔猪注射猪瘟、猪丹毒、猪肺疫、仔猪副伤寒等疫苗,以保证仔猪不患传染病。

(7)适时出栏　根据猪的生长发育规律,肉猪在体重100千克以内,生长速度快,瘦肉率高,饲料消耗少。150～200千克以后,生长缓慢,饲料报酬低。因此,商品猪的适宜出栏体重以100千克左右为最佳。

299.什么叫出栏率?怎样提高养猪出栏率?

出栏率是饲养期内出售肉猪头数与期初存栏头数的百分比,通常以一年为期进行计算。

$$出栏率(\%) = \frac{期内出售肉猪头数}{期初存栏猪头数} \times 100\%$$

如某猪场,期初存栏猪头数为2 000头,一年中共出售肥猪3 500头,则出栏率为175%。

为了提高出栏率,增加养育肉猪的经济效益,首先要做好去势、驱虫和卫生防疫工作,避免肉猪在肥育期内患病或死亡。其次,选择适宜的屠宰体重,适时屠宰,缩短肥育时间。饲养时间过长,一方面饲料报酬差;另一方面脂肪沉积多,瘦肉率低。第三,选择适宜的饲料,合理调制,营养全价,缩短饲养期。

300.提高养猪经济效益的主要途径有哪些?

现代猪场经营的基本准则是,养猪生产必须与社会发展相适应,以取得盈利为主要目的,其产品应是低成本、高质量,适合市场需要。为此,要增加猪场的经济效益,既要制定正确的经营决策,使产品具备市场竞争能力,销路通畅,又要采用先进的科学技术,提高产量、降低成本,同时还要抓好生产中的经营管理工作。

(1)制定正确的经营决策 作为一个养猪企业,要使养猪获得较高的经济效益,必须重视生产前的经营决策,制定出一个长期的战略目标,使猪场有明确的发展方向,避免和减少生产中的盲目性,保持生产和市场需求相适应。正确的经营决策,应根据主、客观条件,扬长避短,发挥自己的优势,因地制宜地建立生产结构,合理配置猪群结构,这样才能提高猪场产品产量和质量,降低养猪成本,增加猪场盈利。

(2)提高猪场素质,增强竞争能力 猪场素质包括领导者的素质、饲养管理工作人员的素质、设备工艺的素质及产品素质等。当今市场的竞争是人才的竞争、科学的竞争,要提高猪场的经济效益,必须引进市场竞争机制,重视人才,重视知识。

(3)重视科学技术,提高技术水平 目前,发达国家社会生产率的提高,60%是靠科学进步而取得的。在养猪生产中,特别是在大规模饲养条件下,饲养良种猪是增加经济收入的基础。猪群生产性能的高低首先决定于猪群的遗传潜力,不同品种的遗传潜力大不相同。在生产实践中,肉猪生产应注意选用高产效果确实、适应性强、饲料报酬高、适应性强的商品杂交猪。合理配料是增加经济效益的关键。养猪最大的开支是饲料,饲料费用要占养成本的60%左右,在养猪生产中,怎样合理利用饲料,避免饲料浪费,降低饲料成本是一个关键环节。实践证明,饲喂全价饲料,肉猪生长速度快,饲料报酬高,抗病力强,无营养缺乏症。因此,在养猪生产中,要保证合理配制饲料,使猪群高产而低耗。科学管理是增加经济效益的保证,猪群的遗传潜力只有在良好的环境下才能充分发挥。因此,在生产中要给猪只创造适宜的生活环境,做好防疫工作,保证猪只健康无病,发挥出最佳生产性能。

(4)加强猪场的经营管理　猪场要增加经济效益,就必须由生产型向经营型转变,在内部搞好经济核算,讲究经济效益,面向市场,加强对市场的研究,把生产、加工和销售紧密地联系在一起,改善经营管理,增强竞争能力。在猪场的管理体制上,应实行场长负责,并建立和健全相应的各种形式的岗位责任制和经济责任制。

附录 1　常用猪饲料营养成分表

饲料名称	干物质（%）	消化能 兆焦/千克	代谢能 兆焦/千克	粗蛋白质（%）	粗纤维（%）	钙（%）	磷（%）	赖氨酸（%）	蛋氨酸+胱氨酸（%）
草木樨	16.4	1.42	1.34	3.8	4.2	0.22	0.06	0.17	0.08
苜蓿	29.2	2.85	2.72	5.3	10.7	0.42	0.09	0.20	0.08
大白菜	7.0	0.75	0.67	1.8	1.1	0.05	0.03	0.04	0.04
胡萝卜秧	20.0	1.67	1.59	3.0	3.6	0.40	0.08	0.14	0.08
甘蓝	12.3	1.26	1.21	2.3	1.7	0.26	0.04	0.09	0.07
灰菜	18.3	1.67	1.59	4.1	2.9	0.34	0.07	—	—
苦荬菜	15.0	1.92	1.84	4.0	1.5	0.28	0.05	0.16	0.06
牛皮菜	9.7	0.88	0.84	2.3	1.2	0.14	0.04	0.04	0.06
绿萍	6.0	0.71	0.67	1.6	0.9	0.06	0.02	0.07	0.07
苕子	15.6	1.72	1.63	4.2	4.1	0.12	0.02	0.21	0.13
水澌草	10.0	1.17	1.13	1.8	2.0	0.070	0.02	—	—
水浮莲	4.1	0.50	0.50	0.9	0.7	0.08	0.01	0.04	0.03
水葫芦	5.1	0.59	0.54	0.9	1.2	0.04	0.02	0.04	0.04
水花生	10.0	1.17	1.13	1.3	2.2	0.040	0.03	0.07	0.03
甘薯	24.6	3.85	3.68	1.1	0.8	0.06	0.07	0.05	0.08

续表

饲料名称	干物质(%)	消化能 兆焦/千克	代谢能 兆焦/千克	粗蛋白质(%)	粗纤维(%)	钙(%)	磷(%)	赖氨酸(%)	蛋氨酸+胱氨酸(%)
甘薯干	89.0	13.14	13.56	3.8	2.2	0.150	0.11	0.14	0.09
萝卜	8.2	1.05	1.00	0.6	0.8	0.05	0.03	0.02	0.02
马铃薯	20.71	3.14	2.89	1.5	0.6	0.020	0.04	0.07	0.06
南瓜	10.0	1.51	1.42	1.7	0.9	0.02	0.01	0.07	0.08
甜菜	15.0	2.05	1.92	2.0	1.7	0.04	0.02	0.02	0.05
西瓜皮	6.0	0.59	0.54	0.6	1.3	0.02	0.02	0.01	0.01
紫云英草粉	88.0	6.86	6.28	22.3	19.5	1.42	0.43	0.85	0.34
大豆秸料	93.2	0.71	0.67	8.9	39.8	0.87	0.05	0.27	0.14
谷糠	91.6	4.69	4.44	8.6	28.1	0.17	0.47	0.21	0.25
花生藤	90.0	6.90	6.44	12.2	21.8	0.28	0.10	0.40	0.27
玉米秸料	88.0	2.30	2.18	3.1	28.5	1.55	0.11	0.26	0.16
槐叶粉	88.8	10.00	9.25	3.3	33.4	0.67	0.23	0.05	0.07
玉米	89.1	14.48	13.64	17.8	11.1	1.91	0.17	0.78	0.23
高粱	88.4	13.97	13.14	8.9	2.0	0.04	0.21	0.27	0.31
小麦	89.3	14.31	13.39	8.7	2.2	0.09	0.28	0.22	0.20
大麦	91.8	13.18	12.34	12.1	2.4	0.07	0.36	0.33	0.44

续表

饲料名称	干物质(%)	消化能 兆焦/千克	代谢能 兆焦/千克	粗蛋白质(%)	粗纤维(%)	钙(%)	磷(%)	赖氨酸(%)	蛋氨酸+胱氨酸(%)
燕麦	90.3	12.01	11.30	11.6	8.9	0.15	0.33	0.40	0.37
稻谷	90.6	12.01	11.21	8.3	8.5	0.07	0.28	0.31	0.22
荞麦	87.9	11.09	10.38	12.5	12.8	0.13	0.29	0.67	0.65
碎米	88.0	14.69	13.89	8.8	1.1	0.04	0.23	0.34	0.36
小米	86.8	14.02	13.18	8.9	1.3	0.05	0.32	0.15	0.47
大麦麸	87.0	12.38	11.51	15.4	5.1	0.33	0.48	0.32	0.33
大麦糠	88.2	10.21	9.54	12.8	11.2	0.33	0.48	0.32	0.33
高粱糠	88.4	12.09	11.34	10.3	6.9	0.30	0.44	0.38	0.39
米糠	90.2	12.64	11.80	12.1	9.2	0.14	1.04	0.56	0.45
统糠(三七)	90.0	3.18	3.01	5.4	31.7	0.36	0.43	0.21	0.30
统糠(二八)	90.6	2.09	2.01	4.4	34.7	0.39	0.32	0.18	0.26
小麦麸(八四)	88.0	10.59	9.87	15.4	8.2	0.14	1.09	0.54	0.58
小麦麸(七二)	88.0	12.43	11.55	14.2	7.3	0.12	0.85	0.54	0.57
玉米糠	87.5	10.92	10.25	9.9	9.5	0.08	0.48	0.49	0.27
三等面粉	87.8	14.10	12.97	11.0	0.8	0.12	0.13	0.42	0.67

续表

饲料名称	干物质(%)	消化能 兆焦/千克	代谢能 兆焦/千克	粗蛋白质(%)	粗纤维(%)	钙(%)	磷(%)	赖氨酸(%)	蛋氨酸+胱氨酸(%)
蚕豆	88.0	12.89	11.72	24.9	7.5	0.15	0.40	1.66	0.64
大豆	88.0	16.57	14.64	37.0	5.1	0.27	0.48	2.30	0.95
黑豆	88.0	16.40	14.48	36.1	6.7	0.24	0.48	2.18	0.92
豌豆	88.0	12.97	11.88	22.6	5.9	0.13	0.39	1.61	0.56
小豆	88.0	13.35	12.26	20.7	4.9	0.07	0.31	1.60	0.24
豆饼(机榨)	90.6	13.56	11.88	43.0	5.7	0.32	0.50	2.45	1.08
豆粕(浸提)	92.4	13.10	11.34	47.2	5.4	0.32	0.62	2.54	1.16
莱籽饼(机榨)	92.2	11.59	10.25	36.4	10.7	0.73	0.95	1.23	1.22
莱籽饼(浸提)	91.2	11.21	9.79	83.5	11.8	0.79	0.96	1.35	1.46
棉仁饼(带部分壳机榨)	92.2	11.55	10.33	33.8	15.1	0.31	0.94	1.29	0.74
棉仁粕(带部分壳浸提)	91.0	10.96	9.62	41.2	12.0	0.36	1.02	1.39	0.87
亚麻仁饼(机榨)	92.0	11.09	9.96	33.1	9.8	0.58	0.77	1.18	0.75
亚麻仁饼(浸提)	89.0	10.13	9.00	36.2	9.2	0.58	0.77	1.20	1.00
芝麻饼(机榨)	92.0	13.39	11.67	39.2	7.2	2.24	1.19	0.93	1.31
向日葵仁粕(带部分壳机榨)	93.8	9.96	8.95	28.7	19.8	0.41	0.81	1.13	1.16

续表

饲料名称	干物质(%)	消化能 兆焦/千克	代谢能 兆焦/千克	粗蛋白质(%)	粗纤维(%)	钙(%)	磷(%)	赖氨酸(%)	蛋氨酸+胱氨酸(%)
向日葵仁饼(带部分壳浸提)	92.5	9.12	8.12	32.1	22.8	0.41	0.84	1.17	1.36
玉米胚芽饼(机榨)	90.0	13.47	12.47	16.8	5.7	0.03	0.85	0.69	0.57
米糠饼(机榨)	90.7	10.75	10.04	15.2	8.6	0.12	1.49	0.63	0.45
醋糟	35.2	4.73	4.48	8.5	3.0	0.73	0.28	0.27	0.55
豆腐渣	15.0	1.38	1.30	3.9	2.8	0.02	0.04	2.20	0.12
粉渣(豆类)	14.0	1.26	1.17	2.1	2.8	0.06	0.03	—	—
粉渣(薯类)	11.8	1.26	1.21	2.0	1.8	0.08	0.04	0.14	0.12
酒糟	32.5	3.39	3.22	7.5	5.7	0.19	0.20	0.33	0.80
鱼粉(等外)	91.2	9.41	8.74	38.6	0	6.13	1.03	2.12	1.3
鱼粉(国产)	89.5	11.42	9.75	55.1	0	4.95	2.15	3.64	1.91
鱼粉(进口)	89.0	12.43	10.41	62.0	0	3.91	2.90	4.35	2.21
肉粉	92.0	12.55	10.67	54.4	0	8.27	4.10	3.00	1.43
肉骨粉	92.4	12.01	10.42	45.0	0	11.00	5.90	2.49	5.02
血粉(猪血)	88.9	10.92	8.62	84.7	0	0.20	0.22	7.07	2.27
蚕蛹(全脂)	91.0	15.65	13.31	53.9	0	0.25	0.58	3.66	2.74

续表

饲料名称	干物质(%)	消化能 兆焦/千克	代谢能 兆焦/千克	粗蛋白质(%)	粗纤维(%)	钙(%)	磷(%)	赖氨酸(%)	蛋氨酸+胱氨酸(%)
蚕蛹渣(脱脂)	89.3	12.72	10.41	64.8	0	0.19	0.75	4.85	3.58
酵母	91.7	12.22	10.59	47.1	0	0.45	1.48	2.57	1.40
贝壳粉	0			0	0	32.60	—	0	0
骨粉	0			0	0	30.12	13.46	0	0
石粉	0			0	0	35.00	0	0	0
磷酸氢钙	0			0	0	23.10	18.70	0	0

附录 2　猪的饲养标准

(一)仔猪饲养标准

项　目	每头每日营养需要量			每千克饲粮养分含量		
	1～5	5～10	10～20	1～5	5～10	10～20
体重(千克)						
预期日增重(克)	160	280	420	160	280	420
采食风干料量(千克)	0.20	0.46	0.91			
消化能(兆焦)	3.35	7.03	12.59	16.74	15.15	13.85
代谢能(兆焦)	3.01	6.40	11.59	15.15	13.89	12.76
粗蛋白质(克,%)	54	100	175	27	22	19
赖氨酸(克,%)	2.8	4.6	7.1	1.4	1.00	0.78
蛋+胱氨酸(克,%)	1.6	2.7	4.6	0.80	0.59	0.51
苏氨酸(克,%)	1.6	2.7	4.6	0.80	0.59	0.51
异亮氨酸(克,%)	1.8	3.1	5.0	0.90	0.67	0.55
钙(克,%)	2.0	3.8	5.8	1.00	0.83	0.64
磷(克,%)	1.6	2.9	4.9	0.80	0.63	0.54
食盐(克,%)	0.5	1.2	2.1	0.25	0.26	0.23

(二)肉脂型生长肥育猪饲养标准

项 目	每头每日营养需要量			每千克饲粮养分含量		
	20~35	35~60	60~90	20~35	35~60	60~90
体重(千克)						
预期日增重(克)	500	600	650			
采食风干料量(千克)	1.52	2.20	2.83			
消化能(兆焦)	19.71	28.53	36.69	12.97	12.97	12.97
代谢能(兆焦)	18.33	26.61	34.22	12.09	12.09	12.09
粗蛋白质(克,%)	243	308	368	16	14	13
赖氨酸(克,%)	9.8	12.3	14.7	0.64	0.56	0.52
蛋+胱氨酸(克,%)	6.4	8.1	7.9	0.42	0.37	0.28
苏氨酸(克,%)	6.2	7.9	9.6	0.41	0.36	0.34
异亮氨酸(克,%)	7.0	9.0	10.8	0.46	0.41	0.38
钙(克,%)	8.4	11.0	13.0	0.55	0.50	0.46
磷(克,%)	7.0	9.1	10.4	0.46	0.41	0.37
食盐(克,%)	4.6	6.6	8.5	0.3	0.3	0.3

(三)瘦肉型生长肥育猪饲养标准

项 目	每头每日营养需要量						每千克饲粮养分含量				
体重(千克)	1~5	5~10	10~20	20~60	60~90		1~5	5~10	10~20	20~60	60~90
预期日增重(克)	160	280	420	550	700						
采食风干料量(千克)	0.20	0.46	0.91	1.69	2.71						
消化能(兆焦)	3.35	7.11	12.59	21.92	35.15		16.74	15.15	13.85	12.97	12.97
代谢能(兆焦)	2.93	6.69	11.63	21.09	33.81		15.15	13.85	12.76	9.49	9.49
粗蛋白质(克,%)	54	101	173	270	379		27	22	19	16	14
赖氨酸(克)	2.80	4.60	7.10	12.70	17.10		1.40	1.00	0.78	0.75	0.63
蛋+胱氨酸(克,%)	1.60	2.70	4.60	6.40	8.70		0.80	0.59	0.51	0.38	0.32
苏氨酸(克,%)	1.60	2.70	4.60	7.60	10.30		0.80	0.59	0.51	0.45	0.38
异亮氨酸(克,%)	1.80	3.10	5.00	6.90	9.20		0.90	0.67	0.55	0.41	0.34
钙(克,%)	2.00	3.80	5.80	10.10	13.60		1.00	0.83	0.64	0.60	0.50
磷(克,%)	1.60	2.90	4.90	3.50	10.80		0.80	0.63	0.54	0.50	0.40
食盐(克,%)	0.50	1.20	2.10	3.90	6.80		0.25	0.26	0.23	0.23	0.25

(四) 种公猪饲养标准

项 目 \ 体重(千克)	<90	90~150	>150	每千克风干饲粮中
采食风干料量(千克)	1.40	1.90	2.30	
消化能(兆焦)	17.99	24.27	28.87	12.55
代谢能(兆焦)	17.15	23.43	27.61	12.05
粗蛋白质(克)	196	228	276	120~140
赖氨酸(克)	5.4	7.3	8.7	3.8
蛋+胱氨酸(克)	2.9	3.9	4.6	2.0
苏氨酸(克)	4.3	5.8	6.9	3.0
异亮氨酸(克)	4.7	6.3	7.5	3.3
钙(克)	9.5	12.8	15.2	6.6
磷(克)	7.6	10.3	12.2	5.3
食盐(克)	5.0	6.9	8.2	3.5

(五)母猪饲养标准

期 别	妊娠前期			妊娠后期			哺乳期			
体重(千克)	<90	90~120	120~150	>150	<90	90~120	120~150	>150	<120	120~150	150~180	>180
采食风干料量(千克)	1.50	1.60	1.90	2.00	2.00	2.20	2.40	2.50	4.8	5.00	5.20	5.30
消化能(兆焦)	17.15	19.25	21.76	23.01	23.43	25.52	28.03	29.29	58.58	60.67	62.34	63.60
代谢能(兆焦)	16.48	18.48	20.89	22.09	22.51	24.52	26.90	28.12	56.23	58.24	59.83	61.04
粗蛋白质(克)	165	176	209	220	240	264	288	300	672	700	728	742
赖氨酸(克)	5.2	5.8	6.6	6.9	7.1	7.7	8.4	8.8	23.9	24.8	25.5	26.0
蛋+胱氨酸(克)	2.8	3.1	3.5	3.7	3.8	4.1	4.5	4.7	14.8	15.4	15.8	16.1
苏氨酸(克)	4.1	4.6	5.2	5.5	5.6	6.1	6.7	7.0	17.8	18.4	18.9	19.3
异亮氨酸(克)	4.5	5.1	5.7	6.1	6.2	6.7	7.4	7.7	16.1	16.7	17.1	17.5
钙(克)	9.0	10.2	11.5	12.2	12.3	13.4	14.7	15.4	30.9	32.1	32.9	33.6
磷(克)	7.3	8.1	9.2	9.7	9.9	10.8	11.9	12.4	21.0	21.8	22.4	22.8
食盐(克)	4.8	5.3	6.0	6.4	6.7	7.3	8.0	8.4	12.0	22.0	22.0	23.0

(六)后备猪饲养标准

项目	每头每日营养需要量							每千克饲粮中养分含量						
	小型			大型				小型			大型			
类型 体重(千克)	10~20	20~35	35~60	20~35	35~60	60~90		10~20	20~35	35~60	20~35	35~60	60~90	
预期日增重(克)	320	380	360	400	480	440								
采食风干料量(千克)	0.90	1.20	1.70	1.26	1.80	2.10								
消化能(兆焦)	11.30	15.06	20.50	15.82	22.22	25.48		12.55	12.55	12.13	12.55	12.34	12.13	
代谢能(兆焦)	10.46	14.23	19.25	14.64	20.71	23.81		11.63	11.72	11.34	11.63	11.51	11.34	
粗蛋白质(克,%)	144	169	221	202	252	273		16	14	13	16	14	13	
赖氨酸(克,%)	6.3	7.4	8.8	7.8	9.5	10.1		0.70	0.62	0.52	0.62	0.53	0.48	
蛋+胱氨酸(克,%)	4.1	4.8	5.8	5.0	6.3	7.2		0.45	0.40	0.34	0.40	0.35	0.30	
苏氨酸(克,%)	4.1	4.8	5.8	5.0	6.1	6.5		0.45	0.40	0.34	0.40	0.34	0.31	
异亮氨酸(克,%)	4.5	5.4	6.5	5.7	6.8	7.1		0.50	0.45	0.38	0.45	0.38	0.34	
钙(克,%)	5.4	7.2	10.2	7.6	10.8	12.6		0.6	0.6	0.6	0.6	0.6	0.6	
磷(克,%)	4.5	6.0	8.5	6.3	9.0	10.5		0.5	0.5	0.5	0.5	0.5	0.5	
食盐(克,%)	3.6	4.8	6.8	5.0	7.2	8.4		0.4	0.4	0.4	0.4	0.4	0.4	

附录3 猪的日粮配方

1. 仔猪人工乳配方

项目 \ 编号	1	2	3
牛乳(毫升)	1 000	1 000	1 000
全脂乳粉(克)	50	100	200
葡萄糖(克)	20	20	40
鸡蛋(枚)	1	1	1
矿物质溶液(毫升)	5	5	5
维生素溶液(毫升)	5	5	5
其中含有:			
干物质(%)	19.6	23.4	24.65
总能(兆焦)	4.48	5.65	5.23
消化能(兆焦)	4.017	4.77	5.19
粗蛋白质(克/升)	56.0	62.6	62.3

注:适用于初生至10日龄的仔猪。配方中除鸡蛋、矿物质、维生素溶液外,用蒸汽高温煮沸消毒,冷凉后加入前述营养物质。

2. 仔猪日粮配方之一(适用于10~20千克体重)(%)

项目 \ 编号	1	2	3	4	5
玉米	54.4	55.1	57.8	57.4	57.4
豆粕	28.6	26.5	23.6	25.0	23.7
麸皮	13.3	10.7	7.1	9.9	8.2
菜籽饼		4.0	4.0		4.0
花生饼			4.0	4.0	3.0
石粉	1.0	1.0	1.0	1.0	1.0
氢钙	1.4	1.4	1.4	1.4	1.4

续表

项目＼编号	1	2	3	4	5
食盐	0.3	0.3	0.3	0.3	0.3
预混料	1.0	1.0	1.0	1.0	1.0
合计	100	100	100	100	100
营养水平					
消化能(兆焦/千克)	13.18	13.22	13.10	12.26	1.05
粗蛋白	18.71	18.87	18.44	18.77	18.46

3. 仔猪日粮配方之二(%)

项目＼体重(千克)	1~5		5~10		10~20	
全脂乳粉	20.0	20.0		13.5		
脱脂乳粉			10.0			
玉米粉	15.3	11.0	43.5	13.0	54.2	59.5
小麦粉	28.2	20.0		22.0		
高粱粉		9.0	10.0	10.0	7.8	6.2
小麦麸			5.0		6.0	5.0
豆饼粉	22.0	18.0	20.0	20.0	21.0	23.7
鱼粉	8.0	12.0	7.0	12.0	8.3	3.3
酵母粉	4.0	4.0	2.0	4.0		
白糖		3.5		3.5		
碳酸钙	1.0	1.5	0.1	1.5	0.3	0.45
磷酸钙						0.65
食盐			0.4		0.3	0.4
淀粉酶	1.0	0.2				
胃蛋白酶		0.3				

续表

项目 \ 体重(千克)	1~5		5~10		10~20	
胰蛋白酶	0.5					
微量元素添加剂				1.0	1.0	
维生素添加剂				1.0		
矿-维混合				0.5	0.5	0.76
混合料干物质	91.90	93.12	90.10	95.14	89.23	88.9
营养水平						
消化能(兆焦/千克)	15.27	15.56	13.60	15.56	13.51	13.72
粗蛋白	25.2	26.3	22.0	27.1	20.2	18.0

4. 仔猪日粮配方之三(仔猪断乳日粮配方)(%)

项目 \ 仔猪日龄	5~44	45~59	5~59	60~75
玉米	20.0	20.0	22.0	32.0
高粱	13.0	13.0	20.0	15.0
小米	18.0	16.0		
麸皮	4.4	4.4	15.0	15.0
米糠		5.0	5.0	10.0
豆饼	20.0	20.0	35.0	25.0
炒大豆粉	5.0	5.0		
酵母粉	11.0	11.0		
砂糖	3.0			
鱼粉	4.0	4.0		
骨粉	1.0	1.0	1.0	1.0
贝粉	0.6	0.6	1.0	1.0
食盐	另加	另加	1.0	1.0
营养水平				
消化能(兆焦/千克)	13.93	14.31	13.51	13.47
粗蛋白	18.4	18.8	15.5	13.2

5. 生长猪日粮配方(适用于体重 20~50 千克生长猪)(%)

项目 \ 编号	1	2	3	4	5
玉米	51.7	49.2	49.6	50.7	51.7
豆粕	19.0	16.6	13.4	15.0	14.9
麸皮	25.0	25.0	25.0	25.0	25.0
菜籽饼		5.0	4.0		
花生饼			4.0	5.0	
棉籽饼					4.0
石粉	1.8	1.8	1.7	1.9	2.0
氢钙	1.2	1.1	1.1	1.1	1.1
食盐	0.3	0.3	0.3	0.3	0.3
预混料	1.0	1.0	1.0	1.0	1.0
合计	100	100	100	100	100
营养水平					
消化能(兆焦/千克)	12.47	12.34	12.13	12.13	12.26
粗蛋白	16.01	16.48	15.95	15.66	15.87

6. 肥育猪日粮配方(适用于体重 50~100 千克肥育猪)(%)

项目 \ 编号	1	2	3	4	5
玉米	65.0	66.0	67.0	64.0	63.0
豆粕	11.3	7.4	2.5	8.4	4.2
麸皮	16.3	13.2	15.1	14.2	17.4
鱼粉			2.0		2.0
菜籽饼		6.0	5.0		5.0
棉籽饼	3.0	3.0	4.0	4.0	4.0
石粉	2.0	2.0	2.0	2.0	2.0

项目 \ 编号	1	2	3	4	5
氢钙	1.1	1.1	1.1	1.1	1.1
食盐	0.3	0.3	0.3	0.3	0.3
预混料	1.0	1.0	1.0	1.0	1.0
合计	100	100	100	100	100
营养水平					
消化能(兆焦/千克)	12.72	12.59	12.72	12.64	12.59
粗蛋白	13.82	13.71	13.2	14.31	13.92

7. 妊娠母猪日粮配方(%)

项目 \ 编号	1	2	3	4	5
玉米	54.6	52.0	49.5	54.0	53.1
豆粕	11.4	8.1	8.6	4.4	8.7
麸皮	30.0	30.0	30.0	30.0	30.0
鱼粉				2.0	
菜籽饼		6.0	5.0	6.0	4.2
花生饼			3.0		
石粉	1.3	1.3	1.4	1.3	1.4
氢钙	1.4	1.3	1.2	1.0	1.3
食盐	0.3	0.3	0.3	0.3	0.3
预混料	1.0	1.0	1.0	1.0	1.0
合计	100	100	100	100	100
营养水平					
消化能(兆焦/千克)	12.22	12.05	12.05	12.05	12.18
粗蛋白	13.69	14.7	14.7	13.6	14.0

8. 哺乳母猪日粮配方(%)

项目\编号	1	2	3	4	5
玉米	60.5	61.6	63.7	62.3	63.3
豆粕	16.3	13.2	11.4	9.2	8.1
麸皮	19.2	15.3	11.0	16.9	13.0
鱼粉				2.0	2.0
菜籽饼		6.0	6.0	6.0	6.0
花生饼			4.0		4.0
石粉	1.2	1.1	1.1	1.1	1.1
氢钙	1.5	1.5	1.5	1.2	1.2
食盐	0.3	0.3	0.3	0.3	0.3
预混料	1.0	1.0	1.0	1.0	1.0
合计	100	100	100	100	100
营养水平					
消化能(兆焦/千克)	12.76	12.85	12.87	12.76	12.89
粗蛋白	14.7	15.05	15.3	14.6	15.2

参 考 文 献

1. 张永泰. 养猪技术. 辽宁科学技术出版社,1986
2. 夏鹤龄等. 猪病诊疗手册. 安徽科学技术出版社,1991
3. 李树德等. 养猪问答. 第二版. 辽宁科学技术出版社,1990
4. 王锐等. 养猪小窍门100例. 农村读物出版社,1991
5. 蔡幼伯. 科学养猪问答. 第二版. 农业出版社,1992
6. 马任骝等. 瘦肉猪养殖与防病. 山西科学技术出版社,1992
7. 郭传甲等. 现代养猪. 中国农业科技出版社,1992
8. 亢霞生等. 快速养猪200问. 江西科学技术出版社,1993
9. 朱维正等. 新编兽医手册. 金盾出版社,1993
10. 张统环. 养猪生产新技术. 山东科学技术出版社,1993
11. 邹福材等. 现代养猪实用技术. 江西科学技术出版社,1993
12. 李文英. 猪饲料配方500例. 第二版. 金盾出版社,1993
13. 席克奇等. 养猪与猪病防治. 中国农业出版社,1995
14. 赵凤翔等. 养猪新法. 中国农业出版社,1995
15. 朱云山等. 畜牧业经济与管理. 中国农业出版社,1995
16. 邢宝松等. 实用养猪大全. 河南科学技术出版社,1996
17. 孙守本等. 猪病防治技巧. 山东科学技术出版社,1996
18. 苏振环等. 肥育猪科学饲养技术. 金盾出版社,1998
19. 计伦. 猪病诊治与验方集粹. 中国农业科技出版社,1998
20. 赵旭庭等. 实用快速养猪200问. 中国农业出版社,1999
21. 刘红林等. 现代养猪大全. 中国农业出版社,2001

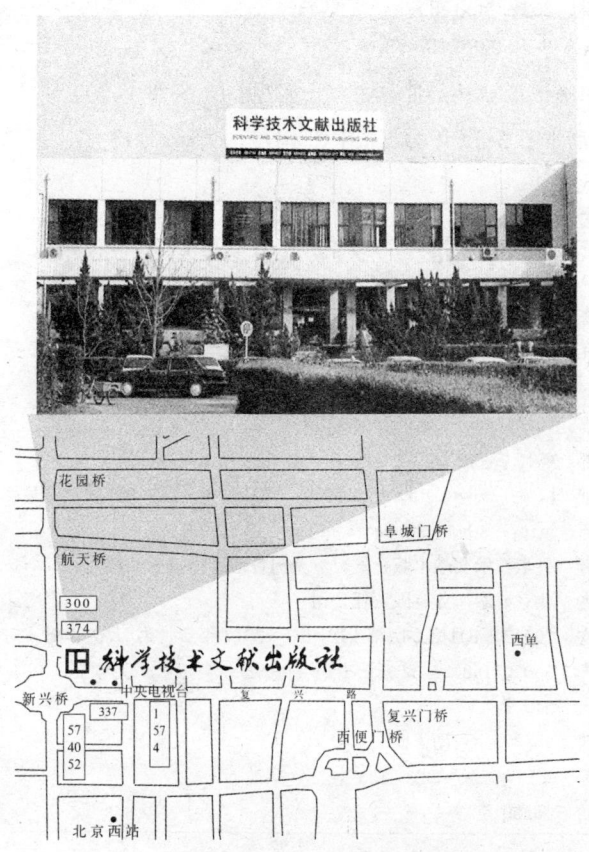

科学技术文献出版社方位示意图

图书在版编目(CIP)数据

家庭养猪疑难问答 / 席克奇等编著. -2 版(修订版). —北京:科学技术文献出版社,2012.6(重印)
ISBN 978-7-5023-2183-3

Ⅰ.家… Ⅱ.席… Ⅲ.养猪学－问答 Ⅳ.S828-44
中国版本图书馆 CIP 数据核字(2004)第 018189 号

家庭养猪疑难问答

策划编辑:袁其兴　责任编辑:袁其兴　责任校对:赵文珍　责任出版:王杰馨

出　版　者	科学技术文献出版社
地　　　址	北京市复兴路 15 号　邮编 100038
编　务　部	(010)58882938,58882087(传真)
发　行　部	(010)58882868,58882866(传真)
邮　购　部	(010)58882873
官 方 网 址	http://www.stdp.com.cn
淘宝旗舰店	http://stbook.taobao.com
发　行　者	科学技术文献出版社发行　全国各地新华书店经销
印　刷　者	北京博泰印务有限责任公司
版　　　次	2004 年 4 月第 2 版第 1 次印刷　2012 年 6 月第 13 次印刷
开　　　本	850×1168　1/32 开
字　　　数	319 千
印　　　张	13.375　彩图 4 面
书　　　号	ISBN 978-7-5023-2183-3
定　　　价	18.00 元

ⓒ 版权所有　违法必究

购买本社图书,凡字迹不清、缺页、倒页、脱页者,本社发行部负责调换。